Monique Meier, Steffen Schaal & Christoph Thyssen

Digital Biologie unterrichten

Grundlagen, Impulse und Perspektiven

Klett | Kallmeyer

Bibliografische Information der Deutschen Nationalbibliothek
Die Deutsche Nationalbibliothek verzeichnet diese Publikation in der Deutschen Nationalbibliografie; detaillierte bibliografische Daten sind im Internet über http://dnb.d-nb.de abrufbar.

Impressum

Monique Meier, Steffen Schaal & Christoph Thyssen
Digital Biologie unterrichten
Grundlagen, Impulse und Perspektiven

1. Auflage 2024

Redaktion: Dirk Haupt, Berlin
Realisation: Stefan Zielasko
Druck: Beltz Grafische Betriebe GmbH, Bad Langensalza
Printed in Germany

ISBN: 978-3-7727-1640-9

Monique Meier, Steffen Schaal & Christoph Thyssen

Digital Biologie unterrichten

Grundlagen, Impulse und Perspektiven

Klett | Kallmeyer

1 Warum digitale Fachdidaktik (Biologie)?

Digitales lebt von Updates, ist (fast immer) entweder zum Start unfertig oder eben noch nicht perfekt. Warum sollte das bei der sogenannten Digitalisierung von Bildung mit all ihren Beteiligten und Strukturen anders sein? Hier ist ja schon der Begriff strittig und in Bezug auf den laufenden Transformationsprozess zu kurz gegriffen. Dieses Buch gibt Ihnen Anregungen und konkrete Beispiele zu Entwicklung, Ausbau oder Erweiterung Ihres digital gestützten Biologieunterrichts. Digitalisierung kann und soll vor Schule und Unterricht(en) nicht halt machen – sie aber auch nicht mit unfertigen Konzepten und Produkten „überrennen". Ein Update ist – auch bzgl. der eigenen Perspektive und Fähigkeiten – in jedem Fall angezeigt, vor dem Hintergrund sich weiter entwickelnder Technologien. Das entstehende digitale „Neuland" zu erschließen und zu reflektieren, stellt Lehrende wie Lernende vor Herausforderungen. Mit diesem Buch können Sie Neues, aufbauend auf alt bewährten Wegen, umsetzen, Wege erweitern oder ganz neue Lehr-Lernwege gestalten. Um einen Überblick zu geben, wird vor jedem Kapitel der inhaltliche Kern zusammengefasst und visuell von einem Advance Organizer gestützt. Auf dessen Basis können Sie die für Sie relevanten Updates auswählen, nachdem Ihnen dieses erste Kapitel Grundlagen und Hintergründe für eine mögliche Updatestrategie zusammengefasst hat (→ Abb. 1-1).

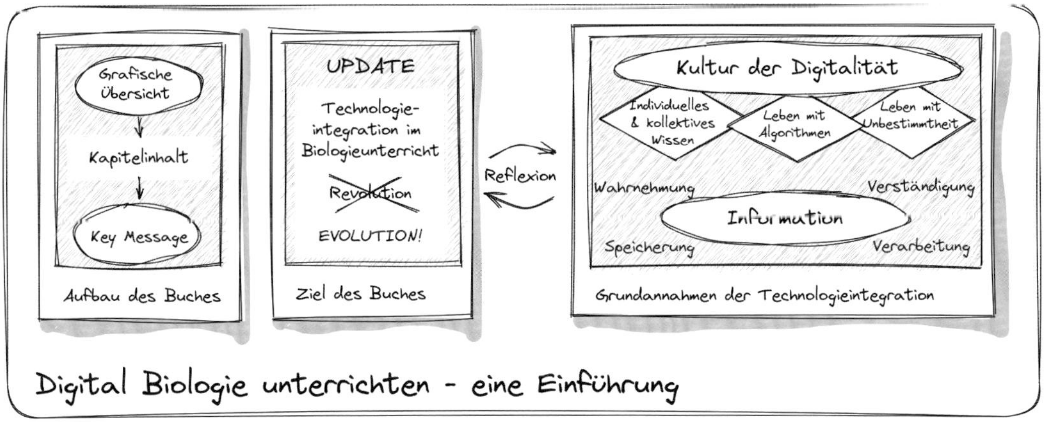

Abb. 1-1: „Warum digitale Fachdidaktik (Biologie) & Einführung zum Buch?"

UPDATE! Das ist bei der Nutzung von digitalen Endgeräten eine Selbstverständlichkeit, teils sogar ein Zwang, weil sonst nichts mehr geht ... Apps nicht mehr laufen und das Tagesgeschäft nicht mehr erledigt werden kann. Ohne alles über den Haufen zu werfen, kommen dabei auch immer neue Funktionen dazu und oft erleichtern diese nach dem Update auch den Alltag. Und wie sieht es mit einem Update für eine DIGITAL GESTÜTZTE BIOLOGIEDIDAKTIK aus? Wer liefert dieses aus und mit welchen „neuen Funktionen" für die Gestaltung von Unterricht? Betrachten Sie dieses Buch als App-Store, aus dem Sie Updates und Zusatz-Apps für Ihren Biologieunterricht je nach Bedarf und ohne Zwang beziehen können.

Digitale Technologien sind aus der Gesellschaft, der Arbeitswelt und auch aus der Bildung nicht mehr wegzudenken. Sie gehören sozusagen zu einer digital-analogen Wirklichkeit und sind fester Bestandteil der Curricula. Auch schulische Lehr-Lernprozesse werden zunehmend von ihnen geprägt und erweitert. Sie bieten zusätzliche Möglichkeiten der Informationsdarbietung, -erschließung und -verarbeitung sowie zur kognitiven Aktivierung, ohne bisherige analoge Ansätze obsolet zu machen. Fachdidaktische Reflexionen müssen zukünftig deshalb umfänglicher sein und zusätzliches fachdidaktisches Wissen zu digitalen Technologien sowie korrespondierende Reflexionsperspektiven einbeziehen. Das bedeutet, dass bisherige fachdidaktische Vorgehensweisen, Erkenntnisse, Überlegungen und Modelle weiterhin fundamentale Grundlagen der Unterrichtsplanung darstellen, aber um neue Aspekte zu erweitern sind. Dies mag zum einen (wenn im Analogen aufgrund bisher nicht-existierender Aspekte und Wechselwirkungen keine anschlussfähigen Vorüberlegungen und Theorien verfügbar sind) gänzlich neue Felder betreffen und Erweiterungen schaffen, zum anderen aber auch einfach die Berücksichtigung neuer Aspekte oder Eigenschaften von Medien und Werkzeugen unter bereits etablierten Perspektiven bedingen. Neues und Altes, Innovatives und Traditionelles oder Digitales und Analoges bilden jeweils die Pole eines Kontinuums. Innerhalb dieser Bandbreite wird Lernen durch die Gestaltung von methodisch und medial vielfältigen sowie differenzierten Lernprozessen zusammengeführt. Im Auswahl- und Entscheidungsprozess in einem solchen Kontinuum ...

... muss manches nur in neuem Licht betrachtet werden, anderes bringt hingegen ganz neue Aussichten auf das Lehren und Lernen im Biologieunterricht mit!

Mit diesem Buch verfolgen wir das Ziel, ein fachdidaktisches Update zu geben, bei dem die Technologieintegration in den Biologieunterricht als Evolution, nicht als Revolution, verstanden wird. In Anknüpfung an die bisherige Fachdidaktik wird dieses Ziel theoriebasiert und evidenzbezogen beleuchtet und erläutert. Hierbei möglicherweise mitgelieferte Denkanstöße sind nicht zufällig – Impulse sollen zum eigenen Weiterdenken und Ausprobieren anregen!

VOR IHREM START INS ERSTE UPDATE möchten wir Ihnen die für uns zentralen Impulse in einer Auseinandersetzung mit Digitalisierung im Fach Biologie an die Hand geben. Ein klares Begriffsverständnis, Gründe zum Mutigsein sowie Perspektiven auf sich ändernden Anforderungen und deren Tragweite können helfen, die „Neuerungen“ im Update zum digital gestützten Biologieunterricht einzuordnen und zu reflektieren.

1.1 Von was ist die Rede bei „digitalen Medien“?

Die im Analogen etablierte Unterscheidung von Medien (als informationstragende Mittler im Lehr-Lernprozess) und Werkzeugen, die, ohne selbst Information zu enthalten, zur Erschließung und Verarbeitung von Informationen genutzt werden, ist auch für digitale Technologien zielführend. Jedoch ist aber eine noch präzisere Differenzierung in Bezug auf fachdidaktische Überlegungen im digitalen Bereich durchaus hilfreich, da anders als im Analogen, die Information z. B. nicht an materielle Datenträger und Software oder Geräte zur Nutzung gebunden ist. Digitale Daten werden beispielsweise in einer mp4-Videodatei als Ressource erst in Verbindung mit unterschiedlicher Software zur Präsentation der enthaltenen Daten als Informationen im Sinne digitaler Inhalte nutzbar. Die digitale Ressource (der mp4-Container) kann abhängig von z. B. der Abspielsoftware und Einbettung unterschiedliche Funktionen aufweisen und deshalb variabel genutzt werden. Eine Ansprache mit dem Begriff „digitale Medien“, der meist nicht klar zwischen Daten, Geräten, Werkzeugen und Inhalten unterscheidet, greift hier aufgrund der geringeren Differenzierung zu kurz (→ Kap. 2.1). Diese differenzierte Strukturierung von fachdidaktisch relevanter Information und Inhalt sowie der eigentlich genutzten Ressource, die gemeinsam mit den digitalen Daten (entsprechend einem analogen Medium) Informationen als Inhalte verfügbar macht, ist zielführend. Dies erleichtert auch für kommende Technologien zukünftig die Reflexion und Bewertung von unterschiedlichen Alternativen für unterrichtliche Umsetzungen, ohne Planungsprozesse vollständig neu denken zu müssen. „Neu“ werden digitale Technologien und ihre Updates im Auge des jeweiligen Betrachtenden bzw. Nutzenden und seiner Expertisen jedoch immer wieder mal sein (das war der OHP auch mal).

Praxisbeispiel

Praxisbeispiele helfen, die in diesem Buch zusammengeführten fachdidaktischen Konzepte und Inhalte zum digital gestützten Biologieunterricht zu verstehen. Sie finden diese losgelöst vom Text in solchen Kästen und auch an vielen weiteren Stellen, ob im Text, in Tabellen oder in Bildern!

Die Thematisierung von osmotischen Phänomenen stützt sich häufig auf die Mikroskopie der roten Küchenzwiebel. Diese ermöglicht als Medium im Sinne eines Originals durch Nutzung des Mikroskops als Erkenntnishilfe (bzw. als selbst nicht informationstragendes Werkzeug) entsprechende Beobachtungen der für das Lernen relevanten zellulären Prozesse. Ein Transfer dieses Szenarios in einen digital gestützten Unterricht und eine Analyse gemäß der analogen Trennung von Medium (= Küchenzwiebel) und Werkzeug (= Mikroskop) macht häufig auch eine sinnvolle Reflexion im Digitalen möglich: Digitale Technologien haben für inhaltliche biologische Zielsetzungen vielfach durchaus sehr geringe bis wenige Konsequenzen, da zentrale didaktische Überlegungen und Planungsprämissen (Primat der Didaktik) davon unverändert bleiben, soweit Digitales als Inhalt oder Methode nicht selbst im didaktischen Fokus steht. So wird die rote Küchenzwiebel aus guten Gründen (gute Sichtbarkeit der Vakuole, leicht zu präparieren, Alltagsbezug etc.) auch in einem digital gestützten Unterricht durchaus weiterhin als Lehr-Lerngegenstand bzw. Medium eingesetzt werden. Methodisch und im Sinne des Werkzeuggebrauchs bieten sich hingegen einige Ansatzpunkte, um über möglicherweise sinnvolle digitale Erweiterungen oder Alternativen, wie z. B. in der Nutzung einer digitalen Mikroskop-Kamera nachzudenken. Mit diesen gehen zwangsweise Anpassungen der Geräteausstattung einher, deren Spezifika bei der Planung berücksichtigt werden müssen. Daraus resultierende planerische Überlegungen müssen neben bisher relevanten Gesichtspunkten (wie z. B. Vorwissen der Lernenden, Sozialform zum Mikroskopieren) ggf. auch neue, bisher nicht zu bedenkende Punkte umfassen:

- Ist eine Mikroskop-Kamera mit dem Betriebssystem genutzter digitaler Endgeräte kompatibel,
- sind passende Steckverbindungen und Datentransferprotokolle vorhanden,
- reichen die Prozessorleistung und der Speicher der digitalen Endgeräte,
- muss Software installiert werden und liegen dafür notwendige Berechtigungen vor?

Abseits technischer Aspekte bringen digitale Systeme/Ressourcen aufgrund der mit ihnen häufig verbundenen Dynamiken weitere zu reflektierende Punkte mit sich: Die Bedienung eines angeschafften analogen Mikroskops ändert sich normalerweise nicht (fundamental), sodass es Lernende nach einer Einarbeitung ohne größere Hürden immer wieder nutzen können und sei es mit der Unterstützung einer Anleitung. Ähnlich verhält es sich nach einer Einführung zur Nutzung einer digitalen Mikroskop-Kamera. Hierbei genutzte (gewohnte) Anleitungen und darin beschriebene Vorgehensweisen bleiben i. d. R. dauerhaft stimmig und „aktuell", ganz im Gegensatz zur für digitale USB-Mikroskope/-kameras notwendigen Software. Diese kann nach automatischen Updates ggf. plötzlich neue Menüführungen aufweisen, dadurch veränderte Prozesse notwendig machen oder im Extremfall gar nicht mehr lauffähig sein. Eine bestehende Unterrichtsplanung zum digital gestützten Mikroskopieren unterliegt folglich einem stetigen Kontrollblick, wobei sich an der rein didaktischen Planung zum Einsatz der Geräte (analog und/oder digital) und darüber zugänglich gemachten Inhalten nichts ändert bzw. anders „gemacht" werden muss.

1.2 Motiviert und reflektiert ins digitale „Neuland"!

Der Einsatz digitaler Technologien bedeutet nicht nur für Lehrkräfte eine Auseinandersetzung mit zum Teil neuen Bereichen. Die unterrichtsspezifische Nutzung ist auch für Lernende vielfach das, was Frau Merkel als Bundeskanzlerin mit „Neuland" bezeichnet hat (→ Kap. 4 & 6). Zwar sind viele digitale Ressourcen mittlerweile auch Teil des Alltags, jedoch sind Nutzungsformen, angestrebte Ergebnisse und deshalb auch die damit verbundenen Arbeitsweisen größtenteils völlig unterschiedlich und damit ungewohnt. Vielfach kommt hinzu, dass Ressourcen und Geräte abseits der eigentlich bei ihrer Entwicklung vorgesehenen Nutzungsszenarien (z. B. forschungsangebundene Apps, Industrie-Apps, Online-Umgebung zum kollaborativen Arbeiten und Teammanagement, → Kap. 2.2.1) verwendet werden. Deshalb sind Menüoberflächen und seitens des Gerätedesigns vorgesehene Handlungsmuster nur selten intuitiv und für den unterrichtlichen, zweckentfremdeten Einsatz zum Teil sogar irreführend oder aufgrund der umfangreichen Funktionen zu komplex. Es ist also wesentlich, sich zu vergegenwärtigen, dass mit einer zusätzlichen kognitiven Belastung gerechnet werden muss.

Um digital gestützten Unterricht gezielt vorzuentlasten, sind manchmal auch Anwendungsszenarien digitaler Ressourcen von Bedeutung, die in Bezug auf eine Effizienzsteigerung keinen direkten Gewinn in der Einsatzsituation mit sich bringen (→ Kap. 3), nur um den Umgang zu üben. Bei einem gewohnten und sicheren Umgang mit der digitalen Technologie können zu anderer Zeit bzw. in anderen Unterrichtsszenarien die neuen, technologiebedingten Potenziale genutzt werden, weil die geplanten fachwissenschaftlich fordernden Aufgaben nicht durch zusätzliche Unsicherheiten beim Umgang mit der Technik überlagert werden (→ Kap. 3.4). Für digitale Technologien gilt also wie bisher, dass ihr Einsatz in der Unterrichtsplanung auch aus einer langfristig orientierten Perspektive zu bewerten ist. Abseits dieser ggf. rein methodischen Sichtweise gilt dies insbesondere für digitalisierungsbezogene Lern- und Kompetenzziele, die aus curricularen Vorgaben resultieren (→ Kap. 5). Genau wie bei biologischen Fachinhalten sind hier didaktisch klar strukturierte und sinnvoll gestufte Konzepte notwendig, um die zu erreichenden Kompetenzziele mit den Lernenden auch tatsächlich erreichen zu können. Diese digitalen Kompetenzziele müssen fachspezifisch gedacht und formuliert werden.

Das vielzitierte digitale „Neuland" entsteht aufgrund der permanenten technischen Weiterentwicklung auch immer wieder neu und muss dann jeweils wieder „entdeckt" werden.

Informationskästen finden Sie in jedem Kapitel. Sie eröffnen Ihnen weiterführende Inhalte, regen zu einer tiefergehenden Auseinandersetzung an und/oder weiten den Blick für das „Neue“.

Digitalisierung steht nie still!

Ein aktuelles Beispiel, das den fortwährenden digitalen Anpassungs- und Lernprozess auf allen Seiten sehr klar belegt, ist die Diskussion um Künstliche Intelligenz (KI). Obwohl die Auseinandersetzung mit und die Diskussion um KI nicht erst seit gestern im Gange ist, man also von einer gewissen „präventiven“ Auseinandersetzung ausgehen könnte, gehen Schock- bzw. Enthusiasmuswellen durch die ganze Gesellschaft. Ähnlich wie in der Evolution erlauben stetige Performanzsteigerungen in Kombination mit spezifischen Verbesserungen, neue Einsatzfelder oder Nischen zu erschließen und ganze (Bildungs-)Ökosysteme neu zu definieren. Wie aktuelle Meldungen zeigen, könnten Effekte der digitalen Transformation, um im biologischen Bild zu bleiben, evtl. alle Stufen des (Bildungs-)Ökosystems betreffen: Im Schuljahr 21/22 wurden in den meisten Bundesländern die besten Noten der vergangenen zehn Jahre erzielt (gemäß Statistik der KMK zu Abiturnoten). Gleichzeitig wird aber das Abitur aufgrund besserer Durchschnittsnoten als aussagekräftiger Beleg für eine vorhandene Studierfähigkeit infrage gestellt (z. B. Stührenberg 2022, mdr.de-Nachrichten vom 16.07.2022). Am anderen Ende des schulischen Altersspektrums liest man parallel dazu davon, dass an einer Grundschule 40 Kinder die erste Klasse wohl nicht erfolgreich abschließen werden (Unterberg 2023, Spiegel Panorama vom 21.04.2023). In diesem Spannungsfeld stellen Universitäten, noch eine Stufe höher im Bildungssystem, gerade auch ihre Zulassungsverfahren und Prüfungsformate auf den Prüfstand (Olbrisch 2023, Spiegel 16/23) – dies nicht zuletzt auch aufgrund möglicher Täuschungsmöglichkeiten durch KI-Systeme wie *ChatGPT* (→ Kap. 9). Bei solch widersprüchlichen Tendenzen und ggf. Effekten beim Vergleich des Schuleinstiegs mit dem Schulabschluss und ggf. weiteren Einstieg ins Studium stellt sich insgesamt berechtigterweise die Frage nach den Maßstäben, Kompetenzzielen, Aufgabenformaten, Bewertungsmaßstäben und dem Niveau insgesamt, die solch eigentlich divergierende Befunde erklären könnten. Nimmt man die aktuell sehr dynamische Entwicklung als Weckruf ernst, sollte man sich frühzeitig und intensiv mit möglichen Weiterentwicklungen und Beeinflussungen von Unterricht im Spannungsfeld zukünftiger digitaler Technologien beschäftigen (→ Kap. 9) und Signale bzw. Veränderungen aufmerksam beobachten und reflektieren.

1.3 Digitalität – Digitalisierung reicht nicht aus!

In vielen öffentlichen Diskursen ist stets von digitaler Transformation und Digitalisierung in der Bildung die Rede. Insbesondere Letzteres reduziert auf eine rein technische Perspektive. Mitnichten wird die analoge Welt wie durch einen Analog-Digitalwandler möglichst ähnlich digitalisiert abgebildet. Vielmehr werden durch den Einsatz digitaler Technologien Alltagsprozesse und Sozialstrukturen verändert (und nicht nur digital abgebildet oder reproduziert), wovon auch Bildungsprozesse betroffen sind.

Grundsätzlich wirkt sich eine digitale Transformation auf die Menschen selbst und ihr tägliches Leben aus (Travkina 2022, Couldry/Hepp 2022), die sogenannte digitale Revolution ist eng verbunden mit soziokulturellem Wandel (Miguélez/Planas/Benítez 2021). Die Veränderungen, die durch digitale Produkte der Industrie verursacht werden, haben Auswirkungen auf den individuellen Nutzenden sowie auf seine sozialen Praktiken (Hepp 2019). Die aus den Technologien resultierenden Potenziale und das veränderte Verhalten der Nutzenden führen zu dynamischen Prozessen, die über rein technische Erleichterungen im Alltag hinausgehen und auch massive Auswirkungen auf den zwischenmenschlichen Bereich haben. Die virtuellen Kontakte und Kommunikationen verändern nicht nur unser individuelles soziales Netzwerk, sondern auch unsere Denkweise und möglicherweise unsere Entscheidungsfindung und Problemlösung. Gleichzeitig können diese veränderten sozialen Praktiken wiederum als Treiber für die Entwicklung neuer digitaler Werkzeuge und Medien dienen (Basu 2022, Goh u. a. 2017). Solche sozialen Facetten wurden und werden in vielen Betrachtungen nicht ausreichend berücksichtigt. Infolgedessen werden die auf solchen „unvollständigen" Konzepten basierenden Überlegungen mit der Einordnung der Digitalisierung, vor allem als technischer Prozess, den damit verbundenen Veränderungen und Herausforderungen oft nicht gerecht. Der Begriff der Digitalität (Wortschöpfung aus Digitalisierung und Realität) versucht diesem Mangel gerecht zu werden. Ausgehend von Stalders (2016) Digitalitätsverständnis bedeutet dies für die Gestaltung von Bildungsprozessen, folgende Perspektiven zu berücksichtigen:

- *Das Individuelle und das Kollektive:* Eine Kultur der Digitalität ermöglicht individuelle Medienpraktiken, in denen Menschen ihre eigenen digitalen Ressourcen erstellen, teilen und kuratieren können. Gleichzeitig sind diese individuellen Praktiken eng mit kollektiven Medienpraktiken verbunden, bei denen Menschen in Netzwerken zusammenarbeiten, Informationen austauschen und gemeinsam Wissen konstruieren. Die Kultur der Digitalität erkennt die wechselseitige Abhängigkeit und das Zusammenspiel zwischen individuellen und kollektiven Medienpraktiken und -tendenzen (→ Kap. 8) an.
- *Mensch und Algorithmen:* Digitalität wirft Fragen nach der Beziehung zwischen Menschen und Algorithmen auf. Algorithmen beeinflussen zunehmend unsere digitalen Erfahrungen, indem sie Inhalte personalisieren, Empfehlungen geben und Entscheidungen treffen. Gefordert ist eine kritische Auseinandersetzung mit den Auswirkungen von Algorithmen auf

Bildungsprozesse (→ Kap. 9) und die Notwendigkeit, die Gestaltung von Algorithmen transparent und kontrollierbar zu machen. Gleichzeitig sollten Menschen ihre eigene Handlungsfähigkeit bewahren und bewusst mit Algorithmen interagieren.

- *Bildung als gestaltende Auseinandersetzung mit Unbestimmtheit:* Die digitale Welt ist von Unsicherheit und Unbestimmtheit geprägt. Technologien und Praktiken entwickeln sich schnell weiter, und es ist schwierig, zukünftige Entwicklungen vorherzusagen. Die Kultur der Digitalität fordert eine Bildung, die sich mit dieser Unbestimmtheit auseinandersetzt und Lernende befähigt, sich in einer sich ständig verändernden digitalen Welt zu orientieren, Probleme zu lösen und kreativ zu agieren (→ Kap. 5.3 & 6). Zeitgemäßer Unterricht muss daher über den Erwerb von technischen Fähigkeiten hinausgehen und ein Verständnis für die sozialen, kulturellen und politischen Dimensionen der digitalen Transformation vermitteln.

1.4 Ein medientechnologischer Blick kann helfen!

Die digitale Evolution lässt Verbesserungen von Lehren und Lernen erwarten. Es bleibt jedoch zu klären, ob zu erwartende Leistungssteigerungen aus unterrichtlichen Phasen mit intensivem Einsatz digitaler Technologien resultieren und/oder durch veränderte Lehr-Lernkonzepte zu begründen sind. Diese erlauben z. B. selbstgesteuerte, adaptive Lernaktivitäten der Lernenden. Obgleich Letzteres nicht zwingend von digitalen Werkzeugen, Inhalten und Strukturen abhängig ist, bringen gerade bestimmte digitale Technologien hier Freiheitsgrade und Potenziale mit sich, die diesbezüglich vorhandene Möglichkeiten enorm erweitern (→ Kap. 6). Um diese gezielt zu realisieren, ist es notwendig, sich z. B. auch aus einer medientechnologischen Perspektive mit Digitalisierung auseinanderzusetzen, aus der heraus Schwächen und Stärken einzelner Medientypen (nach technologischer Medienklassifikation) analysiert werden können (→ Tab. 1-1). Eine derartige Perspektive lässt eine triviale, aber dennoch fundamentale Erkenntnis zu: Mit einer Digitalisierung geht fast zwingend immer der Ersatz bzw. Übergang vom Primär- oder Sekundärmedium zum Tertiär- bzw. Quartärmedium bis hin zum Quintärmedium einher (→ Tab. 1-1). Entsprechend der Definition wird für diese drei Medientypen sowohl zur Erstellung als auch zur Erschließung Technik eingesetzt.

Neben Überlegungen, die zentral das eigentliche Medium im Sinne eines Textes, Fotos oder Films betreffen, müssen deshalb auch die immer aus dem Geräteeinsatz resultierenden Entscheidungsfelder mit bedacht werden, wofür entsprechende Kompetenzen hilfreich sind.

Medientypologie	Beschreibung
Primärerfahrungen	
Primärmedium (Präsenzmedium)	Übermittlung und Verarbeitung von Informationen finden auf Grundlage realer Sinneswahrnehmungen, Kommunikation und/oder Informationsweitergabe zwischen Personen oder Lernenden und Original/Realobjekt (z. B. Tier, Präparat) statt. • kein technisches Gerät vermittelt und/oder bereitet Informationen für Lernende auf • ABER: Analoge und digitale Geräte zur Verstärkung der Sinneswahrnehmung können den unmittelbaren Kontakt zum Realobjekt ermöglichen oder unterstützen (z. B. Lupe, Mikroskop, Nachweisreagenzien).
Sekundärerfahrungen	
Sekundärmedium (Trägermedium)	Sekundär vermittelte Kommunikation und Information basiert auf einer technischen Erstellung und möglichen Filterung von Informationen, welche den Lernenden direkt ohne Technik zugänglich gemacht werden (z. B. Texte, Diagramme, Schemata). • Lernenden werden Informationen stellvertretend über ein Medium vermittelt, wobei sie zur Informationsaufnahme aber kein Gerät brauchen • Durch eine zeitliche Flexibilität in der Informationsaufnahme und Informationsspeicherung entwickelt sich ein mediatisierter Lernraum, in dem Lernende und Lernobjekt zeitlich nicht unmittelbar zusammentreten müssen.
Tertiärmedium	Medial vermittelte Kommunikation und Informationsweitergabe, die ohne Technologieeinsatz nicht realisierbar ist. Technisch erstellte Informationen werden über den Einsatz bzw. die Kopplung mit einer spezifischen Technologie bzw. eines elektronischen Gerätes für Lernende zugänglich bzw. nutzbar (z. B. Video/Audio & Abspielgerät). • Lernende können passive elektronische Informationen aufnehmen oder aktiv einen technisch-gestützten Informationsaustauch umsetzen, wobei beides nur möglich ist, wenn entsprechende technologische Kenntnisse in der Nutzung vorhanden sind. • Kommunikations- und Lernprozesse wandeln sich zunehmend durch die gänzliche Nutzung des elektronischen Raums.
Hypermediale Sekundärerfahrungen	
Quartärmedium (digitales Medium)	Quartärmedial vermittelte Kommunikation beruht immer auf digital codierter Technologie und einer netzwerktechnologischen Wahrnehmung von Informationen, die zur Erstellung und dem Empfang bzw. zur Erschließung Geräte benötigt. Eine spezifische Technologiekopplung ist hierbei jedoch nicht nötig. • Basis der Informationsvermittlung und des Informationsaustauschs ist zumeist das Internet, welches als Plattform für verschiedenste digitale und virtuelle Anwendungen fungiert. • Kommunikations- und Lernprozesse werden in ihrer Ausgestaltung vielfältiger, in parallelen digitalen Anwendungen umfangreicher und somit vernetzter (z. B. Social Media) sowie in Ort und Zeit deutlich unabhängiger.
Quintärmedium (datafiziertes Medium)	Digitale Daten und deren Verarbeitung bilden auch bei quintärmedial vermittelter Information die Basis, treten jedoch durch die Verschmelzung von realen mit virtuellen Daten in datafizierten und intelligenten Kommunikations- und Lernprozessen zu Tage (z. B. KI, Big Data → Kap. 9).

Tab. 1-1: Typologie auf Basis medial vermittelter Kommunikation (Pross 1972, Faßler 1997) und Medien als Mittel der Wahrnehmung, Verständigung, Speicherung und Verbreitung von Information (nach Krüger 2021)

Die Notwendigkeit zu einer medientheoretischen und -technologischen Auseinandersetzung (→ Tab. 1-1) wird deutlich, wenn wir digitale Lehre und Technologien mit Blick auf die Umsetzung von Distanzlehre betrachten. Primärmedien, die ohne Einsatz von Technik sowohl verfügbar als auch erschließbar sind, können z. B. als Originale weder einfach repliziert noch für eine dezentrale Nutzung verteilt werden. Sekundärmedien, die mittels Einsatzes von Technik hergestellt werden, wie z. B. eine Fotokopie, können zwar aufgrund der Möglichkeit einer Vervielfältigung in großen Stückzahlen bereitgestellt, jedoch noch immer nicht ohne Weiteres über Distanzen verfügbar gemacht werden. Beide bisherigen Medientypen sind zwingend analog, da digital codierte Medien ohne weitere Technik und Geräte nicht erschlossen werden können, deren Einsatz das Definitionsmerkmal von Tertiärmedien ist. Jedoch sind Tertiärmedien nicht zwingend digital. Klassische Audiokassetten sind ebenso wenig digital wie eine VHS-Videokassette, wohingegen deren modernere Pendants, die CD bzw. DVD, unbestritten digital sind. Anhand dieser beiden Paare zeigen sich jedoch zwei für die Lehre durchaus relevante Vorteile digitaler Ressourcen. Sie können ohne Qualitätsverlust vervielfältigt werden und sind auch unproblematisch in der (individuellen) Nutzung.

Das Pausieren oder Vor- und Zurückspulen (ja, man nutzt hier immer noch den analogen Begriff, auch wenn es keine Bandspulen mehr gibt) ist bei einer CD ohne Schäden am Band beliebig oft wiederholbar. Trotz dieses Vorteils gegenüber klassischen analogen Tertiärmedien bleibt in Bezug auf die Distanzlehre das Problem der eingeschränkten Verfügbarkeit, welches sich erst durch Einsatz von obligatorisch digitalen Quartärmedien (die von einigen Autoren als Spezialfall der Tertiärmedien aufgefasst werden, Siever 2015) befriedigend lösen lässt. Diese sind durch computerbasierte Nutzung und der dadurch möglichen „Konvertierung" nicht mehr an spezielle Speichermedien gebunden. Sie erlauben die Auflösung der mit materiellen digitalen Speichern verbundenen räumlichen und zeitlichen Beschränkungen, weil damit eine ortsunabhängige Übertragung und Bereitstellung in Echtzeit möglich wird. Für die Konzeption von Lehr-Lernumgebungen spielt es demnach aus medientechnischer Perspektive durchaus eine wesentliche Rolle, ob ein hinsichtlich der inhaltlichen Informationen absolut identischer Film analog als 16 mm Film, VHS-Kassette, DVD oder mp4-Datei vorliegt. Obwohl sich aus der didaktischen Perspektive keinerlei Unterschiede ergeben, unterliegen die verschiedenen Tertiär- bzw. Quartärmedien in methodischer Hinsicht z. T. gravierenden Einschränkungen in Bezug auf die Einsatzmöglichkeiten. Digitalisierung umfasst, wie auch am Diskurs um eine klare Trennung von Tertiär- und Quartärmedien erkennbar, weit mehr als das Vorhandensein digital codierter Informationen. Die damit verknüpfte Technik bestimmt ganz wesentlich mit, welche Auswirkungen sich für soziale Prozesse allgemein und damit auch auf Lehr-Lernprozesse sowie damit verknüpfte Potenziale und Risiken ergeben.

Mit den Quintärmedien als Systeme zur Datafizierung und zur medial vermittelten Kommunikation kommen spezifische Möglichkeiten der Interaktivität und Partizipation ins Spiel, weshalb auch diesbezügliche Dynamiken mit geeigneten Überlegungen zur Online-Kommunikation reflektiert werden müssen. Medien werden damit hochdynamisch und enthalten quasi selbst Funktionen zu ihrer eigenen Veränderung. Damit steigt bzw. verändert sich das Medienangebot quasi in Echtzeit.

Im Wald voller Bäumen eine Auswahl zu treffen, ist schwer, aber nicht unmöglich!

1.5 Updates im Überblick – Einbindung digitaler Technologien in den unterrichtlichen Erkenntnisprozess

Aus den erweiterten und neuen Möglichkeiten der Mediennutzung, d.h. durch Einsatz digitaler Technologien, ergeben sich an unterschiedlichen Stellen der unterrichtlichen Gestaltung von Erkenntnisprozessen Ansatzpunkte, die korrespondierende Lehr-Lernprozesse verändern und im Idealfall verbessern können. Ausgehend von zusätzlichen/neuen Kontexten und Inhalten, die über digitale Technologien eingebunden werden können, können mittels aus digitalen Informationen bzw. Daten entstehenden Inhalten in Kombination mit dem Einsatz digitaler Ressourcen nicht nur enorme Daten und Informationsgrundlagen aufgebaut, sondern über digitale Analysen und Darstellungen auch besser verwertbare Ergebnisse erzielt werden (→ Abb. 1-2).

Wie die Übersicht in Abbildung 1-2 nahelegt, muss aus den vielen zur Verfügung stehenden Möglichkeiten für ein fachdidaktisch sinnvolles Unterrichtskonzept gezielt ausgewählt werden. Hierfür sind unzweifelhaft fundierte fachdidaktische Kenntnisse notwendig. Eine vertiefende Beschäftigung mit zugehörigen allgemeinen Grundlagen der Fachdidaktik, der Pädagogischen Psychologie und anderer relevanter Bezugswissenschaften können wir in diesem Buch nur in einer begrenzten Form leisten, die unumgänglich für eine fachdidaktische Reflexion der digitalen Technologienutzung im Biologieunterricht ist. Insofern ist je nach Expertise ein Hinzuziehen von fachdidaktischen und pädagogischen Lehrwerken bei der Planung von digital gestütztem Biologieunterricht empfehlenswert.

UPDATE JETZT STARTEN …

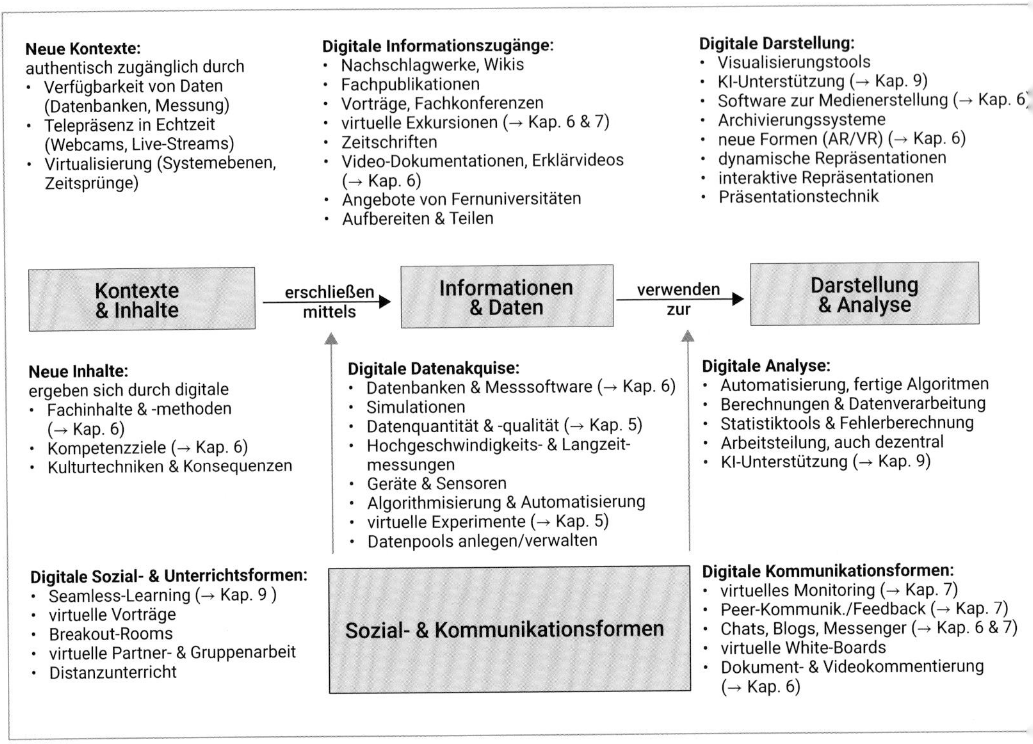

Abb. 1-2: Einflüsse auf den unterrichtlichen Erkenntnisprozess durch Einbindung digitaler Technologien

Key Messages

- Die Planung und Durchführung von digital gestütztem Biologieunterricht setzen ein differenziertes Begriffsverständnis, Mut und Neugier für das digitale „Neue" sowie (Basis-)Kompetenzen im digitalen und im besonderen Maße auch im fachdidaktischen Bereich voraus.
- Beim Einsatz digitaler Medien müssen neben dem zu übertragenden Inhalt auch die damit verbundene Technik sowie die daraus resultierenden Entscheidungen immer mitbedacht werden.
- Digitalisierung greift als Begriff und Konzept zu kurz. Digitales durchdringt und beeinflusst die analoge, reale Welt mit allen dort verankerten Alltags- und Lernprozessen. Dabei entstehen im Sinne einer Digitalität neue Sozialstrukturen, Aufgabenfelder und Perspektiven, die in den Folgekapiteln beleuchtet und mit Updatemöglichkeiten erläutert werden.
- Jedes Update zeigt kurz und knapp, was es mitbringt bzw. die Technik oder Software nun mehr kann. So erfahren Sie mit den Key Messages am Ende jedes Kapitels die Wesentlichen – an die Lehrenden, die Lernenden und/oder den digital gestützten Biologieunterricht gestellten – Herausforderungen und Anforderungen.

2 Überlegungen zur Planung von digital gestütztem Biologieunterricht

Die Planung von digital gestütztem Unterricht kann aus verschiedenen Perspektiven und in Hinblick auf verschiedene Zielsetzungen betrachtet werden. Potenziale müssen aus der technischen und fachdidaktischen Perspektive analysiert werden, um dann Unterricht ggf. sinnvoll transformieren und abstimmen zu können. Hierbei ist neben grundsätzlichen Überlegungen zu Eigenschaften digitaler Technologien und Medien insbesondere die Frage zu fokussieren, welchen didaktischen „(Mehr-)Wert" der Technologieeinsatz bei der Gestaltung von Lehr-Lernprozessen bringt. Digitale Technologien sind jedoch nicht obligat. Planungsentscheidungen beziehen beide Perspektiven und Möglichkeiten, das Analoge mit dem Digitalen zu verbinden, ein. Daraus ergeben sich Konsequenzen für die Auswahl und für die didaktische Reduktion von Fachinhalten und fachgemäßen Arbeitsweisen (→ Abb. 2-1).

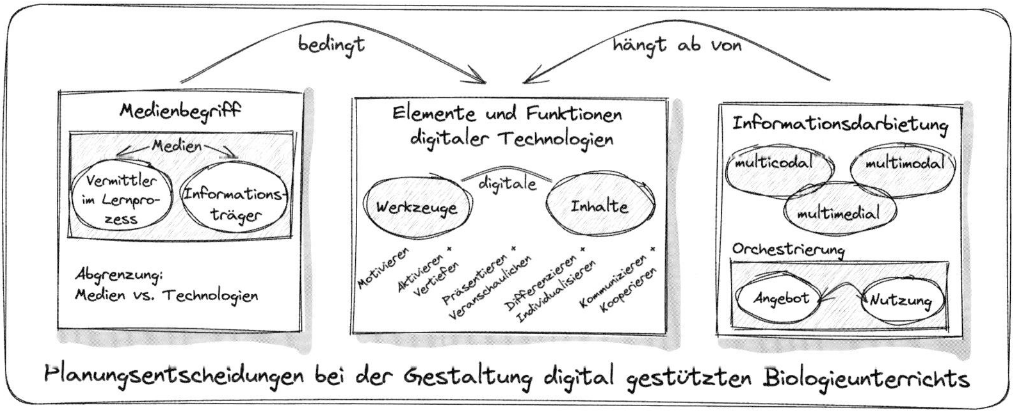

Abb. 2-1: „Überlegungen zur Planung von digital gestütztem Biologieunterricht"

2.1 Digitalisierungsbezogene Gedanken zum Medienbegriff

Bei der Planung jeder Unterrichtsstunde stehen Lehrkräfte vor vielfältigen Entscheidungen, z. B.: Welche Ziele können mit geeigneten Inhalten erreicht werden? Auf welche Weise werden die Voraussetzungen der Lernenden angemessen berücksichtigt? Welche Sozialformen und Methoden sind hierfür zielführend? Dazu kommt ein großer und vielfältiger Medienkatalog, aus dem zielgerichtet ausgewählt werden muss. Die Planung digital gestützten Unterrichts verläuft nicht anders, in allen Auswahlentscheidungen müssen jedoch noch zusätzlich die Effekte, Möglichkeiten und damit verbundenen Potenziale digitaler Technologien mit einbezogen werden. Letztere sind unter der alltagssprachlichen Bezeichnung digitaler Medien omnipräsent in planerischen Überlegungen und in bestehenden Unterrichtsmaterialien verankert. Eine reflexive Betrachtung des Medienbegriffs im digitalen Bildungskontext erscheint hierbei jedoch wesentlich und kann in der zielgerichteten Planung von digital gestütztem Unterricht sehr hilfreich sein. Daher folgt an dieser Stelle eine Begriffsbestimmung, die auch für alle anderen Kapitel ein eindeutiges Verständnis der in diesem Buch genutzten Bezeichnungen vornimmt.

Medien als Vermittler und Informationsträger

Bei der Gestaltung von Lehr-Lernprozessen sind Medien generell *Vermittlungshilfen* und sie dienen damit sowohl als Instrument wie auch als Lernobjekt. Unterrichtsmedien helfen dabei, Erkenntnisse zu (biologierelevanten) Inhalten zu gewinnen, Lern-/Unterrichtsziele zu erreichen oder aber den Erkenntnisweg zu unterstützen. Sie sind damit Träger von Informationen und/oder Vermittler zwischen Gestaltenden von Lernumgebungen, einem Lerngegenstand und den Lernenden (von Martial 2005). In dieser Logik initiieren oder moderieren (Lern-)Medien die aktive Auseinandersetzung mit (Lern-)Inhalten oder sie motivieren dazu, sich einem (Lern-)Gegenstand zuzuwenden (→ Abb. 2-2).

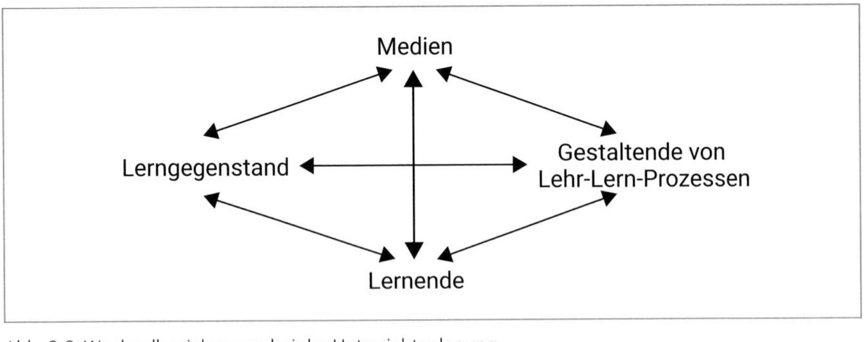

Abb. 2-2: Wechselbeziehungen bei der Unterrichtsplanung

Digitale Medien vs. Digitale Technologien

Der Begriff *digitale Medien* erweitert das Medienverständnis um computerbasierte Technologien, „die Inhalte präsentieren oder eine Interaktion mit diesen oder über diese Inhalte ermöglichen“ (Stegmann u. a. 2018, S. 968). Im Europäischen Rahmen für die digitale Kompetenz Lehrender DigCompEdu (Redecker 2017) gelten digitale Medien als „[j]egliche Produkte und Dienste, die zur elektronischen Erstellung, Einsicht, Verteilung, Anpassung, Speicherung, Abrufung, Weiterleitung und Erhaltung von Informationen in digitaler Form genutzt werden können“ (S. 57). Dieses Verständnis von *digitalen Medien* greift für die Planung und Gestaltung von biologiebezogenen Lehr-Lernprozessen zu kurz, da erst die fachdidaktisch fundierte Reflexion zum Einsatz eines digitalen Werkzeugs darüber entscheidet, ob es auch als Medium im oben genannten Sinn wirksam wird: Ein Tabellenkalkulationsprogramm wird demnach erst in Kombination mit digitalen Daten (z. B. Daten zur Enzymaktivität in Abhängigkeit von Temperatur), die von Lernenden bearbeitet und ausgewertet werden, zu einem Lernmedium. Daher werden in diesem Buch die Begriffe *digitale Technologien* und *digitale Medien* nicht synonym verwendet, sie werden vielmehr möglichst trennscharf eingesetzt. In Anlehnung an DigCompEdu können digitale Technologien wie in Abbildung 2-3 strukturiert werden.

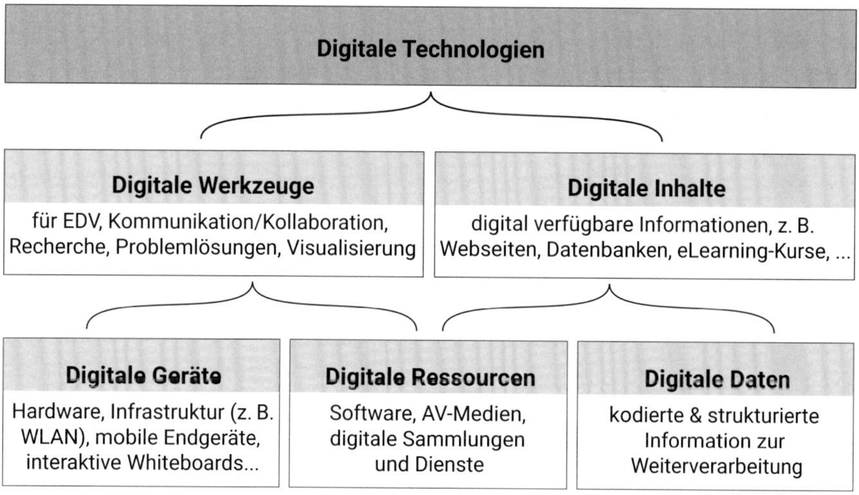

Abb. 2-3: Elemente digitaler Technologien (verändert nach DigCompEdu)

Digitale Werkzeuge

Digitale Ressourcen werden mit Geräten nutzbar und können in dieser Kombination als Werkzeuge im Lehr-Lernprozess verwendet werden. Digitale Werkzeuge tragen per se keine Informationen, jedoch helfen sie, diese zu erschließen, zu erarbeiten und/oder zu verarbeiten. Entsprechend der Werkzeugmetapher übernehmen digitale Technologien die Rolle als spezifisch zu nutzende Werkzeuge im Lehr-Lernprozess in unterschiedlichen Funktionsbereichen (→ Abb. 2-4).

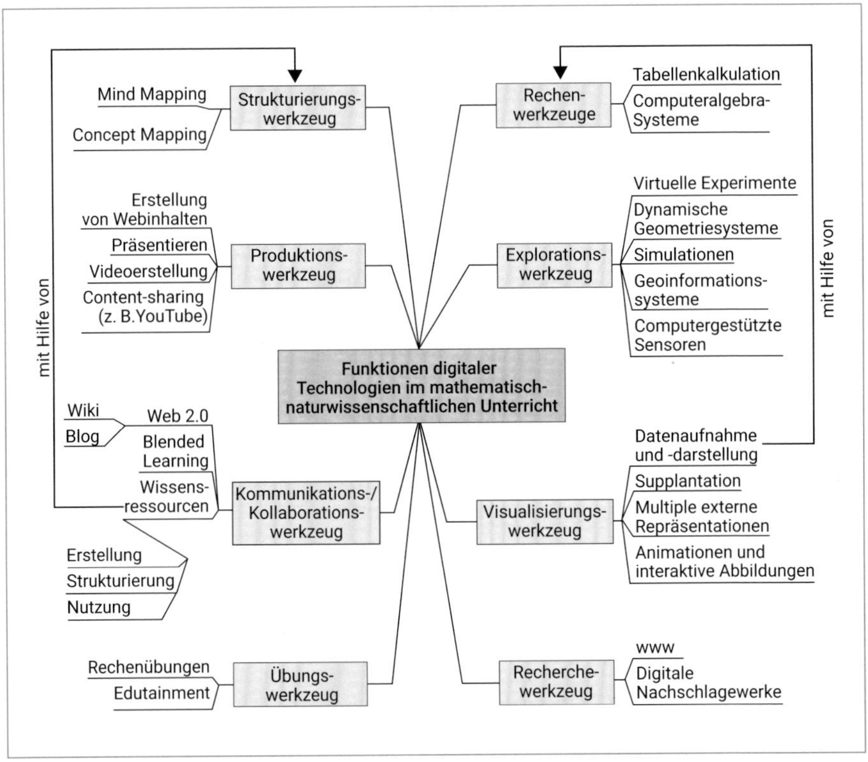

Abb. 2-4: Digitale Technologien als Werkzeuge im MINT-Unterricht (verändert nach Schaal/Spannagel/Vogel 2013)

Mit diesem dargestellten Begriffsverständnis sollte deutlich geworden sein, dass im fachdidaktischen und im unterrichtlichen Diskurs der Begriff *digitale Medien* oft nicht präzise genug ist, um die unterrichtlichen Planungsentscheidungen angemessen zu beschreiben. Zugleich stellt die in Abbildung 2-3 dargelegte Begriffsbestimmung in nicht-wissenschaftlichen Diskursen eine Herausforderung dar, da eine stets präzise Darstellung sperrig und im Alltag schwer präzisierbar ist. Aus diesem Grund verwenden wir hier im Buch an den Stellen, an denen eine präzise Begriffsverwendung notwendig ist, die eng definierten Begriffe (z. B. wenn die Werkzeugmetapher notwendig ist). Wenn eine differenzierte Begriffsverwendung nicht notwendig oder von der Gesamtheit des Digitalen die Rede ist, dann wird der Oberbegriff *digitale Technologien* verwendet.

2.2 Digitale Potenziale – technologisch und fachdidaktisch

Digitalisierung wird durch einen fortwährend andauernden und technologischen Entwicklungsprozess vorangetrieben, der die Gesellschaft sowie die Arbeitswelt durchzieht und schlussendlich auch den Bildungsbereich erreicht. Während in der Wirtschaft immerzu große Schritte im digitalen Wandel gegangen werden, indem Allianzen beispielsweise zur Etablierung von 5G-Netzwerken geschlossen werden, bleiben digitale Potenziale im Bildungsbereich noch eher zögerlich erschlossen (→ K 2-1). Ziele der Digitalisierung liegen in der Industrie wie mittlerweile auch gleichermaßen in der Bildung darin,

- Prozesse zu optimieren oder auch grundlegend zu verändern,
- Arbeits-/Lehr-Lernbedingungen zu verbessern sowie
- eine optimale Passung zwischen Produkt und Kundenanspruch/Lernendem zu realisieren.

Übertragen auf das Lehr-Lerngeschehen im Unterricht beschreibt Digitalisierung die Integration digitaler Technologien in bestehende Lehr-Lernprozesse sowie deren Erweiterung um neue digitale Lernzugänge (→ Kap. 2.5). Letztere gehen im besonderen Maße mit dem Ziel einer hohen Passung/Adaption zwischen Lerngegenstand und Bedürfnissen der Lernenden einher (→ Kap. 3), um beispielsweise neue Möglichkeiten in der Individualisierung von Lernen zu schaffen und/oder auf den gesellschaftlichen wie auch kulturellen Wandel angemessen vorzubereiten.

K 2-1: Bildungssystem als digitale Innovationsbremse?
Während in der Wirtschaft Produktionsprozesse stetig optimiert und Kundenbedürfnisse schnell berücksichtigt werden, scheinen sich in Schule und Lehrkräftebildung Veränderungen und Entwicklungen deutlich weniger stark und langsamer auf Unterrichtsprozesse auszuwirken. Auch wenn zwischen dem angestrebten Produkt guten Unterrichts – einem zur gesellschaftlichen Teilhabe, gebildeten Menschen – und der Alltags- und Berufswelt eine direkte Verbindung besteht, ist der Weg dorthin verzögert und wenig agil. Im Vergleich zur Wirtschaft kommt hinzu, dass systematische Fort- und Weiterbildungsmaßnahmen von Lehrkräften in viel geringerem Maße sowie tendenziell immer seltener (Kuschel u. a. 2020) genutzt werden und deshalb eine Reaktion auf sich wandelnde Herausforderungen oft schleppend verläuft. Die Einkehr digitaler Informationen und Technologien in Unterrichtsprozesse hat es folglich schwerer, auch weil sich die von ihnen ausgehenden Potenziale zum einen (i) in den etablierten Konzepten beweisen und zum anderen (ii) für die Veränderung von Lehr-Lernprozessen erschlossen werden müssen. Beides ist an ein stetig wachsendes Forschungsfeld zum digitalen Lehren und Lernen im Unterricht gebunden: (i) zu Wissen und Wirkung über jene digitalen Potenziale sowie (ii) zu Wissen bzgl. Innovationen zum Lehren und Lernen, die auf Basis digitaler Technologien bereits möglich sind.

2.2.1 Technologische Perspektive

Es ist unter bestimmten Aspekten wesentlich, den historischen Prozess der Digitalisierung zu berücksichtigen, um darüber den Transformationsprozess im Bildungsbereich einordnen zu können. Mitte der 1960er-Jahre setzte die Entwicklung von Computern ein und sie wurde von Beginn an von Perspektiven und Potenzialen zur Optimierung von Abläufen des wirtschaftlichen Sektors und in diesem Bereich tätigen Firmen wie z. B. IBM (International Business Machines Corporation) getrieben. Bei der Einführung von Computern in den Unterricht mit dem Fach Informatik fehlte ein solcher, genereller Optimierungsaspekt von Lehren und Lernen völlig. Vielmehr standen in den ersten Phasen nach der Einführung eine Rechner-, Algorithmen- und Anwenderorientierung im Vordergrund (Humbert 2006). Aus digitalen Neuerungen in Bezug auf Hardware und Software erwachsende Potenziale für den (Biologie-)Unterricht wurden bis ins 21. Jahrhundert individuell und nicht strukturiert genutzt. Nach einer Phase, in der Schulbuchverlage gezielt Lehr- und Lernsoftware konzipierten, ist aktuell der größte Teil der genutzten Anwendungen und Apps nicht originär für den Biologieunterricht konzipiert. Demnach fehlen jeweils zumeist auch vorab definierte Ziele, die damit erreicht werden sollen (→ Kap. 5). In der Folge stehen Lehrkräfte vor einer Vielzahl von Herausforderungen, die beispielsweise zusätzlich zu Hürden in der technischen Ausstattung und in den Voraussetzungen der Lernenden sowie dem datenschutzrechtlichen Handlungsspielraum, insbesondere die eigene digitale Kompetenz und Kompetenzentwicklung betreffen (→ K 2-2).

K 2-2: Digitalisierung als Mosaik – Individuallösung ohne strategischen Support

Im Gegensatz zu Schulbüchern existieren für digitale Elemente fast keine Prüfungen und/oder Gütesiegel, die eine entsprechende Qualität oder Langzeitsupport absichern (→ Kap. 9.4). Zumindest bis zur Veröffentlichung des KMK-Strategiepapiers „Bildung in der digitalen Welt" (2016) und dem Digitalpakt (BMBF 2020) ist die digitale Transformation von Unterricht und Einbindung entsprechender Elemente in die Fächer bildungspolitisch wenig und bzgl. der Fachspezifität gar nicht strukturiert. Als Konsequenz nutzen Lehrkräfte das, was ungeplant entstanden ist, müssen also selbst ein unterrichtlich adäquates Mosaik aus verfügbaren Einzelteilen generieren. Mit einer Mosaik-Metapher wird die Herausforderung für Lehrkräfte deutlich:

Ein stimmiges und ansprechendes Bild als Mosaik aus zufälligen Einzelteilen zu legen ist anspruchsvoller als solch ein Bild aus vorproduzierten aufeinander abgestimmten und gezielt für diesen Zweck erstellten Puzzleteilen zusammenzusetzen, für das es dann auch eine Vorlage gibt. Mosaike erfordern eine Vorstellung des angestrebten Ziels, Kreativität, Mut zum Ausprobieren und letztlich auch Abstraktion beim Ergebnis. Ein Puzzle erfordert nur das Verständnis der Regeln, wie das System funktioniert, Übung und Ausdauer, da das zu erzielende Bild ja bereits vorgedacht ist. Für Gesamtziele und Vorgehensweisen des digital erweiterten Biologieunterrichts existieren, anders als bei einem Puzzle, aktuell leider wenige konkrete Vorlagen. Lehrkräfte bedienen sich verfügbarer Elemente, um damit für sie individuell erkennbare Vorteile und Potenziale zu nutzen, ohne dass sie dafür strukturiert vorbereitet und mit den notwendigen Kompetenzen ausgestattet wurden (→ Kap. 4.2).

Mit Digitalisierung ist in der funktionalen Bedeutung die Überführung analoger Daten in oder die direkte Generierung von digitalen Informationen gemeint (Döbeli Honegger 2017). Dieses enge Begriffsverständnis muss aufgrund der omnipräsenten Verwendung für den sich anschließenden Nutzungsbereich der digitalen Informationen zumeist weiter gefasst werden. Als das zentrale Produkt gehen mit den Eigenschaften der gewonnenen digitalen Informationen sowie der Informationsverarbeitungskapazität technologischer Hard- und Software die wesentlichen technologiegeprägten Potenziale von Digitalisierung einher (→ Abb. 2-5):

- Digitale Informationen (z. B. in Form von Erklärvideos) können *verlustfrei* übertragen und mittels entsprechender Kommunikations- und Dokumentationsnetzwerke *verbreitet* und *gespeichert* werden. In der Unterrichtsvorbereitung können jene Informationen leicht bezogen und auf eigene Datenträger oder einem schulinternen Cloudsystem gespeichert werden.
- Im Unterricht können über das digitale Netzwerk Informationen (hier: Video) auf einzelnen digitalen Endgeräten abgerufen und den Lernenden zugänglich gemacht werden. Damit stehen Informationen *unabhängig von Ort und Zeit* zur Verfügung, und das digital unterstützte Lernen ist somit nicht auf ein Klassenzimmer festgelegt (→ Kap. 7).
- Die (automatisierte) Verarbeitung und Verwendung von digitalen Informationen, die über Videos, Texte, Bilder etc. dargestellt werden (Döbeli Honegger 2017), wird in Ausprägung und Wirkung maßgeblich durch die Eigenschaft der *Modifizierbarkeit* bestimmt. Dies ist beispielsweise bei Veränderungen digitaler Texte noch recht einfach nachvollzieh- und umsetzbar, bei der Veränderung von Videos dagegen in hohem Maße an Fähigkeiten zum Umgang mit digitalen Technologien gebunden. Letzteres wird deutlich, wenn beispielsweise selbsterstellte Videosequenzen von Versuchen bearbeitet und in ein bestehendes Erklärvideo integriert werden sollen (→ Kap. 6.3.1).

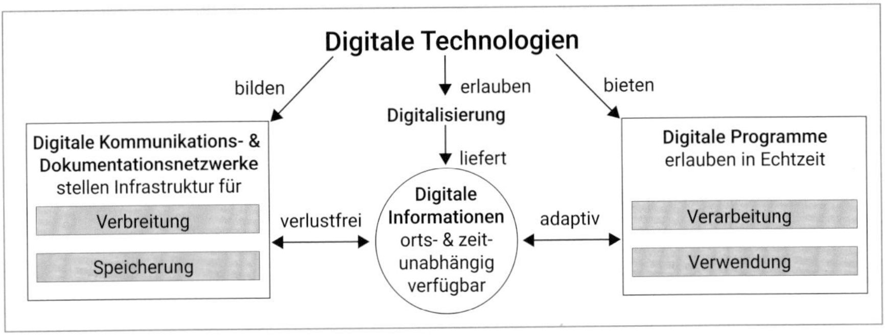

Abb. 2-5: Schaubild zu Eigenschaften digitaler Informationen als Ausprägung von Digitalisierung

- Die Verarbeitung von digitalen Informationen in Echtzeit, welche es beispielsweise ermöglichen, unmittelbar einen Eindruck/Einblick in die Geschehnisse im Klassenzimmer oder im Verlauf von Experimenten zu bekommen, ist ein wesentliches Potenzial der Digitalisierung. Digitale Technologien sind bereits bei der Gewinnung digitaler Informationen beteiligt und setzen dann maßgeblich an den Handlungsfeldern zur Speicherung und Verbreitung sowie der Verarbeitung (in Echtzeit) und Verwendung digitaler Informationen an (→ Abb. 2-5).

2.2.2 Fachdidaktische Perspektive

Die Frage nach dem *Warum* stellt sich dem Skeptiker gleichermaßen wie dem Enthusiasten bzgl. der Nutzung oder auch Nicht-Nutzung von digitalen Technologien im Unterricht. Eine Antwort darauf findet sich beispielsweise in den Möglichkeiten der Leistungs- und Wirkungsfähigkeit von Digitalisierung und setzt damit an der Bedeutung des Begriffs *Potenziale* an. Digitale Potenziale eröffnen den Planungs- und Handlungsspielraum zum digital gestützten Unterricht, der gemessen am rasanten technologischen Fortschritt nicht ausgeschöpft werden kann, jedoch aber fachdidaktisch begründet angezapft werden sollte (→ K 2-3).

K 2-3: Funktionen und Potenziale im digitalen Medieneinsatz
Digitale Technologien setzen an den im Medieneinsatz anvisierten didaktischen Funktionen (nach Schaumburg/Prasse 2019) an und können diese technologiebasiert ausweiten und/oder neu ausgestalten (u. a. in Herzig 2017), wie beispielsweise durch eine ...

- Erhöhung des Realitätsbezugs mittels audiovisueller Zugänge *(Motivieren)*,
- Erweiterung der Informationsträger um digital geprägte Realitäten *(Präsentieren und Veranschaulichen)*,
- Realisierung interaktiver Darbietung von Information *(Aktivieren und Vertiefen)*,
- Ermöglichung adaptiver, digitaler Lernzugänge *(Differenzieren und Individualisieren)*,
- Ermöglichung orts- und zeitunabhängiger, digitaler Kollaboration *(Kommunizieren und Kooperieren)*.

Begründungen für den Einsatz digitaler Technologien richten den Blick auf die Steigerung der Effizienz im fach- und technologiebezogenen Lehren und Lernen und/oder einer persönlichkeitsbildenden Funktion von Medien im Sinne der Medienbildung (Tulodziecki/Herzig/Grafe 2021). Digitale Potenziale aus fachdidaktischer Perspektive, die mit den Anforderungen der Effektivitätssteigerung verbunden sind, lassen sich insbesondere auf die technologischen Eigenschaften der Modifizierbarkeit und Verfügbarkeit zurückführen (→ Abb. 2-5). Handlungen im Lernprozess gehen u. a. auf die Verwendung von Informationen zurück, die unmittelbar mit den technologischen Eigenschaften, Funktionalitäten und Möglichkeiten der Darbietung (auch im Sinne von Präsentation), Nutzung und Verarbeitung zusammenhängt.

Darbietung von Information – multimodal, multicodal und multimedial

Ein wesentliches Merkmal der digitalen Darbietung von Fachinhalten schließt unterschiedliche Repräsentationsformate, wie geschriebene und gesprochene Sprache, Bilder und Videos mit ein. Damit wird ein multicodaler (= gleiche Information in unterschiedlichen Repräsentationsformen) wie auch multimodaler (= gleichzeitige Nutzung verschiedener Sinneskanäle) Medienzugang zur Wissenskonstruktion geboten, der sich beispielsweise gemäß der Multimedia-Theorie (Mayer 2009) als lernförderlich erweist (→ Kap. 3.4). Je nach Voraussetzungen der Lernenden (z. B. Vorwissen, Interesse am Inhalt, Vertrautheit mit Darstellungsformen) sollten die Informationsdarbietung angepasst und die Informationsverarbeitung unterstützt werden (→ Praxisbeispiel).

Praxisbeispiel

Die Funktion der nikotinergen Rezeptoren kann mit dem Modellorganismus *Daphnia magna* (Großer Wasserfloh) experimentell erschlossen werden (Kreutzberg u. a. 2011; Impulse zur digital gestützten Untersuchung in Sannert/Hendel 2021). In digitalen, interaktiven Arbeitsblättern/-mappen (z. B. digitales Portfolio, → Abb. 2-6) werden Informationen zur Funktion der chemischen Synapsen in Text-Bild-Kombinationen angeboten, der Modellorganismus in einem kurzen Videobeitrag und die Versuchsanleitung als Animation verfügbar gemacht. Die Datenerfassung im Zuge der praktischen Durchführung erfolgt über eine integrierte Tabelle, und zur Datenaufbereitung wird unmittelbar ein Diagramm erstellt. Durch diese Art der Darbietung wird eine ebenso effiziente Informationsentnahme gewährleistet wie eine aktive Auseinandersetzung mit dem Lerngegenstand; u. a. durch freiwerdende zeitliche Ressourcen aufgrund digitalisierter/automatisierter Diagrammerstellung.

Abb. 2-6: Multitouchbook

Ebenso können Inhalte/Informationen digital unterschiedlich zugänglich gemacht werden, d. h. es sind Gestaltungstechniken möglich, die einen unmittelbaren Zugang zu Informationen erlauben (z. B. Video-Plattformen), die als komplexe Erkenntnishilfen erst in ihrer Funktionalität und Nutzungsoberfläche durchdrungen werden müssen (z. B. Online-Simulationstools) oder welche als Werkzeuge zur eigenständigen Gestaltung von Lernprodukten (z. B. Stop-Motion-Animation der Vorgänge am synaptischen Spalt, → Kap. 6.3.1) dienen. Die Entwicklung der Extended Reality (= Oberbegriff für Technologien der Virtual, Augmented und Mixed Reality) bietet darüber hinaus die Möglichkeiten zur Darbietung von Informationen sowohl in einer digitalen, virtuellen Erfahrungs-/Wissenswelt wie auch einer Verbindung aus realer und virtueller Welt zur Ausgestaltung von Lernzugängen (→ Kap. 6.2.4).

K 2-4: Didaktische Entscheidungen zur Darbietung von Informationen

Informationen können beispielsweise auch anhand der Darstellungsform (z. B. Abstraktionsgrad einer bildlichen Darstellung als Fotografie, Zeichnung, Schema, Piktogramm) und damit der Alltagsnähe (vom Konkreten zum Abstrakten) eingeteilt werden. Haben Lernende beispielsweise mit einem Lerngegenstand noch keine Erfahrung, so werden digitale Inhalte idealerweise möglichst in einer unmittelbaren erfass- und verstehbaren Form dargeboten und genutzt (z. B. nicht nur einen Graphen der EKG-Ableitung der elektrischen Aktivität in Phasen des Kontraktionszyklus des schlagenden Herzens, sondern als Kombination mit einem visuell sichtbaren, schlagenden Herz). Verfügen Lernende dagegen bereits über ein angemessenes Vorwissen, so kann mit abstrakten Darstellungen zielführend gearbeitet werden (z. B. interaktiver EKG-Graph). Die Entscheidung über die Auswahl von digitalen Technologien lässt sich demnach nicht von allgemeinen didaktischen Entscheidungen trennen.

Nutzung von Informationen – adaptiv, individuell und situiert

In der Vielfalt an Darbietungsmöglichkeiten von Informationen schlummert auch das Potenzial zur Anlage und Gestaltung adaptiven Lernens. Lernen ist zu großen Teilen ein individueller, konstruktiver Prozess und eine (kognitive) Leistung, die zumeist an unterschiedliche Unterstützungsangebote gebunden ist. Digitale Technologien und Systeme können adaptiv an Lernende angepasste Informationen bereitstellen und zugleich den Lehr Lernprozess gezielt unterstützen (z. B. intelligente tutorielle Systeme, u. a. Schulmeister 2009). Damit existiert ein (bisher oftmals ungenutztes) hohes Potenzial zur individuellen Nutzung von Informationen über die Gestaltung adaptiver und individualisierter Lernumgebungen (→ Kap. 3, 6.4 & 9.1). Eine ebenfalls unumstrittene Leistung digitaler Technologien bieten die durch sie erweiterten Möglichkeiten der Kontextualisierung und Situierung in der Nutzung von Information zum Lernen: So erlauben beispielsweise Geoinformationssysteme das Eintauchen in alle Regionen der Erde, das Analysieren von Umweltbedingungen und die Nutzung der Erkenntnisse für weitere biologische Erkundungen zu ökologischen Beziehungen. Infolge werden auch didaktische Entscheidungen zur Auswahl und Nutzung von Inhalten unmittelbar von Eigenschaften digitaler Technologien und deren Verfügbarkeit beeinflusst.

Austausch von Informationen – kooperativ und kollaborativ
Kollaboration ist ein für das digitale Lernen kennzeichnendes methodisches Konzept: Digitale Informationen sind jederzeit verfügbar, sie können ausgetauscht sowie gemeinsam modifiziert und müssen reflektiert werden. Sicher hat kollaboratives Lernen auch im analogen Format seinen Platz, es gewinnt jedoch durch die Möglichkeiten des digitalen Informations- und Wissensaustausches für das gemeinschaftliche Arbeiten an einem Produkt/Ergebnis an Bedeutung. Hierbei steht der Arbeitsprozess im Vordergrund (= Prozessorientierung), in dem Lernende beispielsweise über Lernplattformen, digitale Board-Systeme und Feedbacktools ihr Wissen zusammenfügen und gemeinsam erweitern, um ein Problem/Phänomen zu erklären und/oder ein gemeinsames Lernprodukt (= Produktorientierung) zu erstellen.

In den Kontext fachdidaktischer Handlungsfelder im Unterricht gerückt, werden digitale Technologien bzgl. ihrer möglichen Funktionen beim Lehren und Lernen deutlicher bewertbar und damit konkret planungs- bzw. unterrichtsrelevant. Potenziale auf technologischer Ebene werden erst durch eine sinnstiftende Integration digitaler Informationen und Technologien in den Unterricht zu Potenzialen auf (digitaler) fachdidaktischer Ebene. Digitalisierung von Unterricht muss demnach deutlich umfassender ausgelegt werden, als über die Grundbedeutung der Übersetzung von analogen Informationen und Methoden ins Digitale.

2.3 Planungs- und Handlungsfelder

Biologieunterricht ohne inhaltlichen Bezug (z. B. zum Lebendigen) oder ohne Lehr- und Lernmedien sowie ein theoretisch-fundiertes zugrunde gelegtes Lehrkonzept ist undenkbar. Entscheidungen zur Auswahl, Reduktion und Rekonstruktion von Inhalten sind an curriculare Vorgaben gebunden und nicht losgelöst von Lernendenvoraussetzungen und schulorganisatorischen Rahmenbedingungen zu treffen. Entscheidungen zum Einsatz von Lehr-Lernmedien gehen wiederum immer mit verknüpften inhaltsnahen oder -fernen Handlungen der Lehrenden und Lernenden einher, weshalb im Unterrichtsverlauf für verschiedene (fachspezifische) Handlungsfelder planerische Überlegungen getätigt und Lösungen gefunden werden müssen.

Die Planung zur Nutzung digitaler Technologien sowie zur Darbietung und Erschließung von digitalen Inhalten umfasst Überlegungen zu kognitiven Ressourcen und Aktivierungen (→ Kap. 3) sowie die Schaffung vielfältiger Interaktionen mit Lerngegenständen. Wie jegliche didaktische Entscheidung bei der Gestaltung von Lehr-Lernprozessen sollte auch dies durch Lerntheorien begründet sein. Hierbei lassen sich, abhängig vom jeweiligen Ziel, zwei grundlegende Orientierungen der Nutzung und Einbindung digitaler Technologien unterscheiden (→ Tab. 2-1, ausführlich in → Kap. 3.3).

Ziel: **effizienter Aufbau von Kenntnissen und Fertigkeiten in vorstrukturierten Lehrgängen**	**Ziel:** **Förderung konstruktivistischer Lernprozesse**
Umsetzung: adressatengerechte Darbietung von Informationen und möglichst passgenaue Übungsmöglichkeiten	**Umsetzung**: situierte Lernsituationen, Problemorientierung, kooperativ-kollaborative Problemlösung
Digitale Technologien zur instruktionalen Unterstützung	**Digitale Technologien zur Unterstützung konstruktivistischer Lernprozesse**
Beispiele: • Online-Kurs mit Zwischentests und Feedback • MOOCs (Massive Open Online Course) • adaptive Karteikarten-Lernsysteme	**Beispiele:** • Problemstellungen in komplexen Systemen (z. B. mittels Simulation) • Daten von Experimenten mit digitalen Messwertsystemen erfassen, auswerten, präsentieren und diskutieren • Dokumentation des eigenen Lernprozesses in einem digitalen Portfolio • Nutzung von Weblogs zur Präsentation und Diskussion von Bewertungssituationen (z. B. Nutzungskonflikte im Nationalpark) • eigenständige Gestaltung von ortsbezogenen Lern-/Informations- und Spielangeboten für Smartphones

Tab. 2-1: Nutzung digitaler Technologien im Sinne unterschiedlicher Lerntheorien

2.4 Digitale Erweiterung des Feldes der Didaktischen Reduktion

Auf der Ebene des Inhaltes spielen Fragen zur Auswahl, Reduktion und Darbietung im Planungsprozess zum analogen wie digitalen Unterricht eine zentrale Rolle. Die Didaktische Reduktion ist hierbei ein historisch gewachsener Begriff (oder auch Konzept). Nach Lehner (2012) findet Didaktische Reduktion immer dann statt, „wenn umfangreiche und komplexe Sachverhalte aufbereitet werden, um sie für die Lernenden überschaubar und begreifbar zu machen.“ (S. 9) Gängige Konzepte der Didaktischen Reduktion (Grüner 1967) fokussieren auf die Inhalte, ihre Strukturierung sowie ihre Darbietung. Aus inhaltlicher Perspektive wird eine entsprechende Reduktion anvisiert, die sich auf die inhaltlichen Kernaussagen fokussiert (vertikale Reduktion). In der Perspektive auf die Darbietung werden methodische Aspekte relevant, wobei sich am Fachinhalt nichts ändert (horizontale Reduktion). Im Sinne der horizontalen Didaktischen Reduktion stellt somit auch die Gestaltung von Medien ein wesentliches Element dar. Dies bezieht sich eben nicht auf das Weglassen bzw. Reduzieren von Inhalten, sondern u. a. auf eine Gestaltung unter Berücksichtigung von Wahrnehmungsgesetzen, um die Medienerschließung und Informationsverarbeitung zu erleichtern, d. h. den Cognitive Load zu minimieren oder Fehlinterpretationen zu vermeiden (→ Kap. 3.4.1). Auch mit dem in der Biologiedidaktik etablierten Modell der Didaktischen Rekonstruktion (Kattmann u. a. 1997) richtet sich der Fokus auf eine konsequente, explizite Schülerorientierung und es wird betont, dass die Planung der Sachstruktur für den Unterricht keineswegs allein durch Vereinfachung gekennzeichnet ist. Gleichwohl wird auch bei der Didaktischen Rekonstruktion in Relation zur fachlichen Sachanalyse aus der didaktischen Perspektive eine Analyse des Inhalts auf seine „elementaren Ideen (die tragenden Grundbegriffe)“ vorgesehen (Reinfried/Mathis/Kattmann 2009, S. 406). Diese Berücksichtigung der Lernenden führt Lehner (2012) dahingehend weiter, dass er neben einer Reduktion der Stofffülle (in der Vorbereitung) und der inhaltlichen Komplexität (in der Darbietung) das Reduzieren auch als eine Lernhandlung sieht, den Lernprozess selbst also bewusst mit einbezieht. Aufbauend auf diesen Grundgedanken ist zu klären, inwiefern digitale Elemente des Unterrichts auch im Kontext bisheriger Betrachtungen zur Didaktischen Reduktion verortet werden können oder gar neue Perspektiven und Kategorien Didaktischer Reduktion eröffnen (→ Abb. 2-7).

Aus der Einbindung des Unterrichtsprozesses in die Perspektive der Didaktischen Reduktion ergibt sich eine zielorientierte Gestaltung digitaler Medien, deren Inhalte in Echtzeit im Lernprozess anpassbar sind, sei es durch eine bewusste Aktion des Lernenden oder durch Analyse des Lernprozesses mit z. B. KIs (→ Kap. 9.1). So entstehen Medien, die für Lernende besser verständlich sind. Eine solche digital ermöglichte Flexibilität im Umfang und der Nutzung von Inhalten reduziert die Wahrscheinlichkeit einer inhaltlichen Reduktion an den Adressaten vorbei, da die Lernenden z. B. selbst entscheiden, welche Inhalte/Zusatzinformationen für ihren individuellen Lernprozess oder für eine Vertiefung hilfreich sind. Digitale Technologien ermöglichen jedoch nicht nur eine in Teilen selbstgesteuerte Auswahl von Lerninhalten, sie erlauben es auch, völlig neue Arten von Medien mit bisher

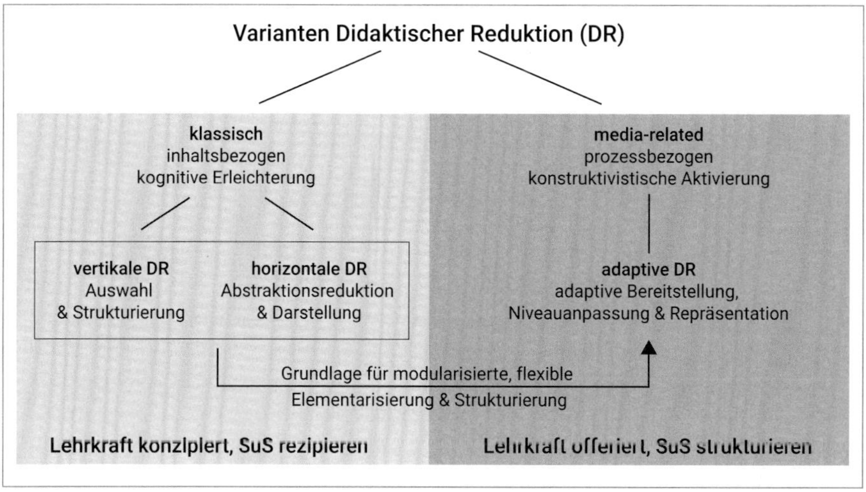

Abb. 2-7: Erweiterung des klassischen Konzepts der Didaktischen Reduktion um eine mediale Perspektive

nicht verfügbaren Darstellungsformaten bzw. Darbietungen und interaktiven, responsiven Eigenschaften zu erstellen. So können z. B. reale Originale mit virtuellen Augmented Reality (AR) Ergänzungen ohne direkte Modifikation des Originals leichter erschließbar gemacht werden, wobei sogar die nutzende Person entscheiden kann, ob er/sie diese Unterstützung in Anspruch nehmen möchte. Das Repertoire an nutzbaren medialen Hilfsmitteln (z. B. Interaktivität) zur Didaktischen Reduktion wird vielfältiger und umfasst nicht nur die digital möglichen Visualisierungsformate sowie deren Verlinkung (hier Original mit z. B. Detailaufnahmen in AR), sondern wird zusätzlich durch eigene Strukturierungsmöglichkeiten und Taktung individualisierter.

Obgleich der für digitale Technologien erläuterte Zusammenhang zur Didaktischen Reduktion bzgl. der variablen Inhalte einerseits und der Schaffung neuer Darstellungsformate andererseits an bisherige Perspektiven der Didaktischen Reduktion anknüpft, bringt die Interaktivität und Individualisierung sowie z. B. die Möglichkeit immersiver Medien eine Perspektive mit sich, die in klassischen Betrachtungen zur Didaktischen Reduktion nicht zentral berücksichtigt wird. Der Lehr-Lernprozess kann durch digital ermöglichte Unterstützungs- und Freiheitsgrade als Prozess selbst für Lernende leichter absolvierbar gemacht werden. Didaktische Reduktion kann damit also unter neuen Aspekten gedacht und umgesetzt werden, vorausgesetzt, die Lehrkraft besitzt die Fähigkeiten, entsprechende Medien und Funktionen einzuplanen und zu gestalten (→ Abb. 2-7). Mit in den Vordergrund rückt gerade bei noch nicht etablierten Systemen auch die Bedienbarkeit der jeweils notwendigen technischen Geräte aus der Perspektive der Lernenden heraus gedacht, die sich abhängig davon, ob die nutzende Person mit der Technik überfordert ist oder nicht, positiv oder negativ auswirken kann. Fasst man Didaktische Reduktion als Strategie zur Reduktion des Cognitive Loads (→ Kap. 3.4.1) auf, fällt auch die Gestaltung von Benutzeroberflächen ins Gewicht. Dadurch wird im Vergleich zum Analogen der Bereich der Didaktischen Reduktion ebenso erweitert.

Neben einer Inhalts- und Darstellungsreduktion muss immer auch eine Anwendungs-/Prozessreduktion in Bezug auf die Bedienung, die selbstgesteuerte Strukturierung und Hilfen on demand mitgedacht werden. Abhängig davon, ob die Nutzenden mit der Technik überfordert sind oder nicht, kann es zu entscheidenden positiven oder negativen Auswirkungen im selbststrukturierten Lernprozess kommen. Vielfach kann die Lehrkraft selbst darauf aber keinen direkten Einfluss nehmen, da z. B. Inhalte, Tipps, Menüstrukturen und GUIs (Graphical User Interface) vorgegeben und unveränderlich in Software implementiert sind, wodurch die Gestaltung des Erschließungsprozesses eingeschränkt wird.

Insgesamt kann durch digitale Ansätze der Lernprozess jedoch flexibel ausgestaltet und gegliedert werden. Eine Komplexitätsreduktion kann dabei einerseits durch die Automatisierung von Prozessen und Abläufen, aber andererseits auch durch die Individualisierung erfolgen.

2.5 Fachspezifische Planungen zum Einsatz digitaler Technologien

Die adressatenbezogene Konzeption von Fachunterricht (→ Kap. 4) umfasst auch die fachlich angemessene Einbettung von digitalen Geräten und Materialien. Aus der Planungsperspektive heraus lassen sich, abweichend von einer nicht fachlich oder unterrichtsprozessbezogenen digitalen Kompetenzbeschreibung (z. B. durch den europäischen Kompetenzrahmen DigCompEdu: Redecker 2017; → Kap. 4.2.1), begründet andere, fachlich spezifizierte Kompetenzbereiche eingrenzen und nutzen.

Diese Kompetenzbereiche können sich an funktionalen, methodischen und inhaltlichen Zielen der Unterrichtsplanung, also konkreten Einsatzszenarien des naturwissenschaftlichen Unterrichts, orientieren (→ K 2-5). Zugleich erscheint es notwendig, diese Kompetenzbereiche zu nutzen, um Fachunterricht zu orchestrieren: Das bedeutet, dass qualitativ hochwertige Lehr-Lernmaterialien und der mit ihnen zu erreichende Lernprozess Hand in Hand gehen.

K 2-5: Einsatzszenarien im naturwissenschaftlichen Unterricht

Für den MINT-Unterricht im digitalen Bereich können fünf Einsatzszenarien definiert werden (Eickelmann/Lorenz/Endberg 2017, S. 240):

(1) die Arbeit mit Textverarbeitungsprogrammen,

(2) die Gestaltung von Präsentationen,

(3) die Nutzung von Anwendungen zur Datenerfassung und -bearbeitung,

(4) die Arbeit mit Tabellenkalkulationsprogrammen sowie

(5) die Arbeit mit Simulations-, Experimentier- oder Modellbildungs-/Modellierungsprogrammen.

Aus den Punkten 3 bis 5 lassen sich benennbare und verallgemeinerbare fachunterrichtliche Einsatzbereiche erkennen: Messwert- und Datenerfassung, Datenverarbeitung sowie Simulation und Modellierung von Prozessen. Betrachtet man hingegen die Arbeit mit Textverarbeitungsprogrammen, lässt sich diese funktional einerseits zur Erstellung von Medien und Materialien durch Lehrende oder Lernende und u. a. unter einem Präsentationsaspekt einbinden. Andererseits kann sie aber auch unter dem Aspekt einer reinen Dokumentation von Informationen zur weiteren Verwendung oder Verarbeitung ohne konkrete Adressaten verortet werden.

Für die Analyse von zu bestimmten Unterrichtsphasen/-zielen ggf. passenden digitalen Elementen ist eine Strukturierung im Sinne von funktional am Fachunterricht ausgerichteten Planungsbereichen mit der Beschreibung notwendiger Kompetenzen hilfreich. Eine für naturwissenschaftliche Fächer orientierte Systematisierung digitaler Kompetenzen zur Unterrichtsplanung und -durchführung bietet der Orientierungsrahmen „Digitale Kompetenzen für das Lehramt in den Naturwissenschaften" (DiKoLAN, → Kap. 4.2.2).

Die im DiKoLAN beschriebenen Kompetenz- und damit auch Anwendungsbereiche (z. B. Datenverarbeitung, Digitale Messwerterfassung) lassen sich als mögliche Handlungsfelder im Unterricht und Entscheidungsfelder bei seiner Planung lesen. Sollen z. B. kommunikative und/oder kollaborative Arbeitsphasen gestaltet werden, sind dazu Kompetenzen der Lehrenden im entsprechenden Bereich für eine reflektierte Entscheidung bzw. Planung notwendig. Bei der Planung von z. B. einer kollaborativen Datenerhebung kommen zugleich Kompetenzfacetten der digitalen Messwerterfassung zum Tragen, wenn Entscheidungen für oder gegen den Einsatz digitaler Werkzeuge getroffen werden. Die mit den Kompetenzbereichen assoziierten Handlungsfelder sind vergleichsweise einfach mit etablierten Unterrichtskonzepten und darin verankerten Zielsetzungen und Phasen zu verbinden, was einen Vergleich mit digitalen Alternativen und die

Prüfung, welche Kompetenzen bei Lehrkräften für deren Einsatz vorhanden sein sollten, erleichtert. Dabei wird deutlich, dass sich die Handlungs- und Planungsfelder des Unterrichtens mit digitalen Elementen fachdidaktisch nicht grundlegend von der Planung eines rein analogen Unterrichts unterscheiden, sondern dass es sich aus einer kompetenten digitalen Perspektive heraus eigentlich „nur" um eine Abwägung für die eine oder andere Umsetzung in der betreffenden Unterrichtsphase handelt. Dabei müssen fachdidaktische Überlegungen zum Fach sowie auch grundlegend neue Überlegungen im Vergleich zur analogen Unterrichtsplanung und damit assoziierten Kompetenzen berücksichtigt werden (→ Tab. 2-2).

Über rein methodische Entscheidungsfelder hinaus sind gesetzte inhaltliche Schwerpunkte ein Entscheidungskriterium. Beim Einsatz einer digitalen Messwerterfassung mit automatisierter grafischer Darstellung wird beispielsweise ein Zeitfenster für die intensive Datendiskussion gewonnen; das Erstellen von Grafiken kann dabei aber nicht trainiert werden. Steht jedoch z. B. als inhaltliches Ziel das Erlernen einer in der Fachwissenschaft etablierten digitalen Methode zur Datenerhebung mittels Bildanalyse fest (z. B. Blattflächenbestimmung oder Wurzelwachstumsanalyse), ist es ggf. naheliegend, diese auch praktisch mittels geeigneter digitaler Technologien durchzuführen.

Planungsüberlegungen	
Fachspezifische Perspektive	**Spezifisch digitalisierungsbezogene Perspektive**
Im Bereich ...	
... technischer Anwendungen	... der technischen Realisierung und Anforderungen an entsprechendes Equipment unter Berücksichtigung der Rahmenbedingungen
... fachwissenschaftlicher Relevanz und Korrektheit	... der Bedeutung und Anwendung digitaler Technologien im Fach
... methodischer Umsetzungen	... der Charakteristika einer digitalen Umsetzung in Bezug auf Lehr-Lernkonzepte, Sozialformen etc.
... fachdidaktischer Zielsetzungen	... der fachdidaktisch mit Digitalem verknüpften Implikationen (in Bezug auf die Intensität der Auseinandersetzung mit Inhalten und Tätigkeiten) sowie den resultierenden Konsequenzen im Hinblick auf das Erreichen von Unterrichtszielen

Tab. 2-2: Fachdidaktische Planungsüberlegungen, die die fachspezifische und digitale Perspektive verknüpfen

2.6 Konzepte und Modelle zur Integration digitaler Technologien

2.6.1 Orchestrierung von Unterricht

Eine fundamentale Planungsaufgabe der Lehrenden zum digital gestützten Unterricht ist es, eine didaktisch sinnvolle Verknüpfung zwischen digitalen und analogen Lernangeboten zu schaffen. Das Konzept zur Orchestrierung von technologiegestütztem Lernen (z. B. Prieto u. a. 2011) greift diesen Aspekt auf und macht deutlich, dass eine Abstimmung und Koordination zwischen digitalen mit anderen bzw. den weiterhin analogen Unterrichtsstrukturen/-elementen unerlässlich ist. Dies betrifft Lernaktivitäten unter Nutzung verschiedener Lernressourcen durch Lernende in unterschiedlichen Sozialformen gleichermaßen wie zwischen Lehrenden und Lernendem als auch zwischen Lehrenden/Lernenden und digitaler Technologie im Unterrichtssetting. Überlegungen und Entscheidungen im Sinne der Orchestrierung sind punktuell in einzelnen Unterrichtsphasen, wie z. B. der digitalen Vorwissensakquise mittels Stichwortsammlungen und der Generierung einer digitalen Wortwolke im Einstieg sowie auch für das gesamte methodische Konzept eines Unterrichts relevant. Das problemorientierte, kooperative Forschende Lernen bietet beispielsweise eine umfangreiche Spielwiese zum digital gestützten bzw. digital-analog-verbindenden Lehren und Lernen (→ Kap. 6).

Mit zunehmendem Grad an Digitalisierung steigt auch die Komplexität der Orchestrierung der Elemente im bzw. von Unterricht: Die Planung von digital gestütztem Unterricht verlangt je nach Art und Umfang der integrierten digitalen Technologien das Hinzuziehen digitaler Steuerungs- oder Kontroll- sowie Speicherungs- und/oder Transferelemente/-werkzeuge. Entsprechend des Grundverständnisses zur Orchestrierung digitaler und analoger Unterrichtselemente umfasst dieses insbesondere bei einem transformierenden digitalen Unterrichtskonzept auch die Entscheidung zur Integration von orchestrierenden Technologien (Sharples 2013) in die Planungen und Handlungen zum digital gestützten Unterricht.

2.6.2 Transformationsgrade nach RAT- und SAMR-Modell

Modelle zum Lehren und Lernen mit digitalen Medien konkretisieren den Mehrwertgedanken von einer Verbesserung bis hin zur Neugestaltung von Unterricht. Sie setzen an herkömmlichem (analogem) Unterricht und Unterrichtsplanungen an, um den Grad der Veränderung durch die Digitalisierung zu beschreiben und zu beurteilen. Diese Modelle können als Orientierungsrahmen fungieren, in dem der Medieneinsatz in seiner Tiefenverankerung in das Unterrichtsgeschehen über verschiedene Stufen definiert wird. Sind es beispielsweise beim RAT-Modell drei Stufen vom Ersetzen (*Replacement*) über das Verstärken (*Amplification*) bis hin zum Verändern (*Transformation*) (Hughes/Thomas/Scharber 2006; → Abb. 2-8), werden im SAMR-Modell vier Stufen skizziert (Puentedura 2006). Trotz der sehr ähnlichen Ausrichtung und inhaltlichen Beschreibung der Stufen wird weitaus häufiger das SAMR-Modell in den Diskurs zum Einsatz digitaler Medien eingebracht. Im SAMR-Modell wird die funktionale Integration digitaler Medien in analoge Unterrichtshandlungen/-inhalte auf zwei Ebenen verortet, die sich wiederum aus jeweils zwei Komplexitätsstufen zusammensetzen (→ Abb. 2-8).

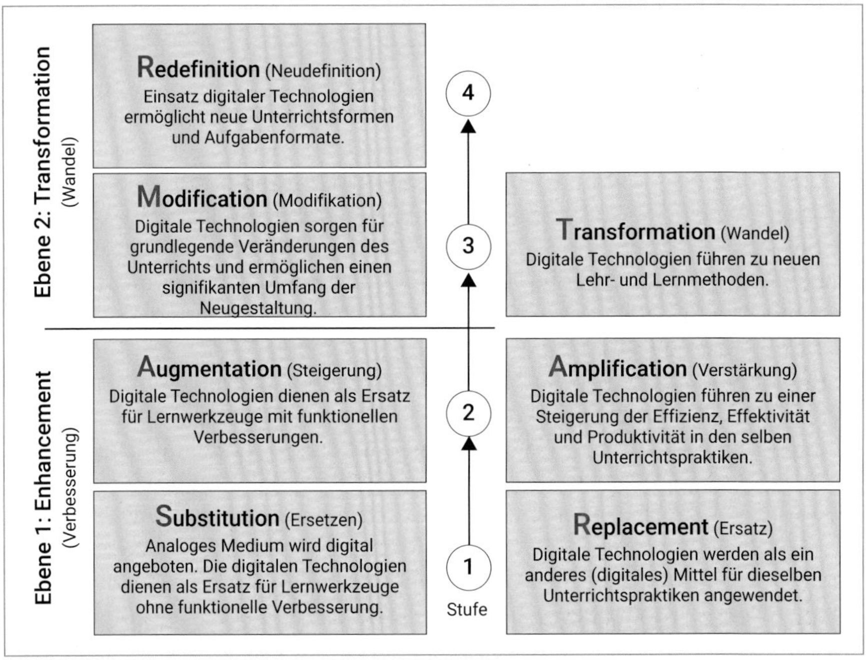

Abb. 2-8: SAMR- und RAT-Modell zur Integration digitaler Medien im (analogen) Unterricht

Ebene 1: Eine Erweiterung/Verbesserung (*Enhancement*) umfasst auf der ersten Ebene das Ersetzen (*Substitution*) einer analogen durch eine digitale Technologie sowie einer Steigerung (*Augmentation*) durch hinzugewonnene Funktionen durch die digitale Technologie. Ein funktionaler Zugewinn ist beim einfachen Ersatz nicht gegeben, d. h. dass beispielsweise das Lesen digitalisierter Arbeitsblätter keinen inhaltsbezogenen Zugewinn bringt. Interaktive Schulbücher bieten darüber hinaus schon in einfachen Ausführungen weit vielfältigere Darstellungsformen (z. B. interaktive Abbildungen, Bewegtbilder, Animationen) als deren auf Papier gedruckte Vorgänger. Digital gestütztes Lernen auf dieser Stufe kann dennoch für das Erlernen des Umgangs mit Geräten und Software als Einstieg sinnvoll sein, ohne dabei gleichzeitig die anspruchsvolleren Bereiche zu fordern (Beispiel u. a. in → Kap. 6.2.5). Bei reiner Substitution bewegen sich Lehrende und Lernende in etablierten und bekannten Unterrichtskonzepten und können sich in Bezug auf aus Neuem resultierenden Herausforderungen voll auf die Geräte und Softwarebedienung und den Erwerb damit verbundener Kompetenzen fokussieren. Damit kann eine Basis für den weiterführenden Einsatz in höheren Transformationsstufen gelegt werden, ohne dass ein Scheitern aufgrund zu vieler Neuerungen und Herausforderungen provoziert wird.

Ebene 2: Mit der zweiten Ebene zur Umgestaltung bzw. zum Wandel (*Transformation*) steigt der Komplexitätsgrad sowohl in den Funktionen der digitalen Technologie als auch deren Einsatzmöglichkeiten und Verbesserungen im Unterricht.

Die Stufe zur Veränderung/Modifizierung (*Modification*) ist mit einer Neugestaltung von Lehr-Lernprozessen verbunden, die beispielsweise Aufgaben beinhalten, die ohne digitale Technologien nicht bearbeitbar sind. Dies trifft zum Teil bei der Nutzung von virtuellen Experimenten zu (→ Kap. 6.2.4). Der Medieneinsatz konzentriert sich hierbei noch auf eine oder mehrere Unterrichtsphasen und -elemente.

Das gesamte Setting zum Lehren und Lernen im Unterricht wird auf der höchsten vierten Stufe anvisiert, welches sich über den Einsatz digitaler Technologien neu definiert (*Redefinition*) und ohne diese nicht realisierbar wäre. So ist eine selbstgesteuerte Erschließung von komplexen Modellen oder Originalen, die nicht verändert werden sollen oder dürfen, interaktiv z. B. durch Lenkung des Blickes und der Markierung von zu ertastenden Strukturen mit AR am Objekt (Thyssen u. a. 2020) positionsgenau ebenso möglich (→ Kap. 6.2.2.), wie die automatische, GPS-gesteuerte Bereitstellung von digitalen Informationen sowie Arbeits- und Beobachtungsaufträgen, abhängig von der Position, an der sich Lernende gerade an einem Außerschulischen Lernort (z. B. in einem Biotop) befinden (→ Kap. 7).

Aussagen über die Qualität des digitalen Lehr-Lernsettings bzw. der digitalen Inhalte lassen diese Modelle nicht zu, wie sie sich ebenso auch noch nicht auf empirische Befunde stützen können. Sie bieten Lehrkräften in ihrer Kombination und Berücksichtigung bei der Unterrichtsplanung jedoch ein hilfreiches Orientierungs- und Reflexionsraster.

2.6.3 Rahmenmodell zur Integration digitaler Medien

Um differenzierte Zusammenhänge und Rückschlüsse zur Qualität digitaler Inhalte in der Darbietung und der Integration/Nutzung im Unterricht sowie dem damit verbundenen Lernerfolg beschreiben bzw. ziehen zu können, ist ein mehrperspektivischer Blick nötig. Im Rahmenmodell zur Integration digitaler Medien (Lachner/Scheiter/Stürmer 2020) wird, angelehnt an das Angebots-Nutzen-Modell (Helmke 2009), die Wirkweise und Qualität von digital gestütztem Unterricht über den Einbezug von verschiedenen Einflussfaktoren beschrieben und empirisch operationalisierbar (→ Abb. 2-9).

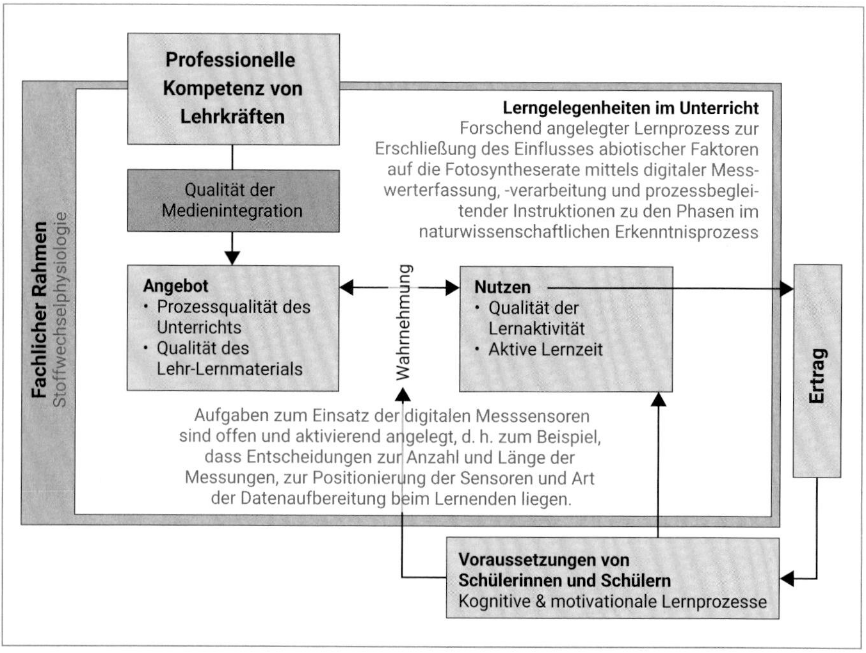

Abb. 2-9: Rahmenmodell zur Integration digitaler Medien mit biologischem Unterrichtsbeispiel (verändert nach Lachner/Scheiter/Stürmer 2020)

Wie lässt sich dieses Modell nun auf die eigene Unterrichtsplanung übertragen? Dies soll im nachfolgenden Beispiel anhand eines klassischen Versuchs des Pflanzenstoffwechsels skizziert werden (→ Praxisbeispiel).

Praxisbeispiel

Das Zählen von Gasblasen bei der Prüfung der Fotosyntheseleistung unter Einfluss verschiedener abiotischer Faktoren gehört zu den Klassikern des Biologieunterrichts. Im Zuge einer Erfassung der Sauerstoffproduktion mit einem digitalen Messwertsystem ist ein Mehrwert aus technologischer Sicht (Messwerterfassung in Echtzeit, Modifikation und Darstellung der Daten, → Kap. 6.2.5, → Abb. 2-10) wie auch aus Sicht klassischer Prozessmerkmale der Unterrichtsqualität gegeben (z. B. kognitive Aktivierung in → Kap. 3.5).

Abb. 2-10: Digitale Messwerterfassung statt klassischem Versuch mit Blasen-Zählen

Ebenso lässt sich der Versuch auch zeitversetzt zum Unterricht durchführen und über eine Videoaufnahme dokumentieren. Diese kann dann im Unterricht zur zeiteffektiven und kollaborativen Datenerfassung eingebunden werden (siehe Experimentiervideo, → Abb. 6.2.3). Das Einbinden digitaler Technologien ist, hier am Beispiel digitaler Messensoren und Datenverarbeitung, u. a. an eine kognitiv aktivierend-instruktionale sowie adressatenangepasste Medienintegration in das fachdidaktische Gesamtsetting des Unterrichts bzw. in Lerngelegenheiten im Unterricht (Bsp. Forschendes Lernen zur Fotosyntheserate) gebunden. Ziel ist es, ein optimales Angebot zu schaffen, welches den Lernenden eine effektive Nutzung/Umsetzung von unterschiedlichen Lernaktivitäten ermöglicht.

In der Unterrichtsplanung sowie dem Zusammenspiel des geschaffenen Angebots und dessen Nutzung durch die Lernenden sind deren Voraussetzungen ebenso eine entscheidende Einflussgröße auf die Qualität der Technologieintegration (→ Abb. 2-10). Sind Lernende aufgrund unterschiedlichster Voraussetzungen, die sie mit in das Wirkungsgefüge von Unterricht einbringen, unterschiedlich gut in der Lage, das Angebot zu nutzen bzw. die Lernaktivität umzusetzen, ist auch bei dem (scheinbaren) Vorherrschen digitaler Potenziale mit einem davon abhängigen Lernertrag zu rechnen. Eine empirische Prüfung dieser Zusammenhänge steckt noch in den Anfängen, wird jedoch durch ein stetig wachsendes Forschungsfeld im Bereich Digitalisierung von Unterricht begleitet. Empirisch weitaus umfassender gestützt ist bereits die Gestaltung von digitalen Lehr-Lerninhalten, die ebenso mit dem Anspruch der Effektivitätssteigerung von digital gestütztem Lernen einhergeht (→ Kap. 3).

Für eine an die Unterrichtsphase und -situation angepasste Einbindung digitaler Technologien ist es hilfreich, sich die jeweiligen Herausforderungen und Möglichkeiten, die sich im von der Lehrkraft vorstrukturierten Lehr-Lernprozess und dem sich daraus ergebenden Informationsfluss auftun, zu vergegenwärtigen (→ Abb. 2-11). Informationen müssen bereitgestellt, erschlossen und ggf. ausgetauscht werden, wozu digitale Technologien genutzt werden können. Für den Informationsfluss existiert sicher kein allgemeingültiges Schema, jedoch lassen sich aus den i. d. R. ähnlichen Kernaufgaben/-zielen der einzelnen Unterrichtsphasen als Verallgemeinerung häufig zutreffende Schemata ableiten. Ein Einsatz von digitalen Werkzeugen, Inhalten und Ressourcen muss sich am jeweils in den Phasen vorherrschenden Informationsfluss bzw. ihrer Nutzung orientieren. Informationsfluss und Erschließung setzen geeignete digitale Inhalte und auch Werkzeuge voraus.

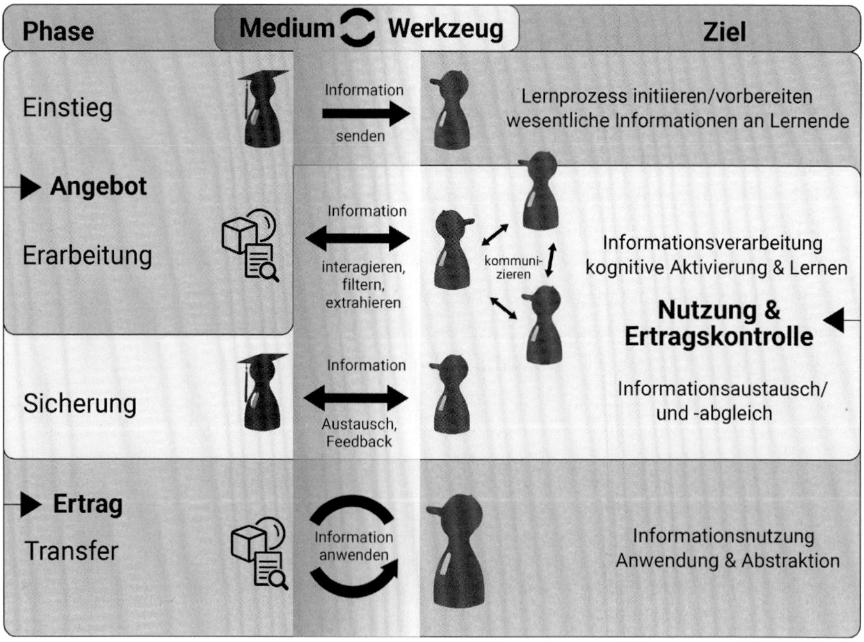

Abb. 2-11: Unterrichtsphasen und Informationsflüsse im Lehr-Lernprozess

In der Einstiegsphase können, als Alternative eines informierenden Einstiegs durch die Lehrkraft, vorbereitete digitale Inhalte erschlossen werden. In der Erarbeitung sind, abhängig vom Unterrichtsgegenstand und dem Einsatz von z. B. Originalen, digitale Werkzeuge sinnvoll einsetzbar, um für den Lernprozess notwendige Informationen zu erarbeiten. Hier erfolgt die Nutzung eines vorab generierten Angebots (an Unterrichtsmaterial und Erarbeitungs-/Lernunterstützung), das von den Lernenden erschlossen wird. Abhängig von der Sozialform sind Kommunikationswerkzeuge zum Austausch von Informationen unter den Lernenden ggf. hilfreich. In der Sicherungsphase können digitale Kommunikationswerkzeuge zum Informationsaustausch genutzt und digitale Ressourcen (im Sinne von Ergebnissen und Erwartungen) ausgetauscht werden. Im Transfer können digitale Inhalte bereitgestellt werden, wobei die Art der Be- bzw. Verarbeitung darin enthaltener Daten und deren Codierung beeinflusst, welche digitalen Werkzeuge ggf. benötigt werden. Generell sind also drei Bereiche zu reflektieren: Die Informationsbereitstellung (digitale Inhalte), die Informationsextraktion bzw. Erschließung (digitale Werkzeuge, ggf. auch zur Dokumentation) und die Kommunikation (digitale Werkzeuge) (→ Abb. 2-11). Eine präzise Beschreibung der jeweils zu planenden Unterrichtsphase bzw. des Unterrichtsprozesses bzgl. der gewünschten Informationsflüsse, Sozialformen und Unterrichtsgegenstände unterstützt eine Reflexion sinnvoll einsetzbarer digitaler Technologien.

2.6.4 Aktivierungsgrade digital gestützten Lernens – ICAP-Modell

Effektivität in Verbindung mit kognitiven Lernprozessen wird nach dem ICAP-Modell als Qualitätsmerkmal beschrieben (Chi/Wylie 2014). Demnach sind Lernaktivitäten mit vorwiegend rezipierendem, passivem Charakter (*passiv*) auf der untersten von vier Stufen dieses Modells untergebracht. Mit Steigerung des Aktivitätsgrades in der Auseinandersetzung mit dem Lerngegenstand folgen den aktiven (*active*) die konstruktiven (*constructive*) und bis zur höchsten Stufe die interaktiven (*interactiv*) Lernaktivitäten, bei denen Lernende in Interaktion untereinander neues Wissen erschließen (u. a. kognitive Aktivierung). Im exemplarischen Szenario (→ Praxisbeispiel) können Lernende den Einfluss abiotischer Faktoren auf die Fotosyntheserate kooperativ und interaktiv über unterschiedliche Versuchsansätze (z. B. Variation in den Einflussvariablen, Variation in der Ausprägung einer Einflussvariablen) mittels digitaler Messsensoren oder Videoanalyse experimentell untersuchen sowie über die Interpretation der erfassten Daten/Datendiagramme neues Wissen aufbauen und in bestehendes Wissen (zum Prozess und der Bedeutung der Fotosynthese) integrieren (Bsp. in Meier 2023).

2.7 Kontinuum zwischen analogem und digitalem Unterricht

Entsprechend den vorangegangenen Überlegungen, dass Planungsentscheidungen durch Digitalisierung nicht völlig anders aussehen, ist eine graduelle Transformation von Unterricht ausgehend von analogen Konzepten in einem fast stufenlosen Kontinuum möglich. Abseits dieses Kontinuums im Sinne des unterschiedlichen Digitalisierungsgrades ist auch die Perspektive eines zeitlich und strukturell kontinuierlichen geplanten Digitalisierungsprozesses relevant. Der vielfach zu beobachtende engagierte Ansatz, z. B. jetzt endlich als ersten Schritt einmal eine digitale Messwerterfassung in Schülerübungen durchzuführen, weil man damit z. B. Zeit für die Auswertung der Daten gewinnen kann, scheitert oft an der Tatsache, dass die Lernenden bei der ersten Nutzung mit der Handhabung der Software und Geräte Probleme haben. Generell erscheint es sinnvoll, mit kleinen Schritten zu starten und hier auch die unterste Stufe des SAMR-Modells (→ Kap. 2.4.2), für die sich definitionsgemäß ja explizit kein inhaltlicher Mehrwert ergibt, in Planungsüberlegungen mit einzubeziehen. Auch bei rein analogen Methoden und Verfahren ist es nicht zielführend, die Methode direkt im Kontext der Anwendung zu erlernen und erstmals dann anzuwenden, wenn eine präzise Datenerhebung zur fachwissenschaftlichen Erkenntnisgewinnung gefordert ist. Es macht also durchaus Sinn, sich mit Strategien für eine schrittweise Digitalisierung und mit der Kombination digitaler und analoger Verfahren auseinanderzusetzen. Prinzipiell denkbar ist die Digitalisierung (im Sinne der Umsetzung mit digitalen Elementen)

- ganzer Unterrichtsphasen (z. B. einen Einstieg mit einem selbstständig ablaufenden, automatischen PowerPoint-Vortrag),
- einzelner Elemente in Unterrichtsphasen (z. B. Populationsdynamiken in Simulationen erkunden) oder
- von Kombinationen daraus oder eben vollständig digitale Lehrsequenzen wie beispielsweise in einem MOOC (massive open online course).

Für Präsenzunterricht, insbesondere beim Lernen an Außerschulischen Lernorten, ist eine vollständige Digitalisierung bis hin zur Virtualisierung des Unterrichts in der Regel nicht anzustreben oder sinnvoll (→ Kap. 7). Für Distanzunterricht, z. B. auch im Kontext von Flipped-Classroom-Konzepten, ist dies hingegen eine durchaus unter bestimmten Bedingungen sinnvolle und zielführende Option, abhängig von fachdidaktischen Zielsetzungen und Rahmenbedingungen. Bei einer vollständig digitalen Unterrichtseinheit werden die Möglichkeiten der Gestaltung und Durchführung von Unterricht, die analog nicht vorstellbar wären, leicht sichtbar. Kollaborativer Distanzunterricht, in dessen Rahmen z. B. synchron oder asynchron Videos analysiert, gemeinsam annotiert und kommentiert werden (z. B. Thyssen/Tolou/Bednarz 2021), um daraus ein gemeinsames Beobachtungsprotokoll in einem Online-Dokument als Grundlage für das direkte Weiterarbeiten ohne Sammlungsphase in der nächsten Stunde zu erstellen, ist analog nicht realisierbar. Der sich bei einer solchen Planung abzeichnende Mehrwert in Bezug auf Zeitersparnis, Kommunikation, mehrperspektivisches Lernen etc. als Begründung für eine Digitalisierung des Unterrichts ist nachvollziehbar. Ein volldigitales Konzept umgeht bei all seinen Herausforderungen ebenso häufig unterschätzte Probleme einer nur teilweisen bzw. analog-kombinierten Digitalisierung, die sich a) aus dem unterrichtsmethodischen und b) dem z. B. in Bezug auf Datenkodierung und -verarbeitung erfolgenden Wechsel aus dem Digitalen ins Analoge – und umgekehrt – ergeben. Diese gilt es bei der Planung zu berücksichtigen (→ Praxisbeispiel), da dabei erfolgende Kodierungswechsel unter verschiedenen Aspekten bedacht werden sollten. In → Abbildung 2.12 wird dies im Kontext der Untersuchung des Pflanzenwachstums unter verschiedenen Bedingungen der Mineralstoffversorgung verdeutlicht.

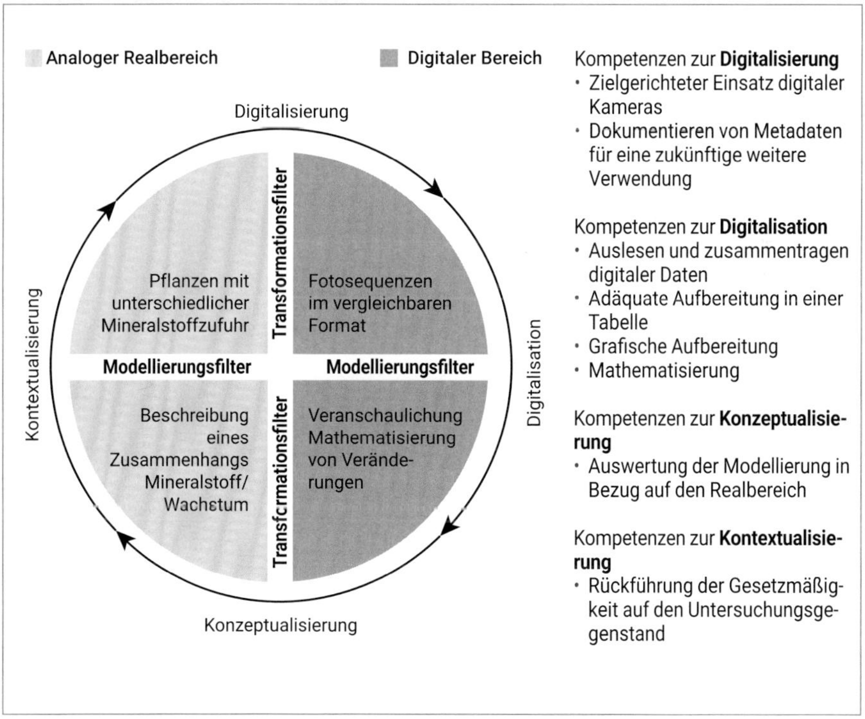

Abb. 2-12: Schaubild zum Prozessmodell zur Einbindung der digitalen Transformation im Kontext des Pflanzenwachstums (Schanze/Thyssen/Becker 2022, S. 295)

Praxisbeispiel

Im Themenbereich der Enzymatik können z. B. Untersuchungen zur Reaktionsgeschwindigkeit von Amylase mit Stärke und Lugolscher Lösung durch Smartphone-Photometrie untersucht werden (Krause/Thyssen 2021), um Optimumskurven oder die RGT-Regel herzuleiten. Der Vorteil, ohne teures Laborphotometer hier praktische Erkenntnisgewinnung betreiben zu können, kann jedoch nur dann voll genutzt werden, wenn der Prozess ab der Datengewinnung bis zu Ende gedacht wird. Die digitalen Roh-Messwerte in Form von RGB-Farbwerten müssen verarbeitet und dargestellt werden. Innerhalb oder am Ende dieser Prozesskette muss die Rückkehr ins Analoge zeitlich und medial eingeplant werden. Es muss z. B. entweder Zeit für Berechnungen bzw. die grafische Darstellung synchron im Unterricht und/oder eine sinnvolle Lösung für eine permanente Verfügbarkeit der Zwischen- und Endergebnisse im analogen Raum für die weitere bzw. zeitversetzte Nutzung gefunden werden. Da aktuell eher nicht permanent mit digitalen Geräten gelernt und gearbeitet wird, muss letztlich auch sichergestellt werden, dass Ausdrucke für die Unterlagen zur Verfügung stehen, bis die Lehr-Lernprozesse vollständig digitalisiert sind, d. h. auch Hardware zur Verfügung steht, mit der problemlos unter allen Bedingungen bzw. an allen Orten gearbeitet werden kann. Dies betrifft z. B. die Kapazität von Akkus oder die Lesbarkeit von Bildschirmen in Abhängigkeit von Umgebungslicht. Eine Wiederholung von Stundeninhalten zuhause darf an solchen Parametern nicht scheitern.

Die Digitalisierung des analogen, realen Bereichs erfolgt unter Nutzung von Transformationsfiltern, mit denen z. B. ein gewisser Datenverlust einhergeht. Dafür müssen alle Beteiligten sensibilisiert werden, da davon auch die Aussagekraft und -grenze der erhaltenen digitalen Daten beeinflusst wird (Schanze/Thyssen/Becker 2022), für deren Bewertung eine entsprechende Kompetenz vorhanden sein muss. Entsprechendes gilt für den Schritt zurück ins Analoge, die Konzeptualisierung. Zusammenfassend kann demnach festgehalten werden, dass die Unterrichtsplanung im scheinbaren Kontinuum zwischen Analogem und Digitalem sowohl aus quantitativer als auch aus qualitativer Perspektive mit kritischen Schritten verbunden ist und durchaus mit einer Substitution von analogen durch äquivalente digitale Verfahren begonnen werden kann (→ K 2-6).

K 2-6: Gibt es analoge und digitale „Äquivalentmethoden"?

Eine Orientierung an den an funktionalen Handlungs- und Planungsfeldern ausgerichteten Kompetenzbereichen von DiKoLAN (→ Kap. 2.5 & 4.2.2, Abb. 4-3) erleichtert die Identifikation und Reflexion von digitalen Alternativen bei der Planung von Unterricht unter Nutzung der im

Orientierungsrahmen vorhandenen Impulse. Für den individuellen Einstieg in die Transformation des eigenen Unterrichts kann das hilfreich sein, um anhand einzelner Unterrichtsphasen bereits bestehender Unterrichtskonzepte mit konkretem Ziel äquivalente digitale Methoden (→ Tab. 2-3) zu testen und Erfahrung zu sammeln (siehe Transferbeispiel in Meier u. a. 2021). Die analoge Präsentation eines Demonstrationsversuches als Stundeneinstieg zu z. B. dem Lidschlussreflex durch Beschuss der Augen eines Probanden, der eine Schutzbrille trägt, mit Papierkügelchen kann alternativ als digitales Video eingeplant werden. Dieses kann a) entweder zentral im Klassenzimmer projiziert oder b) individuell dezentral mit Tablets selbstgesteuert betrachtet und erschlossen werden, wodurch über eine reine Substitution hinaus auch die asynchrone, dezentrale Bearbeitung zuhause denkbar ist und / oder mit High-Speed-Video sogar zeitliche Aspekte eines Reflexablaufes untersucht werden können.

Analoge(s) Medium/Methode/Tool	Digitale(s) Medium/Methode/Tool
OHP	Beamer und Dokumentenkamera, Präsentation, Whiteboard-App, Webcam-App
Tafel	Smartboard, Beamer und Tablet, kollaboratives Dokument
(Mikroskop-)Zeichnung	Smartphone-Foto
Binokular, Mikroskop	Smartphone mit Makrolinse, Foldscope
analoge Messgeräte	digitale Sensoren
Expertenrunde	Experten-Blog
Poster	PPT-Präsentation
Strukturmodell	VR/AR-Modell, 3D-Modell
Bestimmungsschlüssel	Bestimmungs-App
Buch/Skript	PDF, Webseite, iBook
Arbeitsblatt	beschreibbares Formular/Dokument
Demonstrationsexperiment	Demo-/Experimentiervideo
Legesequenzen zu Schaubildern	Stop-Motion-Video
Pinnwand	(White-)Board-App, kollaboratives Dokument

Tab. 2-3: Analoge Methoden bzw. Tools und mögliche digitale Äquivalente

Für einen Vergleich wie in → Tabelle 2-3 gelten mindestens drei Limitierungen: So ist erstens der Anspruch auf Vollständigkeit nicht gegeben und zweitens ist eine Dominanz eher genereller Methoden und Werkzeuge zu erwarten, da Einzel- und Spezialfälle nicht berücksichtigt werden können und drittens ist auch die Abhängigkeit der Stimmigkeit bzgl. einer Äquivalenz von der letztlichen Integration in den Unterricht relativ (tendenziell ergeben sich häufig auch für definierte Szenarien realisierbare Mehrwerte). Die Äquivalenz bezieht sich hier auf die funktionale Einbindung und Zielsetzung, nicht jedoch z. B. auf die Vorbereitung, notwendige Rahmenbedingungen, Zeitbedarf und Organisationsformen. Generell macht die → Tabelle 2-3 noch einmal deutlich, dass bei der methodischen Analyse in der Unterrichtsplanung stets digitale Möglichkeiten auch bei bisher analog umgesetzten Methoden mitgedacht und einbezogen werden müssen. Abhängig von der tatsächlichen Nutzung im Unterrichtskonzept können sich über die Charakteristika der digitalen Alternativen (Ortsungebundenheit, leichte Anpassung etc.) zusätzliche Vorteile ergeben, weshalb ein und dieselben Medien/Methoden/Werkzeuge auch in unterschiedlichen Stufen des SAMR-Modells (→ Abb. 2-9) verortet werden können.

Key Messages

- Digitale Medien sind als Informationsträger und Vermittlungshilfen, neben digitalen Werkzeugen und Ressourcen, nur ein Teil digitaler Technologien.
- Die Potenziale digitaler Technologien müssen gleichermaßen aus einer technologischen und fachdidaktischen Perspektive geplant und reflektiert werden.
- Vielfach werden digitale Technologien erst wirksam, wenn sie durch Kombination von digitalen Daten als Ressourcen, als digitale Werkzeuge für deren Bearbeitung und digitale Medien als Produkt zur Initiierung und Unterstützung von Lehr-/Lernprozessen genutzt werden.
- Die Planung der Integration digitaler Technologien betrifft klassische Planungs- und Handlungsfelder. Deren Ausdeutung und Grenzen werden durch spezifische Charakteristika digitaler Technologien jedoch um neue Aspekte und Modellperspektiven erweitert.
- Didaktische Planungsentscheidungen unterscheiden nicht zwischen analogen und digitalen Zugängen, sondern sie orientieren sich primär an den Qualitätskriterien von Biologieunterricht. Diese müssen mit für digitale Technologien geeigneten didaktischen Modellen reflektiert werden.

3 Bezugstheorien zur Gestaltung von digital gestütztem Biologieunterricht

„Nichts ist praktischer als eine gute Theorie" – dieser Ausspruch von Kurt Lewin gilt uneingeschränkt auch im Zeitalter der digitalen Transformation. Für den Einsatz von digitalen Technologien in biologiebezogenen Bildungsprozessen bieten empirische Erkenntnisse der Bezugswissenschaften, also vorwiegend der Motivations- und Kognitionspsychologie sowie aus den Bildungswissenschaften, wirksame Ansatzpunkte. Dabei stehen nicht einzelne digitale Werkzeuge im Vordergrund der Reflexion, sondern es stellen sich vielmehr Fragen zu medialen Darbietungsformen sowie aktiver Informationsverarbeitung und Wissenskonstruktion mit Blick auf die anvisierten Bildungsziele. Ein Theoriebezug ist im Kontext der Orchestrierung digital gestützten Unterrichts quasi doppelt hilfreich: Zum einen wird dabei klar, dass nicht alle bisherigen Denkmodelle zur Planung und Umsetzung des Unterrichts obsolet werden, und zum anderen verdeutlicht es, dass vielfach insbesondere dort, wo Erfahrungslücken (persönlicher oder genereller Art), solche Denkmodelle wertvolle Fundamente eigener Reflexion sind (→ Abb. 3-1).

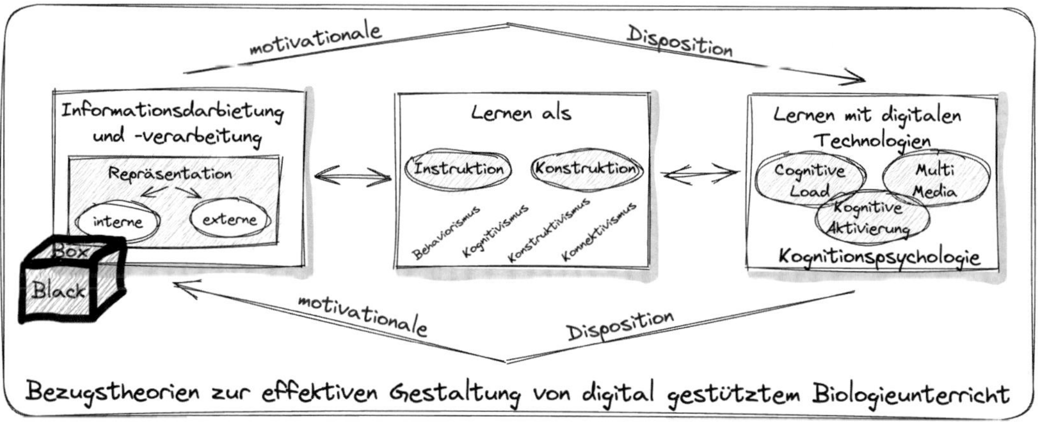

Abb. 3-1: „Bezugstheorien zur Gestaltung von digital gestütztem Biologieunterricht"

3.1 Motivationstheorie zum Einsatz digitaler Technologien

Die von Deci und Ryan (1993) lange vor der digitalen Transformation im Bildungsbereich entwickelte Selbstbestimmungstheorie der Motivation (Self-Determination Theory, SDT) ist eine prozess- und inhaltsorientierte Motivationstheorie. Über diese Theorie können empirisch fundierte Zusammenhänge zwischen psychologischen Grundbedürfnissen der Autonomie, Kompetenz sowie der sozialen Einbindung und sozialen Rahmenbedingungen in einem mehrperspektivischen Konzept der Motivation abgebildet werden (Deci/Ryan 2012). Daraus ergeben sich konkrete Maßnahmen, die Lern- und Handlungsmotivation bei unterrichtlichen Planungsüberlegungen zu nutzen. Insbesondere digitale Technologien können hierbei einen wertvollen Beitrag leisten, indem sie z. B. multiple Darstellungsformen bieten und adaptive, individualisierte Lernsysteme, um Kompetenzerleben zu fördern.

Die Selbstbestimmungstheorie nimmt drei angeborene psychologische Bedürfnisse an, die für intrinsische und extrinsische Motivation von Bedeutung sind: das Bedürfnis nach Kompetenz/Wirksamkeit (White 1959), nach Autonomie/Selbstbestimmung (DeCharms 1968) und nach sozialer Eingebundenheit/sozialer Zugehörigkeit (Harlow 1958). Deci und Ryan (1993) nehmen an, dass Menschen eine angeborene motivationale Tendenz aufweisen, in einer Gruppe sozial eingebunden, in diesem Milieu effektiv wirksam und dabei persönlich autonom und initiativ zu sein. (Lern-)Umgebungen, in denen wichtige Bezugspersonen vorhanden sind, können die Autonomiebestrebungen der Lernenden unterstützen. Sind Handlungen zusätzlich noch frei wählbar und individuelle Kompetenz erfahrbar, wird die Motivation gefördert und eine höhere Lernqualität ermöglicht (Deci/Ryan 1993). Aus der digitalen fachdidaktischen Perspektive heraus soll im Folgenden betrachtet werden, inwiefern digitale Technologien eine (bessere) Befriedigung der drei zentralen Grundbedürfnisse der SDT ermöglichen können.

Kompetenz (K) bzw. Wirksamkeit

Ein zentrales fachdidaktisches Prinzip ist die Anpassung von Aufgaben, Lernmaterialien und Unterrichtskonzepten an die Voraussetzungen von Lernenden. Mit den aktuellen Dynamiken im Hinblick auf die Zusammensetzung von Schulklassen mit Lernenden unterschiedlicher (Lern-) Voraussetzungen stellt die dadurch notwendige Binnendifferenzierung Lehrkräfte vor vielfältige Herausforderungen: So müssen beispielsweise Voraussetzungen der Lernenden identifiziert, Medien und Aufgaben im Idealfall in verschiedenen Ausfertigungen angefertigt und differenzierte Unterstützung geleistet werden. Das Ziel hierbei ist es, Überforderung und Demotivierung zu vermeiden bzw. über Erfolgserlebnisse und damit verbundenes Kompetenzerleben die Motivation zu steigern. Der Einsatz von digitalen Technologien kann unter verschiedenen Aspekten unterstützen:

K1: Lehrkräfte können digitale Materialien einfacher bearbeiten, d. h. beispielsweise bereits vorhandene oder selbst als Basismaterial erstellte Grundgerüste übernehmen und anpassen. Darüber hinaus bieten verschiedene künstliche Intelligenzen mittlerweile die Möglichkeit, z. B. Texte automatisiert in verschiedene Sprachniveaus zu überführen oder übersetzen zu lassen.

K2: Lernende können aus einem aufgebauten, differenzierten digitalen Aufgaben- und Materialpool ohne viel Aufwand und ohne Aufmerksamkeit im Lerngeschehen zu erzeugen eine passendere (Material-)Stufe auswählen, um diese (ggf. auch nach Wechsel) mit Erfolg zu lösen.

K3: Interaktive digitale Technologien sind in der Lage, als mehr oder weniger Intelligente Tutoring Systeme (ITS) den Lernprozess individuell zu gestalten, d. h. Übungsaufgaben, Unterstützungsangebote und die Lehrgeschwindigkeit anzupassen.

K4: Automatische, individuelle Belohnungssysteme wie z. B. im Game Based Learning fördern das Erfolgserleben.

K5: Digitale Formate sind für Lehrkräfte ortsunabhängig einsehbar, z. T. sogar bzgl. des Entstehungsprozesses live verfolgbar. Solch digitales Monitoring durch die Lehrkraft erleichtert individuelle und passgenaue Unterstützung und kann dadurch das Lösen von Aufgaben positiv beeinflussen. Damit können z. B. auch gezielt Beiträge für Sicherungs-/Präsentationsphasen vorgesichtet werden, um Lernenden ohne das Risiko der Blamage Möglichkeiten zur Präsentation eigener, korrekter Lösungen geben zu können.

K6: Digitale Endgeräte wie Tablets oder Smartphones können sehr einfach für den Erkenntnisgewinnungsprozess eingesetzt werden. Gerade auf diese Weise lassen sich genetisch-konstruktivistische Lernprozesse in Kontexten realisieren, die experimentell auf analogem Wege im Unterricht nicht umgesetzt werden können: Messwert- und Datenerfassung mit z.B. dem Smartphone schafft aufgrund der guten Verfügbarkeit und der im Vergleich zu Laborgeräten niedrigen Zusatzkosten Gelegenheiten für eine selbstständige Erkenntnisgewinnung mit Kompetenz- bzw. Selbstwirksamkeitserleben. Diese Form des konstruktivistischen Lernens anhand selbst erarbeiteter Daten kann positive Lerneffekte bis hin zur Förderung von Wissenschaftsverständnis (*Nature of Science*) haben.

So wie vielfach in Systemen beobachtbar, zeigen sich Effekte von Maßnahmen nicht auf einzelne Bereiche beschränkt, wie hier beim Kompetenzerleben. Vielmehr sind solche einzelnen Maßnahmen potenziell auch darüber hinaus wirksam, wie die Betrachtung eines weiteren in der SDT zentralen Grundbedürfnisses zeigt.

Autonomie (A) bzw. Selbstbestimmung

Die Bedeutung von Selbstbestimmung äußert sich in etablierten Ansätzen wie z. B. dem Selbstbestimmten Lernen. In Bezug auf eine Maximierung des Autonomieerlebens können digitale Technologien Dinge leisten, die analog nicht bzw. nur sehr schwer zu leisten sind, was folgende Aspekte zeigen:

A1: Digitale Formate, seien es Videos, Quests oder Simulationen, erlauben eine Individualisierung des Lernprozesses, da die Lehrkraft als zentrales Medium und/oder Taktgeber nicht die bestimmende Größe sein muss. Digitale (interaktive) Videos können bei individueller Bearbeitung z. B. selbstbestimmt nach Bedarf angehalten, wiederholt sowie segmentiert betrachtet werden; integrierte Links und andere Medien im Video ermöglichen einen selbstregulierten Lernprozess.

A2: Das eigenständige Wechseln von Aufgabenniveaus kann verhindern, dass Lernende sich in Aufgabenstellungen gefangen fühlen. Die individuelle Entscheidung, Hilfen nach eigenem Bedarf schnell und einfach über das digitale Lernmaterial in Anspruch zu nehmen, erhöht die wahrgenommene Selbstbestimmung.

A3: Lehrkräfte können aufgrund digitaler Möglichkeiten des Monitorings von Bearbeitungsprozessen selbstständiges Arbeiten mit einem gewissen Vertrauensvorschuss fördern, um nur dann individuell einzugreifen, wenn es notwendig wird. Selbstgesteuerte Lernprozesse können so früher (entweder in niedrigeren Klassenstufen oder auch in Unterrichtsreihen) und häufiger umgesetzt werden.

A4: Über digitale Formate ermöglichte zeit- und ortsunabhängige Bearbeitung erlaubt es Lernenden, ihren Lernprozess und ihre Zeiteinteilung wesentlich stärker selbst zu gestalten. Bisher diesbezüglich existierende Einschränkungen in analogen Strukturen entfallen zum Teil.

A5: Durch die Möglichkeit, auch in Formen des Distanzlernens z. B. bei Hausaufgaben unabhängig von räumlichen Rahmenbedingungen zu bestimmen, mit wem man zusammenarbeiten möchte (weil nicht mit dem nebenan wohnenden Lernenden zusammengearbeitet werden muss), werden auch häufiger selbstbestimmte Sozialformen bzw. Gruppenzusammensetzungen möglich.

Letzteres leitet auch zum dritten Grundbedürfnis über.

Soziale Zugehörigkeit (S) bzw. Eingebundenheit

Die fachdidaktische Relevanz von gruppendynamischen Prozessen wird in unterschiedlichen Sozialformen deutlich, die gezielt in Lehr-Lernprozessen eingeplant werden. Digitale Technologien erweitern hier das Feld und bieten Möglichkeiten, für bisher im Analogen evtl. nicht zufriedenstellend lösbare Problemfelder neue Ansätze zu erproben, wozu folgende Aspekte einen Anstoß geben können:

S1: Möglichkeiten des digitalen kollaborativen Arbeitens oder des Arbeitens in Gruppen über Distanzen oder körperliche Einschränkungen hinweg fördern die soziale Eingebundenheit.

S2: Digitale Kommunikationsmöglichkeiten erleichtern den Austausch, die Bildung von Kommunikationsgruppen und eine leichtere Vernetzung der Lernenden. Gleichwohl kann neben positiver Kommunikation auch Negatives wie Mobbing auftreten. Hier muss durch Sensibilisierung der Lernenden und Nutzung geeigneter Kanäle (z. B. in Schulsoftware), die ggf. auch von Lehrkräften moderiert werden können, Vorsorge getroffen werden.

S3: Im Präsenzunterricht können Lehrkräfte mithilfe digitaler Werkzeuge, z. B. in Arbeitsphasen der Lernenden, „verdeckt" und/oder anonym kommunizieren und so ggf. Störungen des Unterrichtsverlaufs entschärfen. Gruppendruck oder Angriffsflächen für Hänseleien können durch eine digital unterstützte Kommunikation potenzielle Trigger für negative soziale Interaktion reduzieren: Eine Lehrkraft kann z. B. in einer Arbeitsphase live individuelle Hilfestellungen geben, ohne dass Mitlernende dies bemerken und als Schwäche interpretieren. Hier spielt ggf. auch das eigenständige, unauffällige Wechseln von Aufgabenniveaus durch die Lernenden selbst eine Rolle. Daneben können bei Unterrichtsstörungen disziplinarische Hinweise an Lernende kommuniziert werden, ohne dass damit eine Sonderrolle wiederholt sichtbar wird.

Digitale Technologien können entsprechend ihrer Funktionalitäten gemäß der SDT bei sinnvollem Einsatz eine motivierende Wirkung auf das Lernen haben und gleichzeitig auch die Entwicklung eines positiven Selbstkonzeptes begünstigen. Die dem *Neuigkeitseffekt* zugeschriebene erhöhte Motivation beim (erstmaligen) Einsatz digitaler Technologien sollte sich folglich auch über diesen Effekt hinaus, möglichst bezogen auf den Lerngegenstand und weniger auf das digitale Werkzeug als solches, im Unterricht halten. Dazu müssen die skizzierten Potenziale zum einen (voll) ausgeschöpft und zum anderen nicht aufgrund negativer Effekte z. B. durch eine ungünstige Mediengestaltung oder -einbindung, reduziert werden. Dies führt zur Auseinandersetzung mit weiteren Theorien bzw. mit theoriebasierten Überlegungen zur Gestaltung und Unterstützung von Lernprozessen mit digitalen Technologien.

3.2 Informationsdarbietung und -verarbeitung

Jeglicher Lehr-Lernprozess, also auch das Lernen mit digitalen Technologien, beginnt mit einem Reiz aus der Umwelt und dessen Verarbeitung. Daraus folgt eine mentale Aktivität, deren Ergebnis sich beispielsweise in einer Reaktion zeigt. Somit wird die äußere Umwelt mental repräsentiert. Es entsteht ein mentales Modell, welches „die Struktur und die Dynamik [eines] Phänomens mit seinen räumlichen, zeitlichen und kausalen Beziehungen anschaulich macht und [...] für kognitive Operationen zur Verfügung steht" (Nitz/Fechner 2018, S. 70).

In schulischen Bildungsprozessen sind vorwiegend visuelle und akustische Reize relevant, egal ob auf Papier oder digital dargeboten. Die Erkenntnisse der Kognitionspsychologie fokussieren daher vorwiegend auf die Verarbeitung von bildlichen und sprachlichen Informationen, welche sowohl gesprochen (akustisch) wie geschrieben (visuell) vorliegen.

Kognitive Kodierungssysteme und Repräsentationen

Im Zusammenhang mit digitalen Technologien dominieren Verarbeitungs- und Lerntheorien, welche auf dem Paradigma der „Dualen Codierung" (Clark/Paivio 1991) beruhen: Nach dieser Theorie werden Objekt-, Ereignis- und Wortinformationen über unterschiedliche kognitive Kodierungssysteme verarbeitet – jeweils in einem nonverbalen (bspw. auch bildlichen) und einem verbal-begrifflichen System. Eine kognitive Herausforderung besteht nun darin, bei der Wahrnehmung wie auch bei der Verarbeitung sprachlicher und bildhafter Informationen einen Zusammenhang (= Kohärenz) zwischen den beiden Kodierungssystemen herzustellen (→ Kap. 3.4).

Biologieunterricht bringt die reale Welt oder zumindest Abbilder von ihr in Bild, Sprache oder beispielsweise als gegenständliche sowie digitale/virtuelle Modelle ins Klassenzimmer. Diese sind für das Denken und Kommunizieren notwendige externe Repräsentationen, welche für den Unterricht durch eine Lehrkraft gezielt ausgewählt werden. Damit wird „etwas durch etwas von und für jemanden dargestellt" (Krey/Schwanewedel 2018, S. 161), um Lernen und Wissenserwerb gezielt zu unterstützen. Informationen können in Anlehnung an Schnotz und Bannert (2003) sprachlich (= deskriptional) in Form geschriebenen oder gesprochenen Texts dargeboten werden oder in bildlicher Form (= depiktional). Dabei ist anzumerken, dass hier weitere Sinnessysteme nicht betrachtet werden, obwohl sie für die Gestaltung von biologiebezogenen Lehr-Lernprozessen bedeutsam sind (z. B. Geschmackssinn – Ernährungsbildung oder Propriozeption – Bewegtes Lernen). Bei der Informationsverarbeitung führen Deskriptionen zu internen Repräsentationen, beispielsweise als (i) logische Abfolgen (prozedural, „wenn ..., dann ..." – Zusammenhänge), (ii) als Propositionen (einfachste Einheit aus Subjekt – Prädikat – Objekt), (iii) als konzeptuelles Wissen (hierarchisch geordnete Netzwerke oder Schemata) oder (iv) als Repräsentationen von Ereignissen, welche mehrere der vorgenannten Formen verbinden (sogenannte Scripts, z. B. beim Restaurantbesuch, Anderson 2013). An die Auswahl externer Repräsentationen ist folglich auch die Kenntnis gebunden, wie diese im Lehr-Lernprozess in interne Repräsentationen überführt werden. Der Prozess der Informationsdarbietung, Informationsverarbeitung und deren Ergebnis als Ausgabe ist schematisch in → Abbildung 3-2 dargestellt.

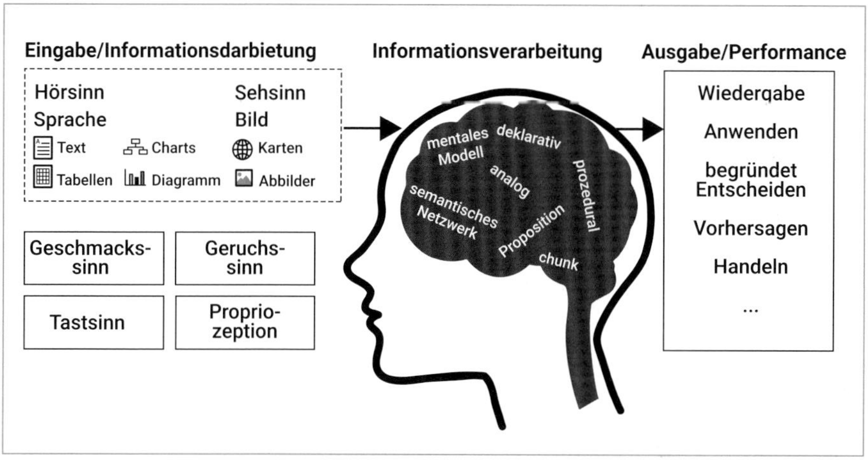

Abb. 3-2: Vereinfachtes Schema der Informationsdarbietung und -verarbeitung

Bildliche Darstellungen werden mit zunehmendem Abstraktionsgrad von einer gegenständlichen bis zu einer abstrakten mentalen Repräsentation gespeichert (Krey/Schwanewedel 2018). In Anlehnung an Johnson-Laird (1983) werden diese ebenfalls als (i) Propositionen verarbeitet, als (ii) mentale Bilder sozusagen analog zum Original auch intern repräsentiert oder als (iii) mentale Modelle konstruiert. Mentale Modelle weisen eine hohe Ähnlichkeit zum repräsentierten Phänomen auf. Sie ermöglichen mentale Simulationen und darauf aufbauende (Schluss-)Folgerungen. Dabei ist eine Grundannahme, dass beim Lernen neue Informationen in bestehende Modelle integriert, hinsichtlich ihrer Schlüssigkeit überprüft und gegebenenfalls angepasst werden. Im folgenden Kasten werden → Praxisbeispiele im Kontext einer reflektierten Auswahl angestrebter mentaler Repräsentationen vorgestellt.

Praxisbeispiel

Bei der Planung und Durchführung von Biologieunterricht ist eine Reflexion darüber unerlässlich, welche Form der internen Repräsentation eines Sachverhalts oder Phänomens beim Lernenden angestrebt wird: So handelt es sich beispielsweise bei der Arten- und Formenkenntnis um Wissen, welches deskriptiv in einer Netzwerkstruktur dargestellt und abgerufen werden kann (→ Abb. 3-3).

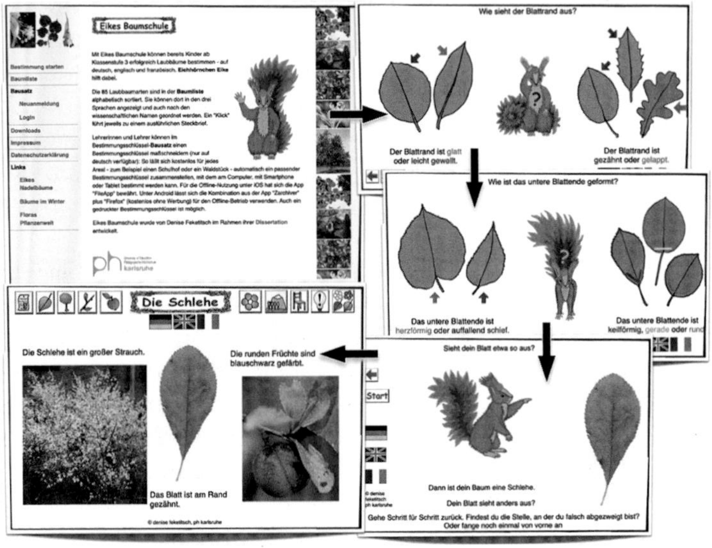

Abb. 3-3: In Eikes Baumschule (https://baum.bio-div.de/) nutzen Lernende ab der dritten Klasse einen dichotomen Bestimmungsschlüssel für Laubbäume. Als interne Repräsentation wird der Aufbau deskriptiven Wissens angestrebt.

Demgegenüber werden beispielsweise Prozesse der Steuerung und Regelung lebender Systeme (z. B. Thermoregulation) oder Wechselwirkungen in Ökosystemen als mentale Modelle repräsentiert (→ Abb. 3-4).

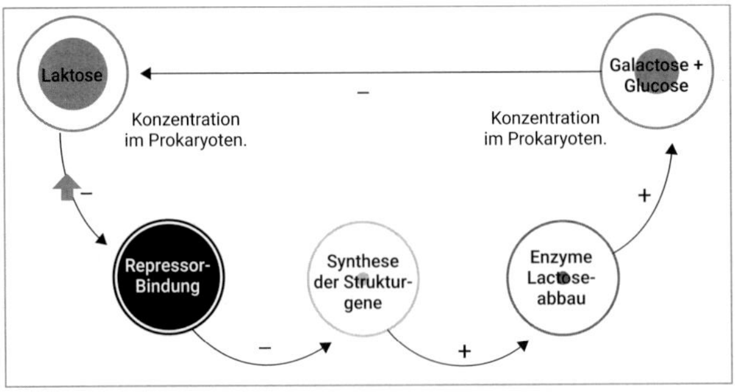

Abb. 3-4: Simulation der Substratinduktion bei der Genregulation bei Prokaryoten mit LOOPY (https://ncase.me/loopy; Bsp. nach Papsch 2020)

3.3 Lerntheorien zwischen Instruktion und Konstruktion

Nachdem die angestrebte interne Repräsentation identifiziert ist, schließen sich Fragen an, mit welchem grundsätzlichen Lernverständnis ein Unterrichtsziel erreicht werden soll: Welche kognitiven Prozesse sollen gezielt eingeleitet werden, um beispielsweise möglichst effizient Begriffs- oder Faktenwissen aufzubauen oder um die Grundlage von Entscheidungen basierend auf dem Verständnis von biologischen Systemen treffen zu können? So unterscheiden sich die Vermittlung der Merkmale von Pflanzenfamilien oder das Lernen (oftmals als „Pauken" wahrgenommen) von neurobiologischen Grundlagen in Form von digitalen Lernkartei-Systemen (Instruktion) ganz grundsätzlich von einem Auftrag an Lernende, digital verfügbare Informationen und Modellierungen zu einem komplexen, gesellschaftlich relevanten Kontext (z. B. Anbau von genetisch modifizierten Nutzpflanzen) als Grundlage für die Entscheidungsfindung zusammenzustellen (Konstruktion) (→ Kap. 2.3).

Digitale Ressourcen bringen aufgrund der darin jeweils verankerten Funktionalitäten fast immer auch bestimmte Strukturierungen und Abläufe des Lernprozesses mit sich. So werden Lernende in Online-Kursen, MOOCs oder auch in „klassischen" Lernprogrammen stets in einer vorstrukturierten Weise durch das Lernangebot geführt, welches von den entwickelnden Personen als inhaltlich sinnvoll erachtet wurde. Dies macht deutlich, dass fachdidaktische Entscheidungen zur Nutzung digitaler Technologien im Lehr-Lernprozess „eng verwoben sind mit grundsätzlichen Vorstellungen über das Lernen" (Kerres/Preußler 2012, S. 1). In → Tabelle 3-1 wird eine Übersicht der zentralen Aussagen grundlegender Lerntheorien zusammengefasst, die als Begründung bei der Auswahl digitaler Technologien dienen.

Im geschichtlichen Rückblick spiegeln sich die angeführten grundlegenden Lerntheorien (→ Tab. 3-1) auch in der Nutzung digitaler Technologien zur Gestaltung von Lehr-Lernprozessen wider: Während mit der Einführung des Personal Computers in den 1980er-Jahren vorwiegend digitale „drill-and-practice"-Angebote dominierten, haben sich mit der Entwicklung der Computertechnologie sowie vor allem der Verfügbarkeit des Internets für Jedermann zunehmend interaktive Anwendungen durchgesetzt. Mit der allgegenwärtigen Verfügbarkeit digitaler Zugänge und der grundlegenden Möglichkeit, dass sich jeder Mensch über das Internet Informationen beschaffen sowie mit anderen Menschen vernetzen und austauschen kann, muss im Sinne der Digitalität von einem konstruktivistischen Lernverständnis ausgegangen werden. Nichtsdestotrotz ist Pragmatismus notwendig, um für den jeweiligen Lerngegenstand eine Lerntheorie/-konzeption als passendes „Werkzeug" auszuwählen und für die Gestaltung des digital gestützten Lehr-Lernprozesses angemessen zu nutzen (Kerres/de Witt 2004).

<table>
<tr><th></th><th>Behaviorismus</th><th>Kognitivismus</th><th>Konstruktivismus</th><th>Konnektivismus</th></tr>
<tr><td rowspan="3">Rolle der Lernenden</td><td rowspan="3">external reguliert, reagiert auf externe Stimuli</td><td rowspan="3">internal reguliert, verarbeitet, speichert und verknüpft Informationen (analog zu einem Computer)</td><td colspan="2">selbstorganisiert</td></tr>
<tr><td>internal reguliert, Wechselwirkung kognitiver Prozesse einer Person mit der Umwelt</td><td>internal und external reguliert, kognitive Prozesse einer Person werden erweitert durch Netzwerke mit verteilter Kognition</td></tr>
<tr><td colspan="2">konstruiert Wissen und Kompetenz in authentischen, individuell relevanten Situationen</td></tr>
<tr><td>Rolle der Lehrenden</td><td>Inhalte und Aufgaben kleinschrittig und mit regelmäßigem Feedback gestalten, um erwünschte „Reaktion“ zu erreichen (Lehrende als „Autorität“)</td><td>Lehrkraft plant und kontrolliert das Lernen als zunehmend komplexen Prozess (Lehrende als „Tutor“)</td><td colspan="2">Anstoßen von Lernprozessen durch Auswahl angemessener Probleme und Herausforderungen (Lehrende als „Trainer und Mitspielende“)</td></tr>
<tr><td>Wissen wird ...</td><td>... abgespeichert &</td><td>... verarbeitet und integriert &</td><td colspan="2">... konstruiert</td></tr>
<tr><td>Lehrstrategie</td><td>elementarisieren, strukturieren, lehren &</td><td>beobachten und helfen &</td><td colspan="2">Kontexte identifizieren und kooperieren</td></tr>
<tr><td>Feedback</td><td>extern vorgegeben auf Grundlage des Outputs als positive oder negative Verstärkung (Belohnung, Strafvermeidung)</td><td>extern modelliert auf Grundlage des Outputs als interaktive Unterstützung durch Lehrende</td><td colspan="2">Beteiligte (Lernende und Lehrende) reflektieren gemeinsam das Lernprodukt und den Lernprozess</td></tr>
</table>

Tab. 3-1: Rolle der Lernenden und Lehrenden in grundlegenden Lerntheorien (in Anl. an Rey 2009)

3.4 Kognitionspsychologische Theorien

Digitale Technologien können für die Gestaltung von Biologieunterricht unter zwei Perspektiven betrachtet werden:

(i) Digitale Technologien dienen als Werkzeuge (→ Abb. 2-4) und sie unterstützen die Qualität des Lernprozesses: sie ermöglichen beispielsweise die naturwissenschaftliche Erkenntnisgewinnung (z. B. Modellieren und Modell-Testung), sie fördern die sach- und fachbezogene Erschließung sowie den Austausch von Informationen.

(ii) Digitale Technologien dienen auch als Informationsspeicher und sie werden als vielfältiges Lehr-Lernmaterial genutzt: Dabei unterstützen sie den Aufbau und die Konstruktion von biologischem Wissen sowie dessen möglichst langfristige Speicherung im Langzeitgedächtnis und seine Abrufbarkeit. Diese Perspektive hat ihre Fundierung in der kognitionspsychologischen Forschung und fußt auf zwei zentralen Nutzungsmodellen, die gerade für den Einsatz digitaler Ressourcen mit einer häufig sehr hohen Informationsdichte eine Reflexionshilfe sein können – die Cognitve Load Theorie von Chandler und Sweller (1991; → Kap. 3.4.1) und die kognitive Multimedia-Theorie von Mayer (2005; → Kap. 3.4.2). Diese beiden Theorien zielen zunächst einmal nur auf die lernwirksame Verbindung von bildlicher und sprachlicher Information ab, ohne zunächst spezifisch das Lernen mit digitalen Technologien zu adressieren. Die Konsequenzen aus den beiden Theorien jedoch sind für die Arbeit in der digitalen Welt hoch relevant, da sie insbesondere die Möglichkeiten digitaler Endgeräte gezielt nutzbar machen und durch generische Gestaltungskriterien das Lehren und Lernen mit digitalen Technologien unterstützen.

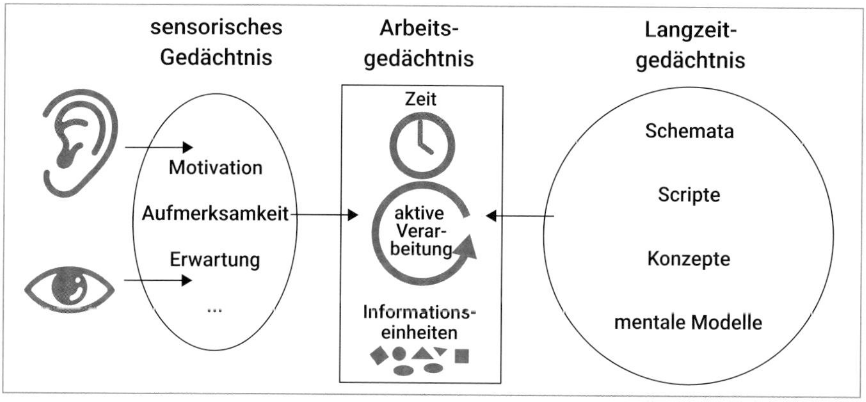

Abb. 3-5: Vereinfachte Darstellung kognitiver Prozesse bei der Verarbeitung von bildlicher und sprachlicher Information

Beide Theoriemodelle gehen davon aus, dass Informationsverarbeitung in unterschiedlichen Gedächtnissystemen erfolgt und dafür ein kognitiver Aufwand notwendig ist. Im sogenannten Arbeitsgedächtnis erfolgt die Integration auditiver und visueller Informationen (→ Abb. 3-5), wofür eine begrenzte Kapazität zur Verfügung steht. Beide Modelle geben Gestaltungshilfen, um die vorhandenen, aber begrenzten, kognitiven Ressourcen ökonomisch zu nutzen und um beispielsweise zu vermeiden, dass durch weniger geeignete Informationsdarbietung (z. B. durch die sogenannte „Text-Bild-Schere", wenn Informationen im Bild zeitlich und/oder räumlich von Sprachinformationen abweichen) der kognitive Aufwand für das Herstellen von Zusammenhängen unnötig gesteigert wird.

Beide Theoriemodelle helfen beispielsweise bei der Auswahl geeigneter Lernvideos: Insbesondere bei Anfängern oder bei Lernenden mit geringem Vorwissen sollten Bilder oder Diagramme mit gesprochener Sprache anstatt mit geschriebenem Text kombiniert werden (Modalitätsprinzip → Kap. 3.4.2). Ist diese bevorzugte Kombination bei einem zu beurteilenden Lernvideo nicht gegeben, dann sollte von dessen Einsatz zur Einführung eines neuen Inhalts eher Abstand genommen werden. Damit liegt auf der Hand, dass Aushandlungen didaktischer Medienentscheidungen, egal ob analog oder digital, die grundsätzliche Limitierung des Arbeitsgedächtnisses berücksichtigen müssen. Dies erlangt mit z. B. der zunehmenden Verbreitung von digitalen Lernvideos an Bedeutung, da sie für ungünstige Umsetzungen des Modalitätsprinzips anfälliger sind als analoge Abbildungen.

3.4.1 Cognitive Load Theorie

Die Arbeitsgruppe von John Sweller hat ein Beschreibungsmodell entwickelt, um die menschlichen Informationsverarbeitungs- und Gedächtnissysteme bei der Gestaltung von Lernprozessen angemessen zu berücksichtigen (Sweller/Chandler 1991). In der Cognitive Load Theorie (CLT) gilt, dass erstens Lernen anstrengend ist, zweitens Wissenserwerb die Konstruktion, Umstrukturierung und Erweiterung von Schemata umfasst und drittens dafür Kapazitäten des (begrenzten) Arbeitsgedächtnisses benötigt werden. Die Auslastung des Arbeitsgedächtnisses gründet auf drei Formen der kognitiven Belastung:

- Die intrinsische Auslastung (*intrinsic load,* IL), bedingt durch die Komplexität des Lerngegenstands an sich.
- Die lernirrelevante Auslastung (*extraneous load,* EL) bezieht sich auf die Darbietung des Lernmaterials: Ist in einem Lernmaterial beispielsweise viel lernirrelevante Information enthalten (z. B. dekorative Bilder, animierte GIFs, räumlich/zeitlich getrennte Bild-Text-Kombinationen oder generell schwer zu erfassende Strukturierungen, die „entschlüsselt“ werden müssen), dann müssen für die Informationsverarbeitung Ressourcen des Arbeitsgedächtnisses aufgewandt werden.
- Lernrelevante Auslastung (*germane load,* GL) beschreibt den Anteil des Arbeitsgedächtnisses, der für aktives Lernen nach der Bilanzierung von IL und EL verfügbar ist und genutzt werden kann.

Aus der CLT ergibt sich für die Gestaltung von Lernmaterialien ein dynamischer Aushandlungsprozess: Die lernirrelevante Auslastung sollte minimiert sein, um eine möglichst hohe lernrelevante Auslastung zu erreichen.

Zugleich gilt es, die Komplexität des präsentierten Lerngegenstands zu berücksichtigen, denn bei schwierigen Inhalten müssen in dieser Bilanzierung weitere Maßnahmen ergriffen werden und hierbei können digitale Technologien deutlich unterstützen (z. B. durch das Anbieten gestufter Hilfen beim Verständnis der evolutionären Mechanismen der Artbildung, fortlaufende Begriffsglossare, Anbieten von schrittweise aufbauenden Diagrammen zur ökologischen Potenz unter mehreren abiotischen Faktoren etc.). Dabei sollten Lehrkräfte über einen stabilen Fundus von Darbietungs- und Prozesshilfen für die Gestaltung von Informationen und Lernaufgaben verfügen, um die Potenziale digitaler (selbstgestalteter) Medien zu nutzen:

Hilfen zur Informationsdarbietung und -verarbeitung

- Bild- und Textinformationen sollten sowohl räumlich wie auch zeitlich nahe beieinander platziert werden (*split-attention effect*). Dies gilt beispielsweise für Beschriftungen von Abbildungen gleichermaßen wie lautsprachliche Erläuterungen in einem Video (siehe Praxisbeispiel S. 62).
- Die zeitgleiche Darbietung von Information als geschriebenen Text und Bild führt zu einer Aus- und ggf. Überlastung der visuellen Verarbeitungssysteme. Besser ist es sowohl in Videos und Animationen, aber auch in digital unterstützten Präsentationen, Bildinformationen mit gesprochener Sprache zu kombinieren, um visuelle und auditive Verarbeitungssysteme gleichermaßen zu nutzen und damit die Ressourcen des Arbeitsgedächtnisses effizient einzusetzen (*modality effect*).

Hilfen zur Gestaltung des Lernprozesses

- Aufteilung in kleinere Abschnitte (Segmentierung): Bei einem schwierigen Lerninhalt (= hohes IL) werden zunächst die kleinstmöglichen Elemente identifiziert (Elementarisierung anhand von Kernideen) und jeweils einzeln präsentiert. Daraus bauen Lernende schrittweise und in eigener Verarbeitungs- und Lerngeschwindigkeit mentale Repräsentationen auf. Eine solche Segmentierung sollte als Ergebnis einer didaktischen Bilanzierung zwar bei jeder Art von Lernmaterial vorgenommen werden, digitale Darstellungsformen wie Hypertext, Video oder Animationen können durch die einfache Steuerung der Informationsdarbietung (starten, stoppen, springen) zudem individuell genutzt werden.
- Worked Examples (siehe Praxisbeispiel, → Abb. 3-9), d. h. Ansätze für einen Lösungsweg zu einer Problemstellung, werden vorgestellt und von Lernenden bearbeitet, bevor sie sich mit der eigentlichen Problemstellung beschäftigen. Eine ausformulierte Problemstellung, beispielhafte Lösungsschritte und eine abschließende Antwort entlasten das Arbeitsgedächtnis (= reduziertes EL), wenn eine vergleichbare „reale“ Problemstellung bear-

beitet wird. Dieses Vorgehen ist insbesondere für Lernende mit geringem inhaltlichen Vorwissen effektiver als die eigenständige Auseinandersetzung mit einer Problemlösung.

- Eine Vorbereitung (*pre-training*) auf den Inhalt oder auf die Nutzung eines digitalen Werkzeuges ist oft notwendig, um inhaltsbezogenes Vorwissen zu aktivieren sowie Funktionsweisen von Anwendungen zu klären. Dies schafft die Voraussetzungen für (i) eine hohe lernrelevante Auslastung, welche die individuellen Ressourcen des Arbeitsgedächtnisses berücksichtigt (= hohes GL) und (ii) reduziert gleichzeitig die darbietungsbezogene (bzw. zur Informationserschließung notwendige) Auslastung (= reduziertes EL).

Praxisbeispiel

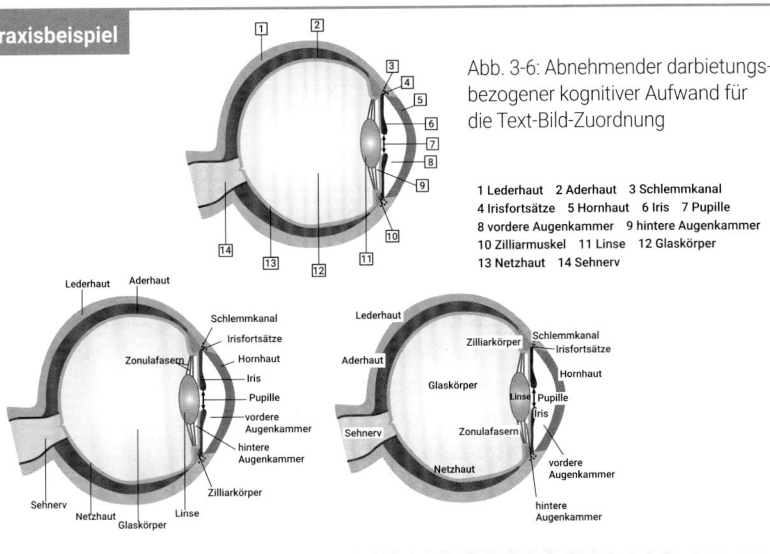

Abb. 3-6: Abnehmender darbietungsbezogener kognitiver Aufwand für die Text-Bild-Zuordnung

Bei der *Informationsdarbietung* nimmt der kognitive Aufwand für die Text-Bild-Zuordnung in → Abbildung 3-6 ab. Zur Unterstützung des *Lernprozesses* kann durch die Lernenden in den gängigen Lernmanagement-Plattformen auch eine aktive Zuordnung erfolgen, je nach Vorkenntnissen und Leistungsfähigkeit der Lernenden auch mit unterschiedlich ausgeprägter Anforderung (in → Abb. 3-7 beispielsweise durch Distraktoren).

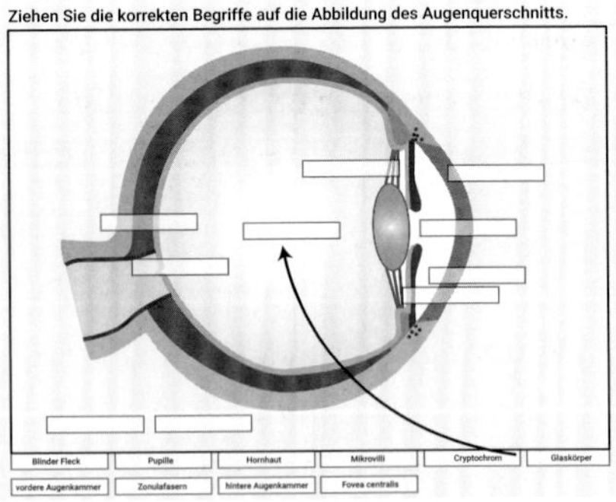

Abb. 3-7: Aktive Zuordnung in digitalen Lernmanagementsystemen bzw. interaktiven Anwendungen zur Förderung des Germane Load (GL).

In ähnlicher Weise kann die Funktion eines Advance Organizers am Beispiel der lern:neuro-App verdeutlicht werden: Zu Beginn jeder Lerneinheit wird der Lerninhalt anhand einer einfachen Infografik dargestellt (→ Abb. 3-8). Erst dann erfolgt die Auseinandersetzung mit dem Lerninhalt in schriftsprachlicher Form – durch die Reihenfolge vom Bild zum Text kann die Informationsverarbeitung vereinfacht werden (Schnotz 2005).

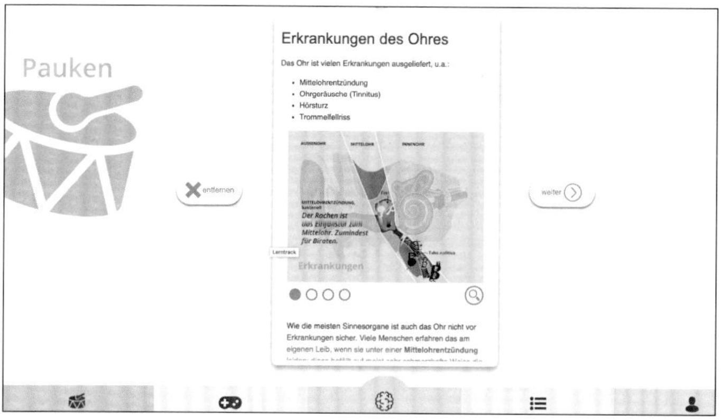

Abb. 3-8: Grafischer Advance Organizer in der lern:neuro-App (https://lernapp.info/): Vor der Auseinandersetzung mit den Textinhalten wird ein grafischer Überblick präsentiert.

In → Abbildung 3-9 wird ein Beispiel für ein Worked Example dargestellt. Ausgehend von einer einfachen Modellierung können tiefergehende Szenarien entwickelt werden: Das Modellierungs-/Simulations-Tool *Insightmaker* bietet eine grafische Oberfläche mit einfachen Flussdiagrammen. Hier kann eine Vorlage erstellt werden, die von Lernenden ergänzt oder weiter bearbeitet werden kann. Im Beispiel ist eine einfache Modellierung des Verlaufs einer Infektionskrankheit in einer Population dargestellt. Hier können Lernende eigenständig weitere Faktoren wie Immunisierung oder Todesrate in das Modell einbinden und hypothesenprüfend arbeiten.

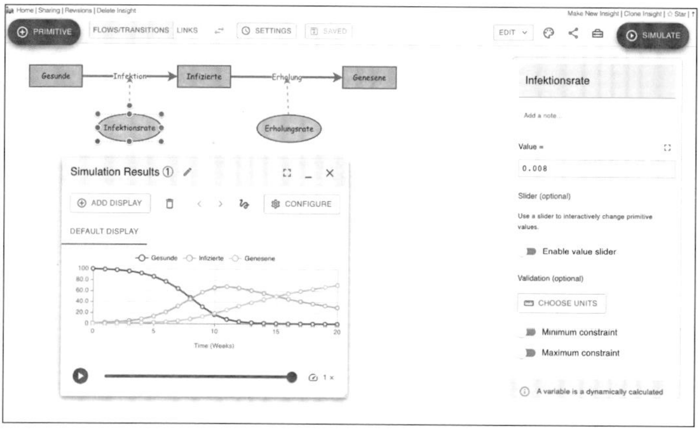

Abb. 3-9: Beispiel für eine vorstrukturierte Aufgabe (= worked example) als Grundlage zur Modellierung von Infektionsgeschehen (https://insightmaker.com/)

Die CLT liefert, basierend auf empirischen Erkenntnissen, eine einfach anzuwendende Grundlage für die Gestaltung von Lehr-Lernmaterialien sowie für die Planung lernwirksamen Unterrichts, welcher gezielt auf den Voraussetzungen der Lernenden aufbaut. Damit bietet diese Theorie auch eine Grundlage für die Entwicklung von Unterricht in heterogenen Lerngruppen (z. B. unterschiedliche Niveaustufen beim Pre-Training, unterschiedliche Unterstützung bei der Segmentierung). Sie unterstützt somit eine erste reflexive Bilanzierung der inhaltlichen Anforderung eines Themas, der Lernendenvoraussetzungen sowie der dafür notwendigen Informationsdarbietung und -verarbeitung und der daraus abzuleitenden Unterstützungsmaßnahmen bei der Gestaltung des Lernprozesses.

3.4.2 Kognitive Theorie des Multimedia-Lernens

Die Kognitive Theorie des Multimedia-Lernens (CTML = *cognitive theory of multimedia learning*) geht zurück auf Richard E. Mayer (2005) und sie dient als Modell für die Verarbeitung von Informationen und deren Speicherung im Gedächtnis.

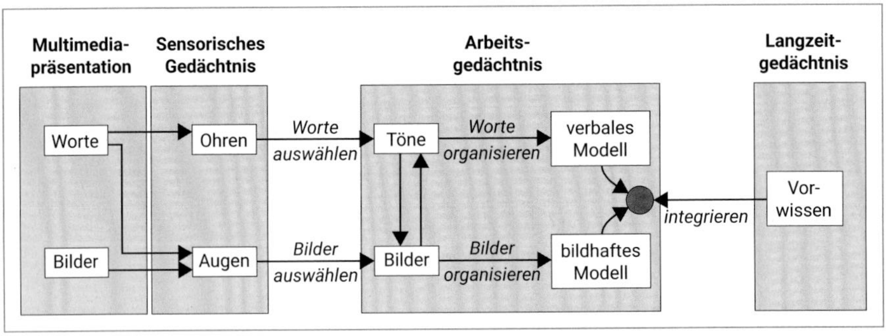

Abb. 3-10: Kognitive Theorie des Multimedia-Lernens (in Anlehnung an Mayer 2005)

Im Modell zur CTML wird zunächst zwischen der *Darbietung* von Informationen als Bilder (einschl. Animation und Video) oder als gesprochene/geschriebene Sprache und der *sensorischen Modalität* (Sehen/Hören) sowie der Repräsentation im Arbeitsgedächtnis (verbales/bildhaftes Modell) unterschieden (→ Abb. 3-9). Grundsätzlich können nach dieser Theorie die in einem Kanal (z. B. sprachlich) generierten Informationen im Arbeitsgedächtnis in den jeweils anderen Kanal konvertiert werden (z. B. in ein bildhaftes Modell). Die für die Verarbeitung der Informationen notwendigen kognitiven Ressourcen sind, wie bei der CLT, begrenzt und für jeden dieser Konvertierungsprozesse entsteht ein kognitiver Aufwand. Bei der Gestaltung von multimedialen Informationsangeboten sollten daher die bildhaften und sprachlichen Informationen planvoll kombiniert und Lernende bei einer aktiven Wissenskonstruktion unterstützt werden. Aus der CTML ergeben sich fünf grundlegende Prinzipien, aus denen sich die Gestaltung von wirksamen multimedialen Lehr-Lernangeboten ableiten lassen (Bsp. zu Erklärvideo in → Kap. 6.2.3, Tab. 6-2):

1. *Multimedia-Prinzip*: Werden Informationen in mehreren Kodierungen sinnvoll kombiniert, beispielsweise sprachlich und bildhaft, so verspricht dies bessere Behaltensleistungen als ausschließlich textuelle Informationsdarbietungen. Insbesondere Lernende mit geringem Vorwissen können davon profitieren, allerdings nur, wenn die bildhafte der sprachlichen Information entspricht und sie sich ergänzen.
2. *Modalitätsprinzip:* Bildliche und sprachliche Informationen sollten jeweils visuell und auditiv kombiniert werden, um zeitgleich beide Kanäle zu nutzen. Der visuelle Kanal kann über Audionutzung im Vergleich zur Darbietung von Bild und geschriebenem Text entlastet werden.
3. *Redundanzprinzip:* Bei der Verbindung von Bild und Sprache sollte die zeitgleiche Darbietung von Bild mit geschriebener und gesprochener Sprache vermieden werden (siehe auch *modality effect* in der CLT).
4. *Kontiguitätsprinzip*: Vergleichbar mit dem split-attention-Effekt (siehe CLT) – gilt allerdings nur, wenn die bildhafte Darbietung durch Sprache sinnstiftend ergänzt wird und nicht für sich allein selbsterklärend ist.
5. *Kohärenzprinzip:* Auf nicht notwendige Töne, illustrative Bilder oder zusätzlichen Text sollte verzichtet werden, wenn diese vom eigentlichen Lerninhalt ablenken (siehe CLT).

Diese fünf Prinzipien werden ergänzt durch metakognitive Maßnahmen (z. B. Lese- und Lernstrategien, eigenständige Hervorhebungen in Abbildungen, etc.) sowie durch affektiv-motivationale Faktoren: Durch Hervorhebungen und Prompts im Bild, beispielsweise durch die eigenständige Übersetzung von Text in bildhafte Repräsentationen oder durch für Lernende „attraktive" Zugänge zu Informationen kann ein situationaler Affekt generiert und die Aufmerksamkeit auf die aktive Informationsentnahme und -verarbeitung fokussiert werden (Moreno/Mayer 2007, → Abb. 3-11). Diese Ergänzung der CTML liefert auch eine Grundlage (unter vielen) für spielorientierte Ansätze wie Gamification und Game-based Learning (→ Kap. 3.5).

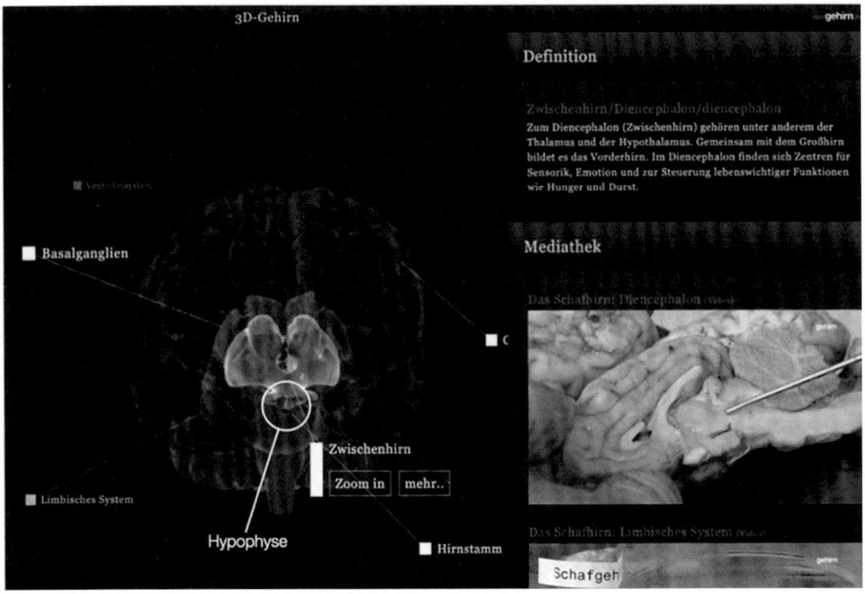

Abb. 3-11: Hervorhebungen fokussieren die Aufmerksamkeit (aus: dasGehirn.info)

3.4.3 Gestaltung und Nutzung multimedialer Informationen

Aus der CLT und der CTML kann abgeleitet werden, dass Lehrende als Gestaltende von Informationsdarbietungen und Lernende als adressierte Personen der Informationen und aktiv „Konstruierende“ gezielt unterstützt werden. Die nachfolgende → Tabelle 3-2 soll eine Hilfestellung liefern (in Anlehnung an Castro-Alonso u. a. 2021), um gezielt die Informationsdarbietung und -verarbeitung gemäß dieser Theorien zu unterstützen.

Mangel in Material/Informationsdarbietung	CLT	CTML	Maßnahme durch Lehrende	Maßnahme zur Unterstützung der Informationsverarbeitung durch Lernende
Material enthält nur Text	–	Multimedia-Prinzip	Text mit Visualisierungen ergänzen	selbst zeichnen, Zeichnungen ergänzen, Concept Maps erstellen
Text- und Bildinformationen getrennt	split-attention Effekt	Kontiguitäts-Prinzip	Text und Bild integriert bzw. in räumlicher/zeitlicher Kontiguität	Text aktiv in die Visualisierung einfügen

Material enthält redundante oder nicht-essenzielle Information	Redundanz-Effekt	Kohärenz-Prinzip	unwichtige Informationen entfernen, für sich isoliert verständliche Texte/Visualisierungen bereitstellen, auditive Sprachinformationen ohne geschriebenen Text präsentieren	Erstellen sprachlicher und/oder bildhafter Zusammenfassungen
Material fokussiert nicht auf essenzielle Informationen	-	Prinzip der Hervorhebung	Hervorhebung essentieller Information	Unterstreichen, Hervorheben, Markieren in Text und Visualisierung
Material beinhaltet zu viel flüchtige Informationen	Segmentierung		dynamische Visualisierungen/ Sprechtext in kleinere Segmente unterteilen	dynamische Visualisierungen/ Sprechtext selbst steuern (z. B. im Media Player)

Tab. 3-2: Strategien zur Informationsdarbietung und Informationsverarbeitung auf Grundlage der CTL-/CTML-Theorie

Ausgehend von einer mangelhaften Informationsdarbietung kann ein Bezug zur jeweiligen Theorie (CLT/CTML) hergestellt und daraus können Maßnahmen für Lehrende wie Lernende abgeleitet werden, um diesen Mangel im Medium zu beseitigen (Lehrkraft, Medienkonzeption) oder mit den Mängeln umzugehen (Lernende, aber auch Lehrende, wenn das Medium nicht überarbeitet werden kann). Diese Maßnahmen bieten eine grobe Orientierung und sie erheben keinen Anspruch auf Vollständigkeit. Gleichwohl machen die für Lehrende vorgeschlagenen Maßnahmen deutlich, dass Kompetenzen zur Nutzung, Erstellung und/oder Überarbeitung von digitalen Medien wichtig sind (→ Kap. 4.2).

Die Überlegungen lassen sich, wie in → Kapitel 2 dargelegt, vorwiegend im Bereich des „Angebots“ verorten, aber auch anteilig bei der „Nutzung“ durch die Lernenden (siehe letze Spalte Tab. 3-2). Bei der Nutzung des Lernangebots spielen die Qualität der Lernaktivität und die aktive Lernzeit eine wesentliche Rolle. Eine solche „kognitive Aktivierung“ muss im Zusammenhang mit den zuvor dargelegten kognitionspsychologischen Theorien betrachtet werden.

3.5 Kognitive Aktivierung durch und mit digitalen Technologien

Kognitive Aktivierung wird durch spannende Aufgaben, entdeckendes und forschungsorientiertes Lernen, offene Diskurse und deren Diskussion mit anderen sowie durch die konsequente Berücksichtigung von Vorkenntnissen und Alltagsvorstellungen gefördert (Teig/Scherer/Nielsen 2019). Dabei können Unerwartetes, Verblüffendes oder auch Überraschungen während des Lernprozesses das Behalten von Informationen fördern (Axmacher u. a. 2010). Idealerweise trägt all das in Summe zu einer vertieften Durchdringung von Fachinhalten und letztendlich zum Verstehen bei. Ein kognitiv aktivierender Unterricht allgemein legt nach Fauth und Leuders (2018) den Fokus

1. auf zentrale Verstehenselemente des Unterrichts, also welche Kernideen Lernende in einem Fach verstanden haben bzw. kritisch diskutieren sollen,
2. auf den Anschluss an das „bestehende Schülerdenken", also Vorwissen/Vorstellungen aus Alltag und Schule sowie
3. auf anspruchsvolle kognitive Prozesse (z. B. Erklären, Verknüpfen, Verwerten), die angeregt und aufrechterhalten werden müssen.

Kognitiv aktivierender Unterricht ist anstrengend, und Lernende müssen bereit sein, sich auf diese Anstrengung einzulassen. Im Zusammenhang mit digitalen Technologien liegen erste Befunde für eine Förderung dieser Anstrengungsbereitschaft vor. Fütterer u. a. (2022) weisen beispielsweise darauf hin, dass anregend gestaltete Unterrichtseinheiten mit Tablets die Anstrengungsbereitschaft der Lernenden in Mathematik, verglichen mit Unterricht ohne digitale Unterstützung, kurz- und langfristig steigern (über 4 bzw. 16 Wochen). Auch wenn die Befundlage für den Biologieunterricht vergleichsweise gering ist, so können ähnliche Effekte wie in Mathematik erwartet werden. Lombardi u. a. (2021) schlagen für eine kognitive Aktivierung konkrete Maßnahmen vor, die insbesondere auch durch digitale Technologien unterstützt werden können:

Förderung der Metakognition

Dies leisten digitale Werkzeuge zur Strukturierung von Wissensinhalten. Beispielsweise unterstützen interaktive Conceptmaps (→ Abb. 3-12) oder Mindmaps das Herausarbeiten und die Visualisierung der zentralen Kernideen eines Fachinhalts.

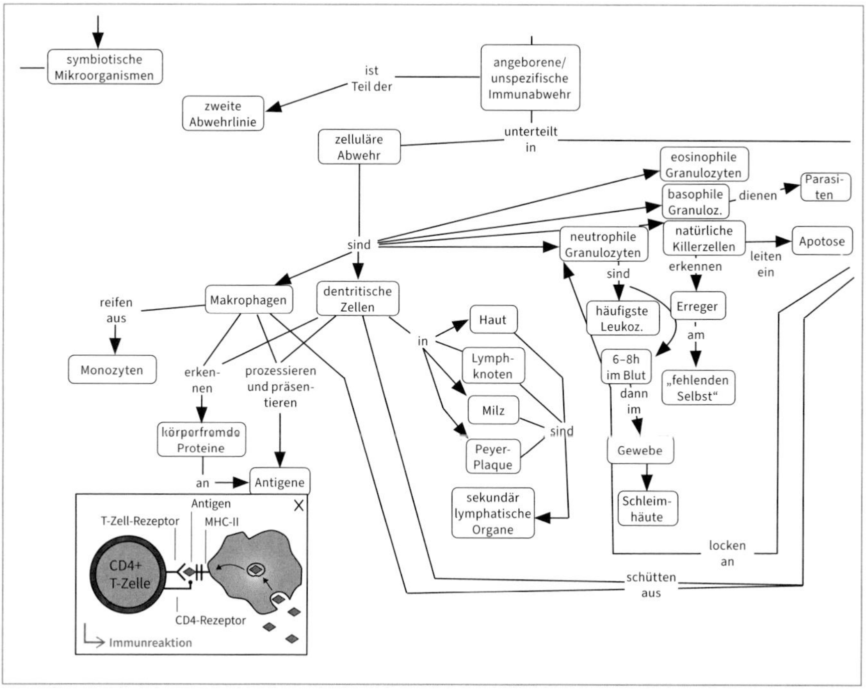

Abb. 3-12: Ausschnitt einer von Lernenden erstellten, interaktiven Conceptmap zur Immunbiologie (https://cmapcloud.ihmc.us/)

Anregende Diskussionen über alltagsrelevante Themen

Bei kontroversen Themen können Lehrkräfte auf Grundlage zuvor ausgewählter Web-Ressourcen recht einfach ein Webquest erstellen (→ Tab. 8-1 in Kap. 8). Dieses kann genutzt werden, um beispielsweise einen asynchronen Diskurs der Lernenden (z. B. in einem Wiki oder Weblog) zu initiieren. Ein schriftlicher Diskurs kann wiederum im Unterricht aufgegriffen werden. Generell bieten digitale Plattformen und Weblogs Kommunikationsräume, die zeit- und ortsunabhängig solche Diskussionen erlauben (→ Abb. 3.13).

Vielfältige digitale Werkzeuge ermöglichen entweder Lehrkräften Lernprozessbegleitende Kurzüberprüfungen zu Unterrichtsinhalten oder Lernenden, sich gegenseitig zu einem „Quiz-Duell“ zu treffen. Eine Übersicht über solche Tools findet sich auf den meisten Medienportalen der Bundesländer.

Scaffolding und Visualisierungen in Echtzeit

Scaffolding ist ein Ansatz aus der Fremdsprachdidaktik, der Lernenden in komplexen Anforderungsbereichen strukturierte Unterstützung bieten soll.

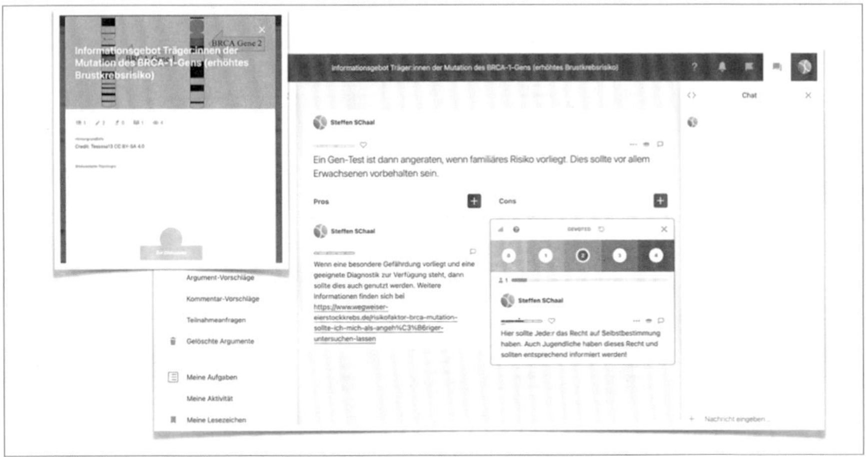

Abb. 3-13: Beispiel für eine online moderierte Diskussion auf Grundlage einer fachwissenschaftlichen Auseinandersetzung zur BRCA-1-Mutation (https://www.kialo-edu.com/)

Im eigentlichen Sinne des Scaffoldings sind kontinuierliche Diagnose, Anpassung der Unterstützung und das allmähliche Ausblenden der Unterstützung (analog zum Abbau eines Gerüsts) wichtige Faktoren (Wu/Pedersen 2011). Es gibt zwei Arten von Unterstützung (Brush/Saye 2002, zusammengefasst in Arnold u. a. 2017): Soft Scaffolds und Hard Scaffolds. Unter Soft Scaffolds werden dynamische und situationsspezifische Unterstützungsmaßnahmen seitens der Lehrkräfte (oder auch einer KI, → Kap. 9) gefasst. Dies erfordert eine hohe Aufmerksamkeit und diagnostische Fähigkeiten beim Lehrenden, um Verständnisprobleme zu erkennen und entsprechende Hilfestellungen anzubieten. Im Gegensatz dazu sind Hard Scaffolds im Inhalt und der Darbietung festgelegte Unterstützungen, die typische Probleme Lernender voraussehen und i. d. R. vorbereitet werden. Sie werden häufig in computergestützten Lernumgebungen integriert, um bereits bekannte Lernhürden durch angemessenes Unterstützungsmaterial auszuräumen. Die meisten Lernmanagement-Systeme erlauben es einer Lehrkraft, solche Hard Scaffolds in den Lernaktivitäten vorausschauend anzulegen. Soft Scaffolds sind didaktisch wie technologisch aufwendiger: Hier müssen zunächst Kernideen (Schaal 2020, S. 23 ff.) eines Lehr-/Lerninhalts identifiziert und in einem Elementarisierungsprozess sozusagen auf die jeweils kleinste, für sich selbst stehende Sinneinheit reduziert werden (→ K 3-1). Je nach Herausforderung bei der Verarbeitung dieser Sinneinheiten müssen dann unterstützende Materialien vorbereitet werden, die adaptiv an die Lernaktivität ausgewählt und präsentiert werden. Ein solcher adaptiver Prozess benötigt auch Technologien, die (halb-)automatisiert bei dieser Auswahl unterstützen. Ein Beispiel hierfür ist die kostenpflichtige CogBooks-Anwendung, bei der die Lernenden auf einem Schieberegler angeben können, wie gut sie einen Lerninhalt verstanden haben. Dies nutzt die CogBooks-Anwendung, um eine KI zu trainieren (→ Kap. 9) und damit Schritt-für-Schritt präzise Unterstützungsmaterialien auszuwählen.

Die Ausführungen zeigen, dass digitale Technologien ihre Potenziale nicht (nur) aufgrund des Vorliegens digitaler Daten entfalten, sondern aufgrund der dadurch möglichen Funktionalitäten in der Datenverarbeitung und Vernetzung (→ Kap. 1). Damit können Lernprozesse durchgängig a) medial gestaltet, b) als Prozess vorstrukturiert werden, ohne dass Individualisierungs- bzw. Adaptationsmöglichkeiten verloren gehen und c) um Feedback ergänzt werden. In analogen Umsetzungen wären eine derartige Vernetzung und damit mögliche Synergien bzgl. des Gesamtprozesses nicht möglich.

K 3-1: Elementarisierung von Lerninhalten für Scaffolding

Für eine Betrachtung des Prozesses visueller Wahrnehmung beispielsweise erfolgt die Elementarisierung zunächst anhand der schrittweisen Zerlegung in Teilabschnitte wie in → Abbildung 3-14 dargestellt. Als Bestandteil der visuellen Wahrnehmung kann die Wahnehmung beispielsweise in die Teilbereiche Reiz, Lichtanregung des Rhodopsins, Transduktionskaskade, Erregungsbildung in Teilelemente zerlegt und dargeboten werden. Für die jeweiligen Unterstützungsmaßnahmen wiederum können unterschiedliche Text-Bild-Kombinationen, Animationen oder Erklärvideos verwendet werden. Diese Hard Scaffolds werden von der Lehrkraft erstellt.

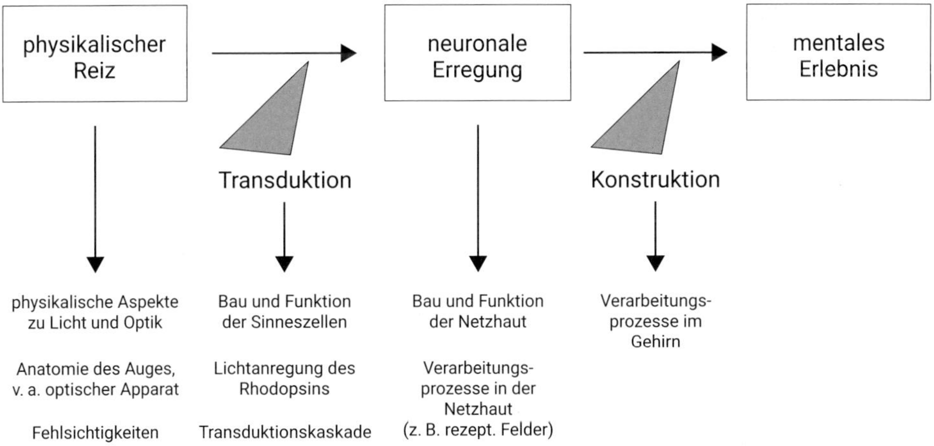

Abb. 3-14: Elementarisierung am Beispiel der visuellen Wahrnehmung (in Anlehnung an Schaal 2020)

Digitale spielorientierte Ansätze (Digital Game-based Learning)

Digitale Lernspiele, sogenannte Serious Games, konnten ihr Potenzial zur kognitiven Aktivierung und zur Förderung kognitiver Lernprozesse bereits mehrfach zeigen. In einer Review-Studie beispielsweise zeigten Vandercruysse, Vandewaetere und Clarebout (2012), dass bei sorgfältig reflektierter Gestaltung Serious Games auch kognitiv aktivierend und motivierend sind, vorausgesetzt, sie wurden zielgruppengerecht entwickelt. Serious Games sind Spiele, die nicht primär oder ausschließlich der Unterhaltung dienen. Sie unterstützen den Wissensaufbau sowie das Verständnis der bearbeiteten Inhalte (Vlachopoulos/Makri 2017). In den meisten Studien wird auch deutlich, dass Serious Games ihre Wirkung nur dann entfalten, wenn sie aktivierend im Sinne des Angebot-Nutzungs-Modell in den Unterricht eingebettet werden (Kap. 2-6). Für die Nutzung von Serious Games zur kognitiven Aktivierung im Biologieunterricht können die in diesem Kapitel bereits dargelegten Bezüge zu kognitiven Lerntheorien angewandt werden: Das von Davis (2020) vorgeschlagene Modell bietet eine Planungs- und Entscheidungshilfe, welche den sogenannten „Game Space" zunächst durch das intendierte Lernziel und die reflexive Auseinandersetzung mit den Ergebnissen wie Erkenntnissen des Spielens einrahmt (→ Abb. 3-15).

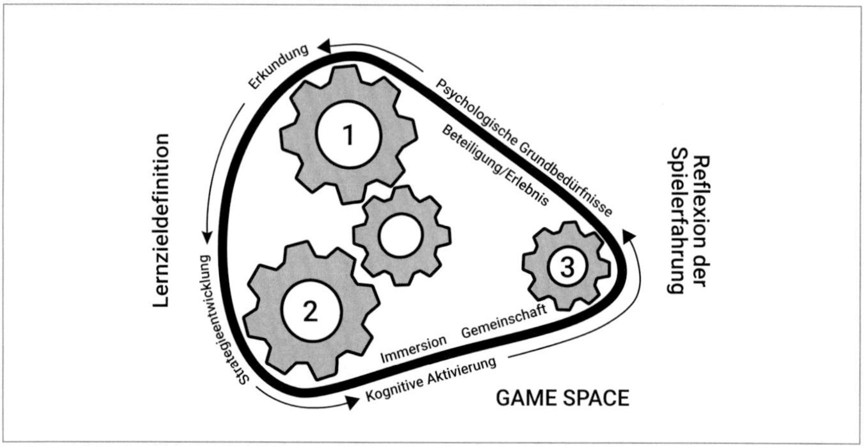

Abb. 3-15: Rahmenmodell zur Nutzung von Serious Games als kognitiv aktivierende Elemente von Lehr-Lernumgebungen (in Anlehnung an Davis 2020)

Das eigentliche Spielerleben wird durch das Spielvergnügen und das Eintauchen ins Spielgeschehen (= Immersion) angetrieben (Zahnräder 1, 2). Dabei hängt der Spielerfolg idealerweise von einem zunehmenden konzeptuellen Durchdringen und dem Verständnis des bearbeiteten (Lern-)Inhalts ab (Zahnrad 3). Als Transmissionsriemen dienen sowohl die psychologischen

Grundbedürfnisse nach Kompetenzerleben, Autonomie und sozialer Verbundenheit (Schaal u. a. 2018, → Kap. 3.1) als auch die kognitive Aktivierung durch beispielsweise experimentierende Erkundung oder Strategieentwicklung. Die Ergebnisse und Erkenntnisse aus dem Spielprozess werden mit fokussierter Aufmerksamkeit generiert und durchdrungen: Die Spielenden erhalten durch den Spielerfolg oder Misserfolg ein unmittelbares Feedback darüber, ob sie die notwendigen Wissensbestände und inhaltlichen Konzepte verstanden haben und umsetzen können oder ob für die erfolgreiche Bewältigung von Spielaufgaben noch eine weitere Aufarbeitung oder Übung notwendig ist (→ Praxisbeispiel).

Praxisbeispiel

Am Beispiel des DiLeNa-Simulationsspiels zur nachhaltigen Ernährung (Münz u. a. 2023, → Abb. 3-16) kann dieses Rahmenmodell angewandt und exemplarisch dargestellt werden: Die Spielgeschichte lässt die Spielenden in eine ihnen bekannte Situation („Ferien bei Oma") eintauchen, und ihre Konsumentscheidungen bestimmen über den Spielerfolg. Um die Spielentscheidungen hinsichtlich Wohlbefinden, Umwelt, Gemeinschaft und Wirtschaft planvoll zu treffen, ist ein konzeptuelles Durchdringen der Perspektiven von ernährungsbezogenen Konsumentscheidungen notwendig. Dieses implizite Wissen wird durch Probehandeln im Spiel aufgebaut und durch die reflexive Auseinandersetzung mit dem Spielgeschehen im nachbereitenden Unterricht expliziert und aufbereitet.

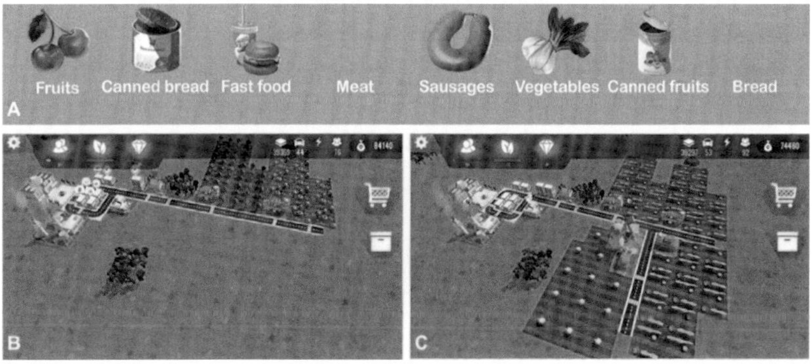

Abb. 3-16: Screenshot zum Simulationsspiel DiLeNa zur nachhaltigen Ernährung. Die spielenden Personen treffen Entscheidungen rund um den Konsum von Lebensmitteln, und ihre Spielentscheidungen haben Einfluss auf Wohlbefinden, Ökonomie, Ökologie und Gemeinschaft. Hierbei werden implizit und explizit Erkenntnisse zu notwendigen Aushandlungsprozessen im Kontext der nachhaltigen Ernährung „erspielt" und Handlungen erprobt (https://biobrotboxhannover.de/wissen/lernspiel/)

Key Messages

- Digitale Technologien fördern Kompetenzerleben und Selbstwirksamkeit, Autonomie und Selbstbestimmung sowie die Eingebundenheit in eine soziale Gruppe bei Lernenden wie Lehrenden gleichermaßen.
- Digitale Technologien dienen als Werkzeug und Informationsspeicher zugleich. Je nach Lerngegenstand fokussieren digitale Technologien stärker auf eine effiziente Informationsdarbietung oder auf eine kognitiv aktivierende Nutzung (z. B. als Werkzeug der Modellierung oder zur spielerischen Erschließung biologischer Phänomene).
- Die Technologieintegration im Biologieunterricht und die Nutzung digitaler Informationsdarbietung gründet auf der Theorie der Dualen Codierung von Informationen als gezielt geplante Präsentation von Sprache und Bild.
- Die Cognitive Load Theorie und die Kognitive Theorie des Multimedia-Lernens liefern effiziente Strategien zur digitalen Informationsdarbietung und -verarbeitung.
- Kognitive Aktivierung durch und mit digitalen Technologien erfolgt durch Förderung der Metakognition, durch digital unterstützte Diskussionen, durch Scaffolding und durch digital-spielorientierte Ansätze.

4 Akteure im digital gestützten Biologieunterricht

Nicht nur funktionierende digitale Technik und Infrastruktur ist für die Umsetzung von digital gestütztem Biologieunterricht bedeutend, sondern auch Menschen, die auf Grundlage ihrer Vorerfahrungen und Fähigkeiten damit zielführend arbeiten, d. h. lehren und lernen. Jugendliche sind diesbezüglich keine unbeschriebenen Blätter; vielmehr bringen sie aus dem Alltag Vorkenntnisse mit, die es zu kennen gilt. Hier muss mit ebenso viel Heterogenität gerechnet werden, wie bei der individuellen und z. T. schnell wechselnden Hardwareausstattung, mit der eine Lehrkraft z. B. im Falle von BYOD-Konzepten konfrontiert ist. Nicht zuletzt deshalb müssen Lehrkräfte über digitalisierungsbezogene Kompetenzen verfügen, um technischen, fachlichen, pädagogischen und fachdidaktischen Aufgabenbereichen im Kontext des digital gestützten Unterrichtens gerecht werden zu können. Hierzu geben etablierte Kompetenzrahmen und Systematiken mit unterschiedlich starkem Fachbezug eine Orientierung (→ Abb. 4-1).

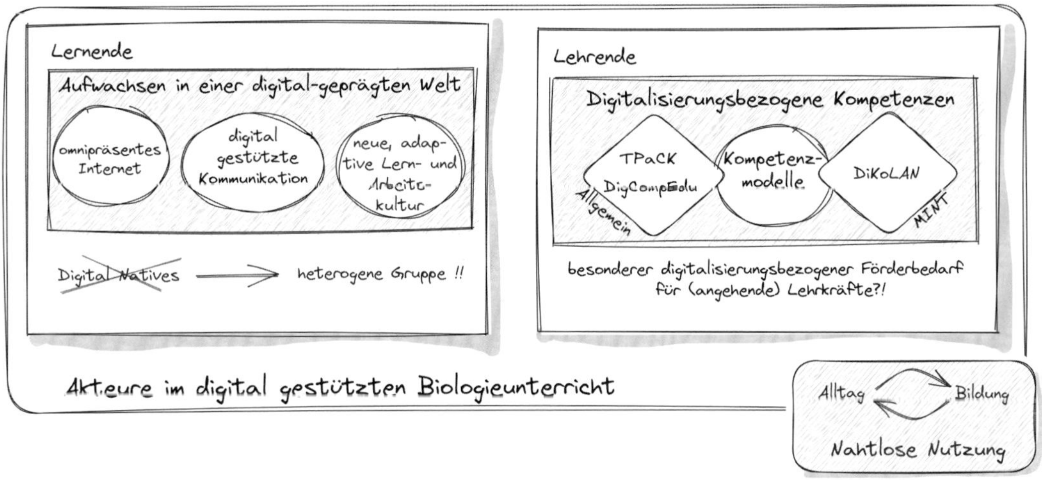

Abb. 4-1: „Akteure im digital gestützten Biologieunterricht"

4.1 Aufwachsen in einer digital geprägten Welt

Ein von außen medial vermittelter Druck zur Digitalisierung des Unterrichts in der Schule ist oder sollte nicht der zentrale Grund zur Beschäftigung mit dieser Thematik sein. Gleichwohl dürfte dieser dabei helfen, jene für die Zukunft wichtigen Prozesse anzustoßen und merklich voranzutreiben. Ganz wesentlich ist die Notwendigkeit oder gar das eigene bzw. systemische Bedürfnis von Schule zur Nutzung digitaler Technologien im Sinne des Erziehungs- und Bildungsauftrags (siehe Schulgesetze der Bundesländer). Unabhängig vom Bundesland soll Schule die nächste Generation zur gesellschaftlichen Teilhabe befähigen und zu informierten, reflektierten, selbstbestimmten und verantwortungsvollen Mitmenschen erziehen. Diese Teilhabe ist seit geraumer Zeit nicht mehr mit einer ausschließlich analogen Lebensweise verwoben bzw. ist ohne Einbezug und Auseinandersetzung mit digitalen Geräten, Anwendungen und/oder Daten/Informationen inklusive der damit verknüpften Prozesse nahezu unmöglich. Lernende wie auch Lehrende sind gleichermaßen der digital geprägten Mediatisierung in der Alltags- und Berufswelt ausgesetzt. Jeder wird unausweichlich davon in formellen und informellen Lebensbereichen beeinflusst bzw. beeinflusst werden.

Digitale Technologien nehmen in fast allen Lebensbereichen gleichermaßen Einfluss, und dennoch sind die damit verbundene Kompetenz und Akzeptanz sehr heterogen ausgeprägt. Hieraus resultieren Konsequenzen im Hinblick auf Einstellungen, Nutzungsperspektiven und -routinen. Gerade dies setzt für eine zielgerichtete Nutzung digitaler Technologien eine reflektierte Analyse aller Beteiligten und Zielgruppen ebenso wie der Nutzungsszenarien voraus. Fehlt eine solche mehrperspektivische Analyse, dann scheitern ambitionierte Unterrichtskonzepte: Werden beispielsweise in einer Lehrprobe die personalen Gegebenheiten/Rahmenbedingungen nicht angemessen berücksichtigt, dann gerät die Zeitplanung allzu oft aus dem Fokus und die Stunde scheitert – und dafür werden nicht die oft vorgeschobenen „technischen Probleme“ verantwortlich sein. Das Konzept der vermeintlichen *Digital Natives* muss auf Stimmigkeit oder notwendige Differenzierung ebenso hinterfragt werden wie das Bild eines nicht digital affinen Kollegiums.

4.1.1 Einstellung Lernender zum internetbasierten Medienkonsum

Internetbasierte Medien und Technologien prägen die Kommunikations- und Sozialisationsprozesse wie auch die Lebenswelten von (jungen) Menschen. Aus den Händen der Heranwachsenden kaum noch wegzudenken ist das Smartphone, das bereits bei einer Vielzahl der 6- bis 13-Jährigen zur eigenen Geräteausstattung gehört (50 % dieser Altersgruppe besitzen ein

Smartphone, mpfs 2020) und das bei Jugendlichen bis ins Erwachsenenalter dann sicher nahezu jeder in der Tasche hat (97 % dieser Kohorte besitzen ein Smartphone, mpfs 2022). Wesentlich für den Vormarsch mobiler, internetfähiger Endgeräte sind das Bedürfnis und auch die Erwartungen der Generation von heute und morgen, zu jeder Zeit und an jedem Ort „[...] ‚permanently online, permanently connected' (POPC) zu sein oder doch zumindest sein zu können" (Vorderer 2015, S. 260). Das die Gesellschaft prägende Bild von Digitalisierung, in dem eine Beteiligung ohne die Nutzung von Internet oder internetbasierten Anwendung als schwierig oder auch nicht mehr möglich wahrgenommen wird, steht der Euphorie im Hinblick auf die digitalen Möglichkeiten gegenüber (DIVSI 2018, → K 4-1).

K 4-1: Das Internet – Segen und Fluch zugleich?!

Digitale Endgeräte, und hier besonders hervorstechend das Smartphone, öffnen die Tür in eine stetig agierende, informierende und erreichbare Online-Welt, die ständig in Bewegung ist. Kommunikation ist mit (nahezu) jedem unkompliziert und auch gleichzeitig möglich, Informationen können schnell beschafft, Dinge schnell abgesprochen und erledigt werden. Unterhaltung kann erlebt und Inspirationen können eingeholt werden – zum Internet und dessen Nutzung dominiert eine positive Haltung (DIVSI 2018). Der Blick aufs Smartphone findet hier häufig bereits unbewusst statt und kann dem Zwang bzw. der Angst unterliegen, etwas verpassen zu können (FOMO: Fear of missing out).

Abb. 4-2: Befunde zur Einstellung und Nutzung der Ressource Internet von Jugendlichen

Empfehlungen zur Alters- und Zeitbegrenzung bei Bildschirmmedien und weiteren digitalen Technologien sowie zur digitalen Präsenz in den Familien und Freizeitbeschäftigungen gründen sich auf (mögliche) negative gesundheitliche Folgen eines frühzeitigen unkontrollierten Medienkonsums und einer derartigen Technologienutzung. Digitaler Zeitstress wird von Jugendlichen bereits selbst als belastendes Phänomen wahrgenommen, in dem das Smartphone bzw. Internet ein kontrollierender und ablenkender sowie auch nervender Begleiter ist (Saferinternet.at 2019; → Abb. 4-2). Die „außerschulische Smartphone-Nutzung" ist auch einer der wenigen Faktoren, die negative Effekte auf Lernende und ihre Lernausgangslage haben (Zierer 2021).

Unabhängig vom Alter entwickelt sich auch eine kritische Perspektive auf den Digitalisierungs-Turn in der Gesellschaft, die den Schutz der eigenen Person und Daten sowie vor allem die „Online-Zeit" betrifft. Sich mal freinehmen vom Internet ist ein Vorsatz, den jede und jeder Dritte ab dem Alter von 14 Jahren in der Zukunft mal umsetzen möchte und knapp die Hälfte der befragten Personen der ARD/ZDF-Onlinestudie schon gemacht haben (Beisch/Koch 2022). Negative Erlebnisse in der Online-Welt, wie Beleidigungen, Falsch-Aussagen zur eigenen Person oder der Anblick angsterfüllender Bilder/Szenen sind für die heranwachsende Generation keine Seltenheit mehr (Bitkom Research 2022; mpfs 2019, 2022). Ein Leben ohne Handy & Co. ist jedoch für die meisten nicht vorstellbar, wobei die Befürchtung zur Internetsucht und der Abhängigkeit des Lebens vom Internet junge Menschen zunehmend beschäftigt (DIVSI 2018). Insbesondere sind hiervon Heranwachsende betroffen, die auch eine Verletzlichkeit für andere Abhängigkeiten aufweisen, beispielsweise durch mehrfach benachteiligte Lebenssituationen (Schaal 2021). In der Summe ist dies ein Problem- und Handlungsfeld, das auch für das Unterrichten mit und über digitale Medien von Bedeutung ist. *In welchem Verhältnis kann und sollte digitale zu realer Lernzeit stehen? Wie stehen sich die Reflexion zum eigenen Medienkonsum als Lerninhalt mit und über den Einsatz von digitalen Technologien beim Lernen gegenüber?*

Obwohl die Selbstpräsentation im Netz bereits einer reflektierten Betrachtung oder Schutzmaßnahmen des Einzelnen unterliegen und hier vermehrt eine Beobachter- und „Follower-Rolle" ausgeübt wird, finden der Umgang und die Freigabe eigener Daten deutlich unreflektierter statt. Problematiken im Kontext der Freigabe von privaten, personenbezogenen Daten, das Sammeln und nicht mehr zu kontrollierende Teilen selbiger, wie auch die z. B. damit verbundene Beeinflussung bzw. Begleitung digitaler Suchanfragen, ist öffentlich bekannt. Jedoch ist dies für Jugendliche weniger relevant (DIVSI 2018) als dem Bedürfnis nach scheinbar unbegrenzter Kommunikation, Entertainment und Informationszufuhr zu folgen. Im unterrichtlichen Kontext wird dem Datenschutz und dem Umgang mit Daten der Lernenden hingegen eine sehr bedeutende Rolle beigemessen. Entsprechend dem Erziehungsauftrag von Schule ist dies nicht nur in der

Anwendung digitaler Technologien bedeutsam, sondern bedarf auch der inhaltlichen Auseinandersetzung im Unterricht, um einen reflektierten Umgang bei den Lernenden anzustreben. Hier kollidieren demnach zwei unterschiedliche Wertesysteme, was in der Praxis zu Verständnisproblemen führen kann. Die persönliche Relevanz der Technologienutzung steht der zuweilen starken Reglementierung digitaler Werkzeuge im Unterricht gegenüber. Dies wirkt sich auch auf das Verständnis für den Einbezug digitaler Technologien im Bildungsbereich aus und schränkt die Technologienutzung mutmaßlich ein. Lernende werden durchaus dadurch demotiviert, dass einfache digitale Wege durch für sie nicht nachvollziehbare Reglementierungen verbaut werden und sie sich „unnötigerweise" in komplexere Lösungen einarbeiten müssen. So werden von Lernenden beispielsweise Messenger-Dienste zur privaten Kommunikation und ebenso auch für schulische Belange, etwa zum Austausch über schulische Aufgaben, intensiv genutzt (Königs/Kronewald 2021). Aus datenschutzrechtlichen Gründen werden diese im Alltag gefestigten digitalen Kommunikationsdienste jedoch für schulische Belange unmöglich offiziell eingesetzt werden – darin gründet ein vermeintlicher Widerspruch aus der Perspektive der Lernenden, die entgegen ihrem natürlichen Mediennutzungsverhalten neue Kommunikationswege bedienen müssen (Königs/Kronewald 2021).

4.1.2 Digitale Technologie-Nutzung in der Freizeit

Gemessen an der sehr hohen Beschäftigungs-/Nutzungszeit der Heranwachsenden mit digitalen Endgeräten und internetbasierten Anwendungen, bleiben die hierbei umgesetzten digitalen Aktivitäten aus einer fachspezifischen Bildungsperspektive und in Bezug zu Lehrplänen vornehmlich inhaltsleer. Ein großer Zeitanteil entfällt auf das Einleiten und Aufrechterhalten von Kommunikation; insofern erscheint es nicht verwunderlich, dass insbesondere Messenger- und Social-Media-Dienste omnipräsenter Bestandteil in der alltäglichen Lebensführung sind (mpfs 2022). Eine medial-vermittelte Kommunikation bestimmt auch die Planung von Freizeitaktivitäten, in denen zusätzlich verstärkt organisierende und strukturierende Anwendungen (z. B. Kalender-, Karten-Apps) sowie Entertainment-Apps genutzt werden (Götz/Walter 2017). Termine/Treffen werden digital abgestimmt und festgelegt, Treffpunkte als Standorte markiert oder live geteilt, kurzfristige Absagen oder kurzweilige, aktuelle Informationen im sozialen Netzwerk verbreitet – das Smartphone und zunehmend auch das Tablet (mpfs 2022) mit den kommunikationsleitenden Funktionen führen zur Erweiterung des sozialen Beziehungsgefüges, welches nunmehr nicht mehr wesentlich aus Face-to-Face-Situationen besteht (Krotz 2007). Teichert (2023) und Hajok (2020) fassen mit Blick auf die Kommunikation von Jugendlichen zusammen, dass Face-to-Face-Treffen seltener werden (und selbst bei diesen medienvermittelt kommuniziert wird), dies aber nicht zwingend negative Auswirkungen haben muss. Das Gerät selbst sowie die hierbei von den Jugendlichen favorisierten Apps fungieren als Werkzeuge zur Bewältigung bzw. Ausübung alltäglicher Handlungen und sozialer Interaktion, die insgesamt zumeist weniger bis keine schul- oder lernrelevanten Inhalte haben. Dies kann beim Lernen nicht nur im Sinne von Störungen negative Effekte verursachen (Zierer 2021). Abseits der Suche nach Information im Internet und hierbei vorzugsweise in audiovisueller Form auf entsprechenden Videoportalen (mpfs 2019; Bitkom Research 2022) im Zuge von Hausaufgaben oder Prüfungsvorbereitungen sind weitere inhaltliche Nutzungsaktivitäten digitaler Technologien (vermutlich) vergleichsweise niedrig ausgeprägt.

Fundierte Aussagen darüber, inwieweit biologie- oder naturwissenschaftliche Apps in der Freizeit Anwendung finden und mit welcher Intention diese einhergeht, sind aufgrund geringer bis fehlender Empirie aktuell nicht umfassend möglich. Für einige Themenbereiche, die für die eigene Person bzw. das eigene Wohlbefinden und/oder die Gesellschaft als relevant eingeordnet werden, lässt sich ein alltäglicher, freizeitbezogener Nutzungskontext vermuten. Prominent in Erscheinung treten hierbei sicher die diversen sport- und gesundheitsbezogenen Geräte mit zugehörigen Apps, die u. a. ein Verfolgen und Überwachen des eigenen Gesundheitszustandes und Trainingsaktivitäten ermöglichen oder helfen, präventive Maßnahmen der Gesunderhaltung umzusetzen. Ebenso bereits prominent vertreten bzw. bekannt sind frei nutzbare Apps zur Bestimmung der Flora und Fauna beim Spaziergang oder im eigenen Garten sowie Apps, die über Inhaltsstoffe, Zusammensetzungen oder dem Vorhandensein bestimmter Stoffe (z. B. Mikroplastik) in Produkten Aufschluss geben. Eine Einbindung derartiger naturwissenschaftlich angebundener Anwendungen in fachbezogenen Lehr-Lernprozessen ist sehr naheliegend, wobei die von diesen Anwendungen ausgehende Lernfunktion sich für Lernende erst noch beweisen muss (z. B. Fitness-Gerät/App: Goodyear/Kerner/Quennerstedt 2019). Gemessen am alltäglichen Umgang und der Affinität zur Technik sollte die Bedienung digitaler Geräte Lernende im Unterricht aktuell weniger vor generelle technische Hürden stellen. Jedoch bringt das für den Unterricht anzulegende reflektierte Verständnis und die damit einhergehende Nutzung digitaler Technologien als Lernmedien und -zugänge für Lernende fachinhaltliche wie auch spezielle technische Herausforderungen mit sich. Eine interaktive, kollaborative Texterschließung, das Erstellen von virtuellen Modellen oder die Erfassung digitaler Messwerte und deren grafische Aufbereitung führen zur Auseinandersetzung und Handhabung mit anderen, spezifischeren digitalen Funktionen und/oder Technologien, die für die Vielzahl der Lernenden nicht alltäglich sind oder genutzt werden. Fachliche Lernprozesse, ob im Unterricht, in schulbezogenen Lernzeiten zu Hause oder an außerschulischen Lernorten, setzen jedoch im Idealfall an Bestehendem in Form digitaler Fertigkeiten der Lernenden an und erweitern den Funktionsradius digitaler Technologien (bei einer entsprechend fachdidaktischen Integration; → Kap. 2).

4.1.3 Digital gestützter (Fach-)Unterricht aus Lernendensicht

Die Perspektive der Lernenden spielt bei einer Betrachtung möglicher Potenziale oder Risiken des Einsatzes digitaler Technologien im Unterricht eine wesentliche Rolle. „Befragt nach ihren Lern- und Arbeitsstrategien, berichteten einige Schüler [...], dass sie zunächst nicht wussten, wie sie den Laptop zum Lernen einsetzen sollten" (Schaumburg/Issing 2002, S. 108) – eine Situation bzw. Unklarheit, die sich bei der Einführung digitaler Geräte in den Fachunterricht generell und sicher auch in Bezug auf andere mobile Endgeräte auch nach 20 Jahren immer noch zeigt und weiterhin zeigen wird. Ursächlich ist hier vielfach, dass die entsprechenden digitalen Ressourcen nicht gezielt für den Bildungskontext entwickelt wurden und auch eher aus anderen Alltagskontexten bekannt sind. Letztlich müssen deshalb, auch ohne dass dies auf den ersten Blick transparent ist, gänzlich neue Lernkulturen und -abläufe entwickelt werden. Entgegen dieser Feststellung wird jedoch eine positive Einstellung Lernender gegenüber digitalen Technologien und gleichzeitig das „digitale Können" zur Nutzung selbiger implizit auch im Lernkontext angenommen. Dies ist der Tatsache geschuldet, dass der (sichere) Umgang mit digitalen Technologien in vielen Bereichen beobachtbar und bereits Bedingung für die Teilhabe am gesellschaftlichen und beruflichen Leben ist. Der als *Digital Natives* beschriebenen Generation wird Digitalität und Digitalisierung sozusagen, zumindest aus der externen Wahrnehmung heraus, in die Wiege gelegt. Dies äußert sich in der Perspektive, dass sie Muttersprachler der digitalen Sprache wie auch Interaktion seien (Prensky 2001). Sicher lässt sich ein großer Anteil der Jugendlichen unter dieser Gruppe subsumieren. Jedoch gibt es im jeweiligen digitalen Nutzungskontext sowie auch hinsichtlich des eigenen Bedürfnisses und bzgl. der Einstellung zur Nutzung digitaler Technologien auch weniger versierte oder digital-geprägte „junge" Personen genau so, wie es auch sehr digital-affine „ältere" Personen/-gruppen gibt. Vom Alltag und Alter einer Zielgruppe auf vorhandene digitalisierungsbezogene Kompetenzen zu schließen, ist insbesondere vor dem Hintergrund wachsender

Heterogenität und dem Anspruch im Hinblick auf Differenzierung nicht zielführend. Uns allen ist ja auch bewusst, dass von gutem Vorwissen im Bereich der Zytologie nicht unbedingt auf gutes Vorwissen im Bereich der Evolution geschlossen werden kann.

Unabhängig vom Alter und dem Umfang digitaler Umwelteinflüsse im Entwicklungsprozess stellt sich des Weiteren jedem die Herausforderung, sich nicht nur in digitale Technologien und Angebote einzuarbeiten, sondern fortwährend mit digitalen Entwicklungen Schritt zu halten (Einspänner-Pflock 2017). Wenn auch der Wunsch nach digitalen Geräten und digitalen Lernzugängen bei den Lernenden hoch ist, Digitalisierung von ihnen als eine Chance für die Schule und weniger als Risiko angesehen wird (Bitkom Research 2020), so ist dennoch auch aus Sicht der Lernenden eine differenzierte Betrachtung des Einsatzes digitaler Medien in der Schule nötig. Von Lernenden selbst wahrgenommene Effekte des Einsatzes digitaler Geräte liegen v. a. in den Bereichen Motivation und Abwechslung sowie Flexibilität und Mobilität beim selbstständigen Lernen (u. a. Oggenfuss/Wolter 2021). Das Lernen in informellen Settings ist zunehmend visueller geprägt, welches sich aus der Nutzung videobasierter Lernzugänge wie auch den über die Visualisierung weiterführenden Möglichkeiten der interaktiven Informationsverknüpfung gründet. Ein wünschenswerter Technologieeinsatz sollte ähnliche sowie weitere individuelle Lernbedürfnisse berücksichtigen bzw. diese unterstützen und mit Bezug zum Fach kritisch abgewogen sein (Königs/Kronewald 2021). Eine durchweg positive Haltung Lernender gegenüber dem Einsatz digitaler Technologien ist nicht gegeben – Enthusiasten und Forderer neben Pragmatisten und Kritikern machen die Schülerschaft auch auf diesem Gebiet heterogen (Thiersch/Wolf 2023). Ein mögliches Problem des Einsatzes digitaler Endgeräte (v. a. im BYOD-Konzept), hier insbesondere des Smartphones, zeichnet sich aus der Sicht Lernender im Hinblick auf die Trennung zwischen Alltag/Freizeit und Schule/Unterricht ab: „[…] weil man ja privat sowieso schon so viel Handy-Nutzung oder allgemein Medien und so was nutzt, und dann finde ich das im Unterricht eigentlich unangemessen." (Friedrichs-Liesenkötter/Karsch 2018, S. 118). Darauf bezogen besteht ggf. das Risiko, dass Lernende in solchen Fällen mit Unterricht einhergehende Strukturen, Rituale und Pflichten in Bezug auf die Kompetenzentwicklung zur Nutzung digitaler Technologien nicht klar erkennen. Gleichermaßen machen Lernende deutlich, dass Schule einen Beitrag dazu leisten sollte, digitale Kompetenzen aufzubauen, die im Freizeitkontext relevant und zur Vorbereitung auf die Berufswelt nötig sind (u. a. Schaumburg/Issing 2002; Huber u. a. 2020). Insbesondere im Themenbereich „Sicherheit und Schutz der Privatsphäre im Internet" sehen sich Jugendliche wenig durch die Schule vorbereitet (DIVSI 2018).

K 4-2: Internet zur Informationssuche und -verbreitung
Im Internet findet sich zu jedem Thema der Biologie eine Menge an Informationen. Lernende sind gefordert, eine Auswahl zu treffen und die Qualität zu beurteilen. Hierfür sind neben fachlich-medialen Grundlagen (z. B. zur Beurteilung der Vertrauenswürdigkeit von Online-Meldungen) auch Kenntnisse zur Funktionsweise von Online-Suchmaschinen und den zugrunde liegenden Algorithmen notwendig. Insbesondere das Bewusstmachen der sogenannten *Filter-Blase* durch individuell geprägte Such-Algorithmen und der damit verbundenen *Schein-Wirklichkeit* (Instagram-Illusion) ist eine nicht-fachliche Zielsetzung, die auch im Biologieunterricht einen Platz finden sollte (Affeldt/Eilks 2018).

In den subjektiven Einschätzungen der Lernenden herrscht kein einheitliches, jedoch in der Summe eher positives Bild zu digital gestütztem Unterricht. Inwieweit dieses Bild bzw. die Nutzung von mobilen Endgeräten als unterstützend wahrgenommen wird, geht nicht unwesentlich mit Voraussetzungen der Lernenden einher (Hammer u. a. 2021). In dem auf Ebene der Lernenden anzutreffenden differenzierten Meinungs- und Einstellungsbild gegenüber der Digitalisierung in der Schule geht es eben nicht um ein Ja oder Nein zu digitalen Medien, sondern um die jeweils für den Unterricht zu klärenden Fragen des Warum und Wie. Das Lernen mit digitalen Technologien soll sich als vorteilhaft „beweisen" und entsprechend begründet, aber auch beschränkt in spezifischen Unterrichtsphasen eingesetzt werden (Friedrichs-Liesenkötter/Karsch 2018). Diese kritisch-reflexive Haltung von Lernenden lässt sich vermutlich auch auf das (noch) vorherrschende Meinungsbild von Lehrkräften übertragen und offenbart damit eine ähnliche Ausgangslage zur Umsetzung von digital gestütztem Unterricht. Deutlich wird, dass auf beiden zentralen Akteursebenen Unterricht (noch) in der Gegenüberstellung von Digital zu Analog gesehen wird – Ziel sollte jedoch eine integrative Sichtweise auf Unterricht sein, in dem AUCH digitale Technologien eingesetzt werden (können).

4.2 Kompetenzen zum Unterrichten in einer digital geprägten Welt

In den ersten Diskursphasen zur Integration digitaler Technologien in den Unterricht wurde das Bild einer digital-zurückhaltenden, skeptischen bis ablehnenden Lehrkraft skizziert. Obwohl dies aufgrund der individuell unterschiedlichen Präferenzen und der sich nicht mehr ändernden gesellschaftlich-digitalen Strukturen vermutlich (nie) einen festen Stand hatte, nimmt es mit den Auswirkungen des pandemisch-induzierten Digitalisierungsschubs den Status eines Mythos an. Grundsätzlich lassen sich die pädagogische Grundhaltung und Einstellung zu digitalen Technologien von Lehrkräften in summa empirischer Belege als positiv bzw. wohlwollend belegen (Waffner 2020). Einschränkend bzgl. dieser generalisierenden Aussage sollte jedoch die Vielfalt an digitalen Technologien berücksichtigt werden, da diese zumeist nicht in den jeweiligen Studien abgebildet ist. Mobile Technologien und/oder der Computer (z. B. Härtig u. a. 2021) sowie das interaktive Whiteboard (z. B. Füting-Lippert/Pohlmann-Rother 2019) dominieren hierbei inhaltlich, ebenso wie eine vornehmlich technologiebasierte Perspektive auf die Geräte und Ressourcen. Die Notwendigkeit einer genaueren Analyse zeigt auch ein differenziertes Einstellungsbild, das sich unter Einbezug von Personenparametern wie u. a. dem Alter, dem Fach und/oder der Schulform ergibt. Mit zunehmendem Alter ist z. B. die „Erwartung, dass digitale Medien den Lernerfolg der Schülerinnen und Schüler erhöhen können“ etwas kritischer, liegt dabei aber dennoch im Bereich einer durchaus positiven Grundeinstellung (Schmechtig u. a. 2020, S. 14). Positive Einstellungen zeichnen sich durch einen positiven Einfluss auf die Intention zur Nutzung digitaler Technologien im naturwissenschaftlichen Unterricht aus (z. B. Nieß/Hornung 2020), wobei in der Praxis positive Haltung und messbare Nutzungshäufigkeit deutlich weniger zusammenhängen. Es besteht hier also noch eine Diskrepanz bzgl. dessen, was in der Vorstellung möglich ist und der tatsächlichen aktiven unterrichtlichen Umsetzung und Integration digitaler Technologien. Für die Nutzungshäufigkeiten digitaler Technologien im Unterricht ist in den letzten Jahren ein Aufwärtstrend zu erkennen (Lorenz u. a. 2021), der jedoch nicht positiv mit der Qualität bzw. pädagogischen Tiefe der Nutzung korreliert. Mehrheitlich werden digitale Technologien zur Präsentation von Inhalten, zur Unterstützung von Dokumentationen über das Ersetzen analoger Materialien (SAMR, → Kap. 2.4.2), wie z. B. einem Arbeitsblatt, oder in der Informationsrecherche genutzt (Waffner 2020; Kramer u. a. 2019, Drossel u. a. 2019).

Für Lehrkräfte im aktiven Dienst bedeutet eine Auseinandersetzung mit digitalen Technologien, Zeit zu investieren und kognitive Kapazitäten in der Unterrichtsplanung aufzuwenden, um gut erprobte Unterrichtskonzepte und hierbei getroffene Medienentscheidungen neu zu (über-)denken. Ebenso, wie die Lernenden (→ Kap. 4.1.1), sind sie – jedoch sogar noch direkter – mit den Reglementierungen zur Nutzung digitaler Technologien in (ihren) Schulen konfrontiert, die eine eigene Auswahl nahezu unmöglich machen und eine hohe Flexibilität in der Planung von Unterricht verlangen. Mit der aktuellen Situation in Bezug auf geltende, z. T. intransparente Regularien stellen sich Lehrkräfte berechtigte Fragen: Warum sich in digitale Werkzeuge (hier insbesondere Ressourcen) einarbeiten, wenn hinsichtlich ihrer Verfügbarkeit und/oder der Nutzbarkeit in Schule keine beständige Aussage getroffen wird oder werden kann? Wie nachhaltig ist ein solches Engagement? Fragen, die Lehrkräfte in jeder Ausbildungsphase sicher nicht fremd sind und vielschichtiger Antworten bedürfen oder auch in Teilen offenbleiben müssen, weil zukünftige Entwicklungen im digitalen Bildungs(politischen)sektor nur in Ansätzen antizipiert werden können (→ Kap. 9). Ohne eine Einarbeitung ist jedoch weder eine Partizipation am Diskurs noch die Formulierung eigener fachdidaktisch fundierter Ansprüche auf Basis von Praxiserfahrungen möglich. Auch ein gescheiterter unterrichtlicher Einsatz liefert wertvolle Erkenntnisse, die weit über eine Meinung zu einer speziellen (und ggf. schon morgen nicht mehr verfügbaren) App hinausgehen.

Eine positive Haltung ist sicher ein relevanter Faktor von vielen weiteren, die einen Einfluss auf die Entscheidungen und Ausgestaltung der Lehrtätigkeit nehmen – trotz zuweilen demotivierender Lehrbedingungen. Das Vorliegen eines schulischen Medienkonzeptes und die Ausstattung, digitalisierungsbezogene Lehrkräftekooperationen und die Verfügbarkeit von Unterrichtsmaterialien sind ebenso bedeutsam wie im besonderen Maße die Kompetenz der (angehenden) Lehrkräfte. Gerade hier ist die Lage aktuell jedoch noch sehr heterogen, vielfach sind bildungspolitische Ziele (z. B. der KMK, → Kap. 5.3) noch gar nicht aktiv wahrgenommen und fachspezifisch verankert.

4.2.1 Digitalisierungsbezogene Kompetenzen von Lehrkräften

Von einer Anlage bzw. dem Vorhandensein freizeitbezogener Erfahrungen und Fähigkeiten in der Nutzung digitaler Informations-, Kommunikations- und Unterhaltungstechnologien ist auch bei den zukünftigen Lehrkräften mit Einstieg in das Lehramtsstudium auszugehen. Der fachdidaktische Wert und Einsatz dieser Technologien – dies gilt für alle unterrichtseingebundenen Medien – müssen dagegen erst erschlossen und reflektiert zur Anwendung gebracht werden. Ein integrierendes Verständnis zum Einsatz digitaler Technologien und die damit verbundenen Kompetenzen zur Gestaltung digital gestützten Fachunterrichts bilden keinen „Nebenschauplatz" und sind auch nicht auf einzelne Phasen in der Lehramtsausbildung konzentriert. Bereits zum Abschluss des Lehramtsstudiums sollten die zu erwerbenden grundlegenden Kompetenzen in den Fachwissenschaften, der Fachdidaktik und der Bildungswissenschaften „vor dem Hintergrund gesellschaftlicher und technischer Entwicklungen, wie Inklusion und Digitalisierung" (KMK 2019, S. 3), angelegt worden sein. Eine detaillierte Beurteilung von digitalisierungsbezogenen Kompetenzen von Lehrkräften ist jedoch eine noch immer nicht zufriedenstellend bewältigte Aufgabe. Dies ist in Teilen durch die an sich sehr heterogene Gruppe (z. B. bzgl. der Fächer und damit verbundener Anforderungsprofile, des Alters und der privaten Mediennutzung), aber auch der unterschiedlichen Ansätze entsprechender Studien und nicht zuletzt durch die hohe Dynamik in diesem Bereich bedingt. Studien zu Lehramtsstudierenden oder Lehrkräften verschiedener Fächer werden sich fast zwangsweise im Hinblick auf die jeweiligen Ergebnisse unterscheiden. Des Weiteren werden die Kompetenzen meist nicht tatsächlich anhand korrespondierender Aufgabenstellungen gemessen, sondern durch Selbstauskünfte erfasst. Eine nicht nach Fächern differenzierende Studie (Schmid u. a. 2017) zeigt, dass Lehramtsstudierende digitalen Medien eher kritisch gegenüberstehen. In aktuellen Tests mit Aufgaben zur Erfassung des Wissens im Umgang mit Informations- und Kommunikationstechnologien (*Information and Communication Technologies:* ICT Literacy; Senkbeil/Ihme/Schöber 2020) zeigt sich, dass Studierende des Lehramts bereits zu Studienbeginn niedrigere Resultate erzielen als andere Studierende. Dabei unterscheidet sich die Performance von Lehramtsstudierenden der Fächer im MINT-Bereich nicht von denen anderer Fächer. Der Unterschied zwischen Lehramts- und Nicht-Lehramtsstudierenden bleibt auch bei fortgeschrittenen Studierenden beobachtbar, wobei Lehramtsstudierende der MINT-Fächer dann besser abschneiden also solche ohne MINT-Fach.

Die Frage danach, was eine digital-kompetente Lehrkraft auszeichnet, wird vielfältig diskutiert. Die Antworten auf diese Frage sind nicht nur von wissenschaftlichem Interesse, sondern sie liefern Erkenntnisse darüber, was für den jeweiligen Fachunterricht der Zukunft hilfreich oder gar notwendig sein wird. Grundlegend für eine Vielzahl nationaler und internationaler Kompetenzmodelle im Kontext von Digitalisierung sind der europäische Rahmen *DigCompEdu* (Punie/Redecker 2017; → K 4-3) und das wissenschaftliche, deskriptiv-theoretische Modell zum *Technological Pedagogical Content Knowledge* (*TPACK*, Mishra/Koehler 2006; → K 4-4).

K 4-3: DigCompEdu der Europäischen Kommission

Der Europäische Rahmen zu den digitalen Kompetenzen Lehrender richtet sich an nahezu alle Akteure in der Bildung auf Ebene von Unterricht im schulischen wie außerschulischen Bereich. Fachlehrkräfte verschiedener Schulformen und der Erwachsenenbildung, die Berufsbildung und Sonderpädagogik sowie auch informelle Bildungsträger werden mit dem *DigCompEdu* gleichermaßen adressiert (Punie/Redecker 2017). In der Folge lässt sich bereits vermuten, dass es sich um eine möglichst generalisierende und individuell auf die jeweilige Fachdisziplin zu übertragende Beschreibung digitaler Kompetenzen handelt, die Lehrende benötigen, um digitale Technologien sinnstiftend in ihren Unterricht einbinden zu können.

In drei von insgesamt sechs Kompetenzbereichen stehen pädagogisch-definierte Handlungsbeschreibungen im Fokus, in denen das Lehren und Lernen mit „digitalen Geräten und Materialien im Unterricht" (Pkt. 3.1: Europäische Union 2017) geplant und begleitet, kollaborativ und selbstgesteuert (3) sowie differenziert und aktivierend (5) gestaltet und ebenso evaluiert (4) werden soll. In jeweils einem weiteren Kompetenzbereich wird zum einen explizit die Entwicklung eines digitalen Berufshabitus in der Nutzung digitaler Technologien zur beruflichen Kommunikation, Zusammenarbeit, Reflexion und Weiterbildung „gefordert" (1). Zum anderen werden die mit der technologischen Dimension nötigen digitalen Fertigkeiten zur Auswahl, Erstellung und Überarbeitung sowie Organisation und zum Teilen ausgewiesen (2). Komplettiert wird *DigCompEdu* durch eine Perspektive auf die Lernenden und die hier zu fördernden, digitalen Kompetenzen (6). In Gänze sind die Beschreibungen der Kompetenzen in den sechs Bereichen (→ Abb. 4-3) eher vage bzw. mit sehr viel Gestaltungspielraum für die Lehrenden offen und bedürfen einer Konkretisierung im Fach: *Wie konnen digitale Lernaktivitäten im Biologieunterricht gestaltet werden und welche digitalen Medien bieten sich beispielsweise als Informationsquelle, als Informationsträger, als Lernunterstützung und/oder Kommunikationsmittel an?* (→ Kap. 6).

Zur Beantwortung dieser Frage ist DigCompEdu alleine nicht ausreichend. Zwar wird auf die Nutzung digitaler Technologien zur aktiven Auseinandersetzung mit dem Fach-Lehrstoff (subject matter) referenziert, nicht jedoch auf fachspezifische Nutzung digitaler Technologien und relevante Kompetenzen. Somit werden digitale Aspekte z. B. der Messwerterfassung nicht berücksichtigt, also keine Schnittmenge zwischen digitalen und fachlichen Kompetenzen hergestellt. Vielmehr sind, wie auch die graphische Visualisierung von DigCompEdu (→ Abb. 4-3) zeigt, digitale und fachspezifische Kompetenzen separat und nicht als zentral in den pädagogischen und didaktischen Kompetenzen der Lehrenden verankert dargestellt. Die Übersetzung bezieht sich für die vier zentralen Kompetenzbereiche nicht auf fachdidaktische, sondern didaktische Kompetenzen.

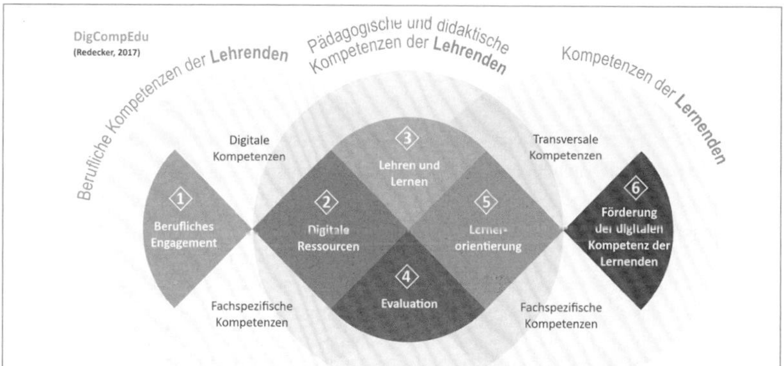

Abb. 4-3: Strukturiert in sechs Kompetenzbereiche werden im *DigCompEdu* 22 Kompetenzen Lehrender beschrieben (Redecker 2017, S. 15; übersetzte Version nach Europäische Union 2017)

K 4-4: TPACK-Modell zur digitalen Lehrkräfteprofessionalität

Insbesondere im empirischen Bereich zur Untersuchung der Ausprägung digitaler Kompetenzen bei Lehrenden nimmt das wissenschaftliche, deskriptiv-theoretische Modell zum medienbezogenen/technologischen fachdidaktischen Wissen (*Technological Pedagogical Content Knowledge, TPACK*) eine bedeutende Rolle ein. Im TPACK-Modell werden die drei zentralen Wissensbereiche *inhaltliches Wissen, pädagogisch-psychologisches Wissen* und *fachdidaktisches Wissen* der professionellen Handlungskompetenz einer Lehrperson (Baumert/Kunter 2006) um die Facette des *technologischen Wissens* ergänzt und erweitert. Durch die Schnittmengen bzw. Überschneidungen der Wissensbereiche, die sich im Zuge der technologischen Erweiterung ergeben, besteht das TPACK-Modell insgesamt aus sieben Wissensbereichen, von denen vier einen technologischen Bezug haben (Mishra/Koehler 2006, →Tab. 4-1). Das technologische Wissen wird hierbei nicht isoliert betrachtet, da eine reine Anlage von Wissen zur Handhabung von digitalen Technologien bei Lehrkräften auch nicht unmittelbar zu lernförderlichem, digitalem Fachunterricht führt. Im Sinne des TPACK-Modells definiert sich digitale Lehrkräfteprofessionalität über integrierendes Wissen zum Einsatz von digitalen Technologien in Lehr-Lernprozesse, um fachbezogenes Lernen unter Berücksichtigung pädagogischer Anforderungen und Bedingungen adressaten- und zielbezogen umzusetzen (→ Tab. 4-1).

Bereich Wissen über ...		Exemplarische, unterrichtsbezogene Spezifizierung
TK	... Hardware, Software und Web-Anwendungen sowie der verbundenen Technologien, u. a. zur Textbearbeitung, Präsentation, Kommunikation, Datenverarbeitung.	Beim Einsatz eines Smartphones als Accesspoint für Lernende am Außerschulischen Lernort müssen der Lehrkraft die maximale Anzahl verbundener Clients und die Bandbreite bekannt sein.
TCK	... fachbezogene Technologien in entsprechenden Anwendungsszenarien, wie u. a. Sensoren, Simulationen, Datenbanken, und zu Möglichkeiten der Medienerziehung im Fachunterricht.	Für in silico Restrictionsverdau mit Lernenden müssen entsprechende Ressourcen (z. B. *NEBcutter*, *GenBank*) und deren Datenformate und Bedienung bekannt sein, um die gentechnischen Methoden in virtuellen Experimenten zu erproben.
TPK	... Technologien zur Gestaltung von Instruktionen und Methodik im Hinblick auf die Förderung von und in Lernprozessen aus erzieherischer und didaktischer Perspektive.	Für eine kollaborative Artenanalyse eines Ökosystems zur Ermittlung des Diversitätsindexes müssen Potenziale eines digital gestützten Vorgehens auf das gemeinsame Arbeiten abgeschätzt werden können und Rollen verteilt werden.
TPACK	... fachdidaktische Konzepte mit effektivem Technologieeinsatz im Fachunterricht zur Unterstützung und Ermöglichung spezifischer fachbezogener Lernprozesse.	Das Potenzial einer Kolorimetrischen Messung mit dem Smartphone zur Analyse von Enzymaktivitäten muss durch ein fachlich, didaktisch und methodisch sinnvolles Konzept nutzbar gemacht werden können (z. B. Weidenhiller/Witzke/Nerdel 2022).

Tab. 4-1: Wissensbereiche im TPACK-Modell (angelehnt an Schaal/Crossley 2013, S. 273; Schmid/Petko 2020, S. 129f.) mit exemplarischem Unterrichtsbezug

Diese zwei Modelle als Grundlage sind, wenn auch in ihrer Bedeutung und Akzeptanz im Bildungsbereich vorherrschend, nur Teil eines fortwährend noch wachsenden Katalogs an Rahmen, Listen und Modellen zur Beschreibung digitaler Kompetenzen Lehrender. Dazu gehören im deutschen Sprachraum und an dem jeweiligen „Entwicklungsort" national wirksame Kompetenzmodelle wie u. a. *digi.kompP* in/aus Österreich (Brandhofer u. a. 2019) und das K19-Rahmenmodell der Kernkompetenzen von Lehrkräften in einer digitalisierten Welt in/aus Bayern (Forschungsgruppe Lehrerbildung Digitaler Campus Bayer 2017). In der Konzeption beider Modelle wird Bezug zum TPACK-Modell genommen bzw. dieses mehr oder weniger intensiv inhaltlich integriert. In der Anlage und Ausgestaltung zeigen sich zwischen den Modellen deutliche Unterschiede.

Über eine allgemeine Kompetenzbeschreibung für Lehrende hinausgehend – unabhängig ihres Berufsstandes – bezieht das *digi.kompP*-Modell den digitalen Kompetenzerwerb in unterschiedlichen Phasen der Lehrkräftebildung mit ein (Brandhofer u. a. 2016). In den acht Stufen, welche zeitlich einzelnen Ausbildungsphasen zuzuordnen sind, nimmt die universitäre Lehrkräftebildung die Stufe 1 ein. Zudem werden auch Voraussetzungen zu Studienbeginn als erwartete Kompetenzen in einem Ausgangspunkt (Stufe 0) aufgenommen (damit sind Schulen in der Pflicht). In den Kompetenzbeschreibungen bleibt das Modell, insbesondere bezogen auf mögliche unterrichtliche Handlungen und Lernaktivitäten der Lernenden, jedoch eher abstrakt. Im Vergleich dazu zeichnet sich das K19-Rahmenmodell durch „konkrete Ausführungen und Hinweise auf tatsächliche unterrichtliche Handlungen, bezogen auf die modellierten medienbezogenen Kompetenzen von (angehenden) Lehrkräften" aus (von Kotzebue u. a. 2020, S. 33). Differenziert in eine Wissens- und Handlungskomponente wird die medienbezogene Kompetenz Lehrender zur Vermittlung und Förderung von Medienkompetenzen bei den Lernenden ihrer Klasse beschrieben. Während sich die Wissenskomponente auf die vier Technikdimensionen von *TPACK* (*TK*, *TPK*, *TCK* und *TPACK*, → Tab. 4-1) bezieht, umfasst die medienbezogene Handlungskomponente die Teildimensionen unterrichtsrelevanter Lehrenden-Handlungen zur Planung, Realisierung, Evaluation von mediengestütztem Unterricht sowie zur Anschlusskommunikation (Sharing). Die 19 medienbezogenen Lehrkompetenzen dieses Modells sind in der Formulierung fachlich ausgerichtet und fachübergreifend angelegt. Sie haben jedoch keinen expliziten Bezug zu ausgewählten Fächern und fachspezifischen Unterrichtssituationen, wie sie im naturwissenschaftlichen Unterricht z. B. beim Experimentieren oder Modellieren vorkommen.

4.2.2 Fachspezifische, digitalisierungsbezogene Basiskompetenzen

Den gestellten Anforderungen an die Lehrkräfteausbildung zur Befähigung einer „kompetenten Berufsausübung" folgend (KMK 2019, S. 3), ist eine Auseinandersetzung mit digitalisierungsbezogenen Basiskompetenzen (insbesondere) im Studium unabdingbar. Mit Abschluss des Lehramtsstudiums sollten grundlegende Kompetenzen in der Anlage einer professionellen Handlungskompetenz im Fach, in der Fachdidaktik und Pädagogik unter Einbezug von digitalen Technologien und Digitalisierung gelegt sein (*TPACK*, → Tab. 4-1). Was genau lässt sich nun aber für das jeweilige Fach als digitalisierungsbezogene Basiskompetenzen beschreiben, um diese im Studium lehrveranstaltungsbezogen zu adressieren? Ein Blick auf die vorliegenden bildungspolitischen Empfehlungen (KMK 2021) sowie theoretisch und/oder empirisch postulierten Kompetenzmodelle und -rahmen (→ Kap. 4.2.1) erscheint (noch) wenig hilfreich zur Beantwortung dieser Frage (Thyssen u. a. 2023). Ausführungen zu Wissen und Fähigkeiten in beispielsweise der Planung von digital gestütztem (Biologie-)Unterricht, in dem digitale Technologien im Unterricht „gemäß ihrem didaktischen Mehr- bzw. Eigenwert in spezifischen unterrichtlichen Szenarien und unter Berücksichtigung spezifischer fachlicher und fachübergreifender Lehrziele" (K19-Rahmenmodell: Forschungsgruppe Lehrerbildung Digitaler Campus Bayern 2017, S. 70) integriert werden, müssen vor dem Hintergrund des jeweiligen Faches bzw. der Fachdisziplin gedacht und konkretisiert werden. Die Biologie als Fachwissenschaft bietet hierfür vielfältige und auch seit vielen Jahren bereits beständige Anknüpfungspunkte zur Übertragung der Digitalisierung in den Fachunterricht. In Forschungsmethoden und Arbeitsweisen der Biowissenschaften angewandte digitale Technologien – u. a. zur Datenanalyse, -speicherung, -visualisierung sowie Automatisierung – bilden zentrale Bezugspunkte für eine authentische Kompetenzvermittlung im Fach Biologie (→ Kap. 5). Kompetenzbeschreibungen für (angehende) Lehrkräfte, die fachspezifische Arbeitsweisen der Fachwissenschaft und des Unterrichtsfaches aufgreifen, so wie fachübergreifende Handlungsfelder in der Planung und Durchführung digital gestützten Biologieunterrichts, bietet der Orientierungsrahmen *Digitale Kompetenzen für das Lehramt in den Naturwissenschaften* (DiKoLAN; Becker u. a. 2020, → Abb. 4-4).

Differenziert in sieben Kompetenzbereiche mit Fachbezug beschreibt *DiKoLAN* die digitalen Kompetenzen angehender Lehrkräfte, die bei der Konzeption und Umsetzung von digital gestütztem naturwissenschaftlichem Unterricht relevant sind. Entsprechend des Grades an Fachspezifität werden vier Kompetenzbereiche mit eher allgemeineren, bei der Lehrkraft nötigen Kompetenzen ausgewiesen. Das Wissen zu Dokumentations-, Präsentations- und Kolla-

Abb. 4-4: Orientierungsrahmen *Digitale Kompetenzen für das Lehramt in den Naturwissenschaften* (Becker u. a. 2020, https://dikolan.de/)

borationstechnologien ist beispielsweise fachübergreifend relevant und führt in der Nutzung fachspezifischer oder auf den Fachinhalt abgestimmter digitaler Ressourcen aber zu einer fachspezifischen Kompetenzerwartung bei den (angehenden) Lehrkräften. Im Vergleich dazu umfassen die Kompetenzbereiche zur Messwert- und Datenerfassung, Datenverarbeitung sowie Simulation und Modellierung digitale Kompetenzen zur unterrichtlichen Umsetzung, die in (einzelnen) Fächern der Naturwissenschaften und korrespondierenden Fachwissenschaften domänenspezifisch ausdifferenziert oder in anderen Fächern nicht notwendig sind (von Kotzebue u.a. 2021). Für die Biologie bietet beispielsweise das digitale Erfassen von (Mess-)Daten die Möglichkeit, naturwissenschaftliche Phänomene zu analysieren, die mit dem bloßen Auge nur schwer oder nicht sichtbar wären (z.B. Untersuchung zur Temperaturpräferenz von Käfern mittels Temperaturorgel). Unterrichtsszenarien unter Einbindung einer digitalen Messwerterfassung zu planen und durchzuführen, setzt Kompetenzen bei der Lehrkraft voraus, entsprechende Messinstrumente zu kennen und nutzen zu können (*technologisches Inhalts-/Wissen*) sowie didaktische wie pädagogische Voraussetzungen und Bedingungen zu deren Nutzung durch die Lernenden zu berücksichtigen (*technologisches pädagogisches/ fachdidaktisches Inhaltswissen*) (→ Tab. 4-2). In die *DiKoLAN*-Grundstruktur zur Beschreibung der Kompetenzen in den sieben Bereichen ist, wie auch in anderen Modellen/Rahmungen zu digitalisierungsbezogenen Kompetenzen, leitend das *TPACK*-Modell eingeflossen.

Unterrichtsphase	Digitale Umsetzungselemente	DiKoLAN-Kompetenzbereiche
Einstieg/Fragestellung • Beobachtungen unterschiedlicher Lichtbedingungen an Bäumen mit der Frage nach morphologischen Erscheinungen bzw. Unterschieden	• Videoaufnahmen im Buchenwald (wenn reale Beobachtungen nicht möglich sind) • Präsentation von Buchen-Blättern unterschiedlicher Kronenregionen mit der Dokumentenkamera	*Präsentation*
Problemgenese/Hypothesen • Hypothesen zur u. a. Blattgröße aufstellen	• kollaboratives Sammeln von Hypothesen und ersten Ideen der möglichen analogen und/oder digitalen Messmethoden	*Kommunikation/ Kollaboration, Dokumentation*
Erarbeitung • praktische Umsetzung der Untersuchungsmethode mit Buchenblättern von beschatteten bzw. stark sonnenexponierten Kronenbereichen	• Erfassung der Blattflächen mittels App • Datenauswertung in Excel • Anlegen eines gemeinsamen Datenpools in einem kollaborativen Dokument	*Messwert- und Datenerfassung, Datenverarbeitung, Kommunikation/ Kollaboration*
Sicherung • Bewertung von Messunsicherheiten; Auswertung, Rückbezug und Transfer	• horizontaler Transfer und Abgleich mit anderen Baumarten auf Basis empfohlener Webseiten	*Recherche/ Bewertung*

Tab. 4-2: Exemplarischer Kurzabriss eines Unterrichtsverlaufs mit integrierten digitalen Elementen (Beispiel in Anlehnung an Thyssen/Klaeger 2023) und hierbei nötigen *DiKoLAN*-Kompetenzen bei den (angehenden) Lehrenden

Key Messages

- Für den erfolgversprechenden Einsatz digitaler Technologien sind eine abgestimmte Analyse und Reflexion der digitalen Voraussetzungen aller Beteiligten, der Rahmenbedingungen in der Schule und der digitalen didaktischen Gestaltung erforderlich.
- Bei der Nutzung digitaler Technologien sollten die freizeitbezogenen Medienpraktiken stets als Ursprung möglicher Synergien und Kollisionen beim Einsatz als Lernwerkzeug berücksichtigt werden.
- Die digitalen Fertigkeiten der Lernenden sollten nicht überschätzt werden. Aktuell konzentrieren sich diese auf die technologische Bedienung und Nutzung fachungebundener, generalisierender Anwendungen u. a. zur Kommunikation und Organisation.
- Digitalisierungsbezogene Basiskompetenzen müssen bei Lehrenden fachübergreifend und vor allem fachspezifisch angelegt und in der Berufspraxis (2./3. Phase) gefestigt, vertieft und selbstständig „aktualisiert" werden (Lebenslanges Lernen).

5 Was kann/soll digital gestützter Biologieunterricht leisten?

Digital gestützter Biologieunterricht muss digitale Technologien nicht nur in Form von Inhalten, sondern auch als Lerngegenstand, Werkzeuge und Ressourcen integrieren. Die weit fortgeschrittene Digitalisierung in den Biowissenschaften und moderne, digital gestützte fachwissenschaftliche Methoden müssen in Kombination mit deren reflektierter Nutzung als übergreifendes Bildungsziel (*Digital Literacy*) neben dem Einsatz als Mittel zur Gestaltung von produkt- und prozessorientierten Lehr-Lernprozessen berücksichtigt werden. Das Lernen mit und über digitale Technologien ist eine mehrperspektivische Herausforderung, die eine didaktische und methodische Betrachtung erfordert. Digitalisierungsbezogene Kompetenzen können dabei explizit, aber auch implizit gefördert werden. Was Biologieunterricht diesbezüglich leisten kann und soll, muss abseits der fachwissenschaftlichen Dynamik jedoch zusätzlich auch vor dem Hintergrund bereits gesetzter Bildungsziele betrachtet werden (→ Abb. 5-1).

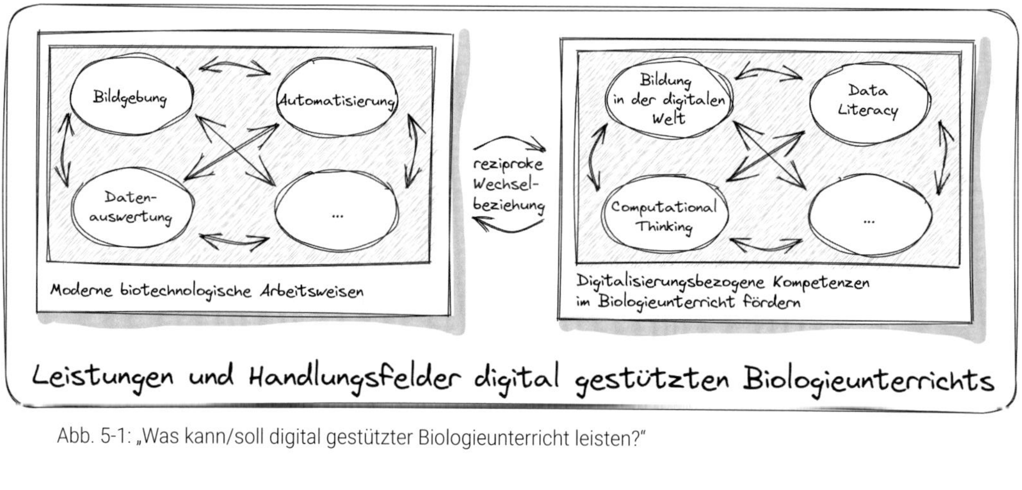

Abb. 5-1: „Was kann/soll digital gestützter Biologieunterricht leisten?"

5.1 Digitalisierung in den Biowissenschaften

Aus fachdidaktischer Perspektive liefern die Biowissenschaften „in Form von Fakten, Theorien, Arbeitsmethoden und -techniken die fachwissenschaftlichen Inhalte" (Spörhase 2021, S. 13) des Biologieunterrichts. Folglich ergeben sich aus Veränderungen in den Biowissenschaften zwangsläufig auch notwendige Änderungen in Bezug auf Inhalte und Ziele des Biologieunterrichts. Schon immer ist naturwissenschaftliche Erkenntnisgewinnung wesentlich von Fortschritten in den zur Forschung einsetzbaren Techniken abhängig. Im Großen ermöglichten eine durch neue Techniken gesteigerte Mobilität und Fortschritte in der Optik (Teleskope, Ferngläser) die Entdeckung neuer Ökosysteme und Welten, im Kleinen stieß Leeuvenhoek mit seinen Mikroskopen die Tür zur heutigen Mikrobiologie auf (Drews 2015). Aktuelle naturwissenschaftliche Entdeckungen sind vielfach ohne digitale Technik nicht mehr denkbar. Mittlerweile hat die Digitalisierung die Biologie z. B. im Hinblick auf Forschungs-, Dokumentations- und Kommunikationsverfahren deutlich transformiert (Perkel 2021). So sind z. B. digitale Datenbanken und dafür entwickelte fachspezifische Datenformate, wie z. B. das FASTA-Format für die Beschreibung von Gensequenzen in Datenbanken, ein Standard zur Dokumentation. Damit verbunden sind wiederum entsprechende digitale Ressourcen zur Recherche und der Aus- bzw. Bewertung von Informationen, ohne die solche Forschungsdaten nicht genutzt werden können. Die sich insgesamt hieraus ergebenden Möglichkeiten der Kollaboration betreffen auch die Art und Weise, wissenschaftlich zu forschen, zu publizieren und zu kommunizieren. Letzteres stützt sich immer stärker auf digitale Plattformen (z. B. arXiv.org, Ginsparg 2021) und Formate, die die Forschung in Bezug auf Kollaboration verändern. Digitale Messwert- und Datenerfassung ist in Kombination mit einer algorithmischen Datenverarbeitung (vgl. BLAST Einsatz, Perkel 2021) zunehmend die Grundlage vieler neuer Erkenntnisse bzw. einer Beschleunigung des Erkenntnisprozesses. Auch auf den ersten Blick eventuell als technikfern eingeordnete Bereiche biologischer Forschung, wie z. B. Ökologie, stützen sich bei der Datenerhebung auf Satelliten und Drohnen, gekoppelt mit einer automatisierten Verarbeitung der Rohdaten, z. T. mittels Künstlicher Intelligenz (KI).

In der Fachwissenschaft etablierte digitale Techniken und Verfahren erfordern eine korrespondierende inhaltliche Aufweitung des Biologieunterrichts, um die aktuellen biologischen Forschungsmethoden bzw. -techniken und daraus resultierende Kompetenzanforderungen in authentischen Kontexten vermitteln zu können. Insbesondere auch in praktischen Lern-/Übungseinheiten ist digital gestützter Biologieunterricht unabdingbar, um in geeigneten Themenbereichen solche digitalen Kompetenzen anzubahnen oder weiterzuentwickeln, die der Veränderung fachgemäßer Arbeitsweisen und den digitalen Workflows in den Biowissenschaften gerecht werden. Moderner, digital gestützter Biologieunterricht sollte demnach einen sinnhaften und adressatengerechten Transfer digitaler Techniken von der biologischen Forschung in die schulische Lehre durch Lehrkräfte ermöglichen.

Entgegen der Empfindung, dass Digitalisierung und der Einsatz von Computern in der Forschung ein vergleichsweise neues Phänomen sind, ist diese Entwicklung bereits seit den 1980er-Jahren (Wada u. a. 1989) parallel zur Digitalisierung in der Industrie erfolgt. Dies geschah, ohne explizit und transparent kommuniziert worden zu sein, obwohl Entwicklung und Publikation der Techniken z. T. schon 50 Jahre zurück liegen (→ Tab. 5-1).

Jahr der Publikation	Biologische Methode	Technisch-digitale Bereiche
1971	Polypeptid-/Nucleotid-Synthese	Sensorik & Robotik
1978	Scanning-Colorimetrie	Sensorik & Datenanalyse
1984	Proteinkristallisierung/-analyse	Sensorik & Robotik, Datenanalyse
1985	Cell-Sorter	Zellidentifikation & Selektion
1986	Plaque bzw. Kolonie Selektion	Bildanalyse & Steuerung
1986	DNA-Sequenzierung	Messwerterfassung & Datenanalyse
1986	Gel-Elektrophorese	Steuerung & Bildanalyse
1987	DNA-Aufreinigung	Steuerung & Robotik

Tab. 5-1. Historische Automatisierung und Digitalisierung in den Biowissenschaften anhand der Erst-Publikation zu entsprechenden Methoden (nach Wada 1989)

Die Beispiele in → Tabelle 5-1 zeigen, dass sowohl im Bereich der Bild- und Datenanalyse als auch durch Robotik bei Analysen und Synthesen in der Biologie als Fachwissenschaft seit bereits mehr als 50 Jahren Automatisierung und Digitalisierung stattfinden. Sehr eingängig können die Effekte der Digitalisierung und Automatisierung in den Bereichen der Biowissenschaften verfolgt werden, in denen Big Data-Ansätze quasi integraler Bestandteil des sich entwickelnden Forschungsgebietes sind. Dies zeigt sich z. B. im Bereich der Genetik anhand des dort mittlerweile etablierten Umgangs mit digitalen Sequenzdaten. Hier verdoppelt sich durch automatisierte und digitalisierte Sequenzierverfahren, die eine immer günstigere, schnellere und präzisere Sequenzierung auch bei kleinen Probenmengen erlauben, die Menge der Forschungsdaten in weniger als einem Jahr (→ Abb. 5-2).

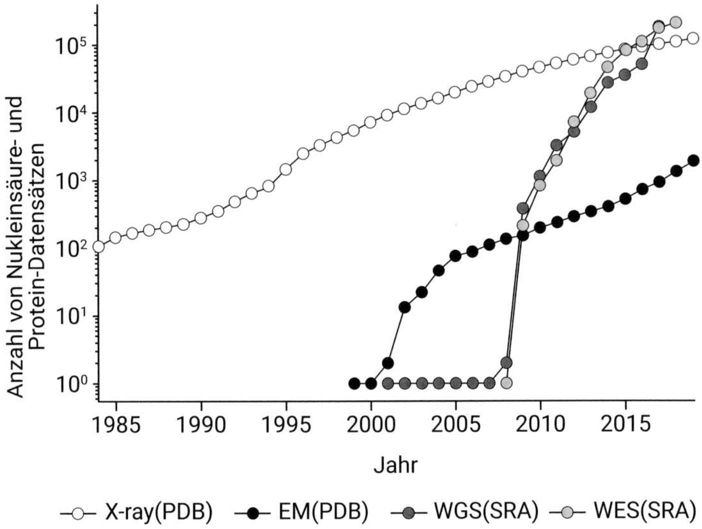

Abb. 5-2: Anzahl von Nukleinsäure- und Protein-Datensätzen in den jeweiligen globalen Datenbanken Sequence Read Archive (SRA) und Protein-Data-Base (PDB), die mittels unterschiedlicher Verfahren gewonnen wurden: WGS (Whole Genome Sequencing), WES (Whole Exome Sequencing, RNA), Röntgen- und Elektronenmikroskopie (X-ray, EM) (Navarro u. a. 2019)

Die Steigerung der Forschungsoutputs wird durch Digitalisierung und Automatisierung quasi aller Schritte, ausgehend vom biologischen Material, ermöglicht (→ Abb. 5-3). Obgleich die Sequenzierung ein Bereich ist, für den das gezeigte Schema, beginnend mit z. B. einer Wasserprobe (auf deren RNA- und DNA-Basis-Organismen im betreffenden Ökosystem bestimmt werden sollen), sehr leicht nachvollziehbar ist, sind die Abläufe und Digitalisierungseffekte in einem sehr großen, nicht so naheliegendem Bereich biologischer Forschung absolut identisch. Aktuell ist dabei eine sehr hohe Dynamik und Heterogenität bzgl. der Integration von KI zu beobachten. Hier ist in unterschiedlichen Forschungsfeldern bzw. -schritten einerseits schon eine fast vollständige Kontrolle und andererseits erst eine beginnende Unterstützung gegeben.

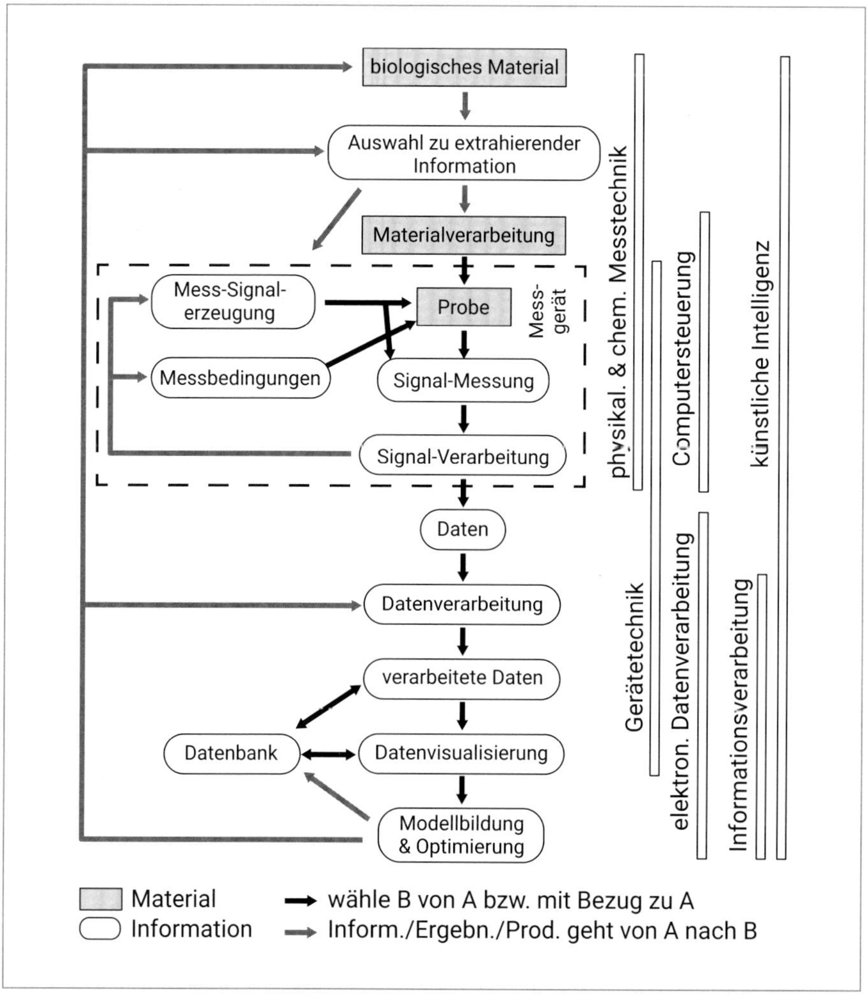

Abb. 5-3: Digitalisierung und Automatisierung von Methoden und Arbeitsschritten in der Forschung (angepasst nach Wada u. a. 1989). Die Pfeile beschreiben den Ablauf (schwarz) und den Fluss von Informationen, Ergebnissen oder Produkten (grau, Inform./Ergebn./Prod.) in der Bearbeitung.

Aber auch Bereiche, in denen die Daten, wie bei Genomsequenzen, nicht nur aus einer Unmenge von Buchstaben bestehen, profitieren von der fortschreitenden Digitalisierung. Dazu gehören z. B. die Paläontologie oder die Biodiversitätsforschung. Dies wird bei der Betrachtung von deren Perspektive auf Digitalisierung deutlich. Nelson und Ellis (2018) beschreiben als relevante Formen der Digitalisierung z. B. die Transkription der Textdaten von Probenetiketten oder -dokumenten und die Dokumentation von Proben z. B.

mittels zweidimensionaler, dreidimensionaler, computertomografischer oder anderer digitaler Bildtypen, die physische Proben visuell darstellen. Ebenso führen sie die Konvertierung analoger Audio- und Videoaufzeichnungen oder die Umsetzung von textlichen Standortbeschreibungen in digitale Georeferenzen und die Nutzung von Datenbanken für „Digitalisierung“ als wesentliche Aspekte an, um darauf basierend auch das Forschen mit diesen digitalen Daten zu beleuchten. Hierbei geht der Mehrwert weit über die reine Dokumentation und den verbesserten ortsunabhängigen Zugriff auf Daten hinaus. Die Digitalisierung der Daten ist eine zentrale Voraussetzung für das Teilen von grafischen Daten in Bilddatenbanken und/oder die digitale Weiterverarbeitung, die nicht nur eine Analyse mit konventionellen Algorithmen ermöglicht, sondern auch die Grundlage für den Einsatz von KIs (→ Kap. 9) z. B. zur Artbestimmung ist. Damit können ganze biologische Sammlungen hinsichtlich korrekter Zuordnungen von Artnamen zu Exponaten überprüft oder im Kontext wissenschaftlicher Fragestellungen als Datengrundlage eingebunden werden. Solche Prozesse, die mit digitalem Workflow über Nacht abgeschlossen werden können, würden bei Bearbeitung durch Menschen Jahre in Anspruch nehmen. Die Zeitersparnis wird ganz konkret im Falle des Einsatzes von Computertomografie deutlich, die nicht nur das Freipräparieren paläontologischer Fundstücke erspart, sondern auch den zerstörungsfreien Blick in ein Fundstück hinein und die Replikation des Fundes durch 3D-Druck ermöglicht (Hoffmann 2016, → K 5-1) und damit Erkenntnisse eröffnet, die analog nicht erzielbar wären. Die hierbei für das Anfertigen der Aufnahmen notwendige Robotik zur Steuerung von Probe- und Mess-Sensorik ist auch bei einem weiteren durch Digitalisierung ermöglichten Typ von Life-Science-Anwendungen von Bedeutung, der dem Drucken mit einem Tintenstrahldrucker ähnelt: 3D-Druck von Geweben (Nishiyama u. a. 2008) oder von Spezialequipment für experimentelle Aufbauten. Während Letzteres bereits auch den Weg in den Heimanwenderbereich gefunden hat, ist das Drucken von Geweben oder gar Organen bisher (noch) in der Forschung zu verorten.

K 5-1: Unsichtbares digital sichtbar machen

Versteinerungen entstehen und finden sich sehr häufig eingebettet in natürliches Gestein. Oft werden sie im Zuge von Ausgrabungen sogar noch zusätzlich in Gips oder andere aushärtende Schutzmäntel eingebettet, um Beschädigungen beim Transport zu vermeiden. So oder so, für eine Untersuchung war deshalb lange Zeit viel Arbeit eines Präparators notwendig, der umliegendes Material über Monate oder Jahre vorsichtig abgetragen hat, immer mit dem Risiko, das Fundstück zu beschädigen.

Digitale Computertomografie schafft hier Möglichkeiten, schneller und mit weniger Risiko in Bezug auf irreversible Schäden zu arbeiten. Mittels Computertomografie werden Funde dreidimensional erfasst und z. T. schon KI-gestützt virtualisiert.
Falls gewünscht, kann basierend auf den 3D-Daten dann sogar ein Replikat fossilisierter Knochen für weitere Untersuchungen oder für Ausstellungen ausgedruckt werden. Mit Auflösungen im submillimeter Bereich ist der Detailgrad sehr hoch, ohne dass Präparationsartefakte drohen und sogar Strukturen innerhalb von z. B. Schädeln erkennbar werden, die mit klassischen Methoden gar nicht zerstörungsfrei zugänglich wären. Dies gilt z. B. auch für die Untersuchung von Dinosauriereiern (Balanoff u. a. 2008), deren Inhalt ohne die Zerstörung des eigentlichen Eies nicht erkennbar wäre. Auch können Funde wie z. B. ein in Gips eingebetteter Wirbel ohne Präparation nach Ausdruck in Augenschein genommen werden (→ Abb. 5-4) oder gar Daten von noch immer in ganzen Kisten und Gebinden als Blöcke eingebetteten Funden längst vergangener Expeditionen über das Internet verfügbar gemacht werden.

Abb. 5-4: In Gips konserviertes Fundstück (u. l.) und der nach digitaler Computertomografie (o. l.) über ein virtuelles Modell (o. r.) erstellter 3D-Druck des rekonstruierten Wirbelknochens (u. r.) (vgl. Schilling u.a. 2014, Fotos von Dr. A. S. Issever, Charité – Universitätsmedizin Berlin)

K 5-2: Aktuelle Forschung hängt von Digitalisierung und KI ab

Bereits das bisher erreichte Niveau der Digitalisierung in der Forschung führt zu Fragen, die die Bedeutung des Transformationsprozesses für die Wissenschaft adressieren und deren Antworten das Wissenschaftsverständnis grundlegend verändern könnten. Dies wird durch ein Beispiel aus dem Feld der Proteinforschung verdeutlicht: Nativ vorliegende 3D-Proteinstrukturen haben für eine Abschätzung von Interaktionsmöglichkeiten mit anderen Proteinen oder im Falle von Enzymen mit Substraten eine zentrale Bedeutung. Deshalb existieren in der Forschung Bemühungen, dreidimensionale Proteinstrukturen auf Basis der Aminosäurestruktur oder experimentell zu ermitteln, was bis zum Jahr 2022 für ca. 100.000 bis 200.000 Proteine gelang (Heise 2022; Jumper u. a. 2021). Die KI Alpha Fold konnte das seit 50 Jahren ungelöste Protein-Faltungs-Problem lösen, sodass nun ein Jahr nach der Freigabe von Alpha Fold die Struktur fast aller der Wissenschaft bekannten Proteine vorhergesagt werden kann. Für 200 Millionen Proteine sind deshalb seit Juli 2022 nun die Strukturdaten in einer Datenbank verfügbar und die Diskussion um Alpha Fold als einem möglichen Kandidaten für den Nobelpreis ist eröffnet (Spiegel 2022). Die Frage dabei ist nur, ob der Preis an die KI oder an ihre Programmierer gehen sollte.

Doch KIs analysieren Proteine nicht nur, sie designen sie mittlerweile nach Maß. Dazu werden z. B. KI-Sprachmodelle (Large Language Model, LLM, → Kap. 9.1.4), die prinzipiell wie ChatGPT funktionieren, eingesetzt. Betrachtet man die Abfolge von Aminosäuren in Proteinen im Buchstabencode, wird klar, dass hier zentrale Ähnlichkeiten zu Sprache bestehen. Die Zeichenfolgen haben eine Bedeutung, sie codieren als Aminosäuresequenz in einem Abschnitt z. B. eine α-Helix, ganz ähnlich wie Buchstaben Wörter eines Satzes oder Textes codieren. Die Gesamtbedeutung oder- struktur (d. h. die Tertiär- oder Quartärstruktur) ergibt sich nun aus Interaktionen zwischen einzelnen Abschnitten, genau so, wie sich der Sinn eines Textes aus Bezügen zwischen einzelnen, z. T. weit auseinanderliegenden Worten ergibt. Wenn eine KI nun die Proteinsprache „spricht", kann sie aus einer Strukturbeschreibung eine passende Aminosäuresequenz generieren, so wie andere KIs nach Aufforderung Texte generieren (Spektrum 2023).

Naturwissenschaften und, wie gezeigt, auch biologische Forschung sind bereits digital geworden (→ K 5-1; 5-2). Die genannten Beispiele und Umfragedaten zeigen, dass klassische Biologie nur noch einen Teil der aktuellen Fachdisziplin beschreibt (→ Abb. 5-6). Biologieunterricht sollte dies berücksichtigen und Heranwachsende entsprechend vorbereiten, damit diese auch an gesellschaftlichen Diskursen zu diesen naturwissenschaftlichen Bereichen teilnehmen können. Letztlich ist auch die Entwicklung umfassender *Nature of Science*-Konzepte davon abhängig, dass die aktuelle Forschung als bereits in vielen Bereichen transformierte und digital-informatische Wissenschaft greifbar wird. Bemühungen in diese Richtung sollten frühzeitig in der Schullaufbahn ansetzen. Der Einsatz von z. B. digital unterstützten, an aktueller Forschung orientierten fachgemäßen Arbeitsweisen und Methoden der Erkenntnisgewinnung ist bereits in der Orientierungs- und Sekundarstufe I möglich. Damit werden Schulkinder auch dahingehend auf die Wahl von Leistungskursen oder Studienfächern vorbereitet, dass Überraschungen im Sinne falscher Erwartungen, die dem Abgleich mit der Realität nicht standhalten, vermieden werden können.

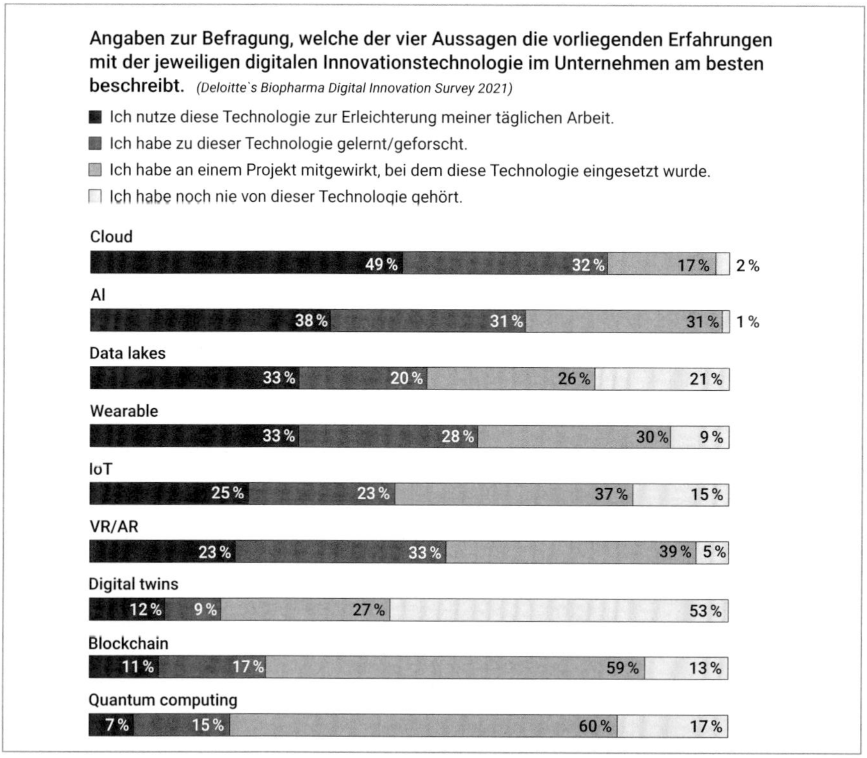

Abb. 5-6: Verbreitung und Nutzung digitaler Technologien in forschenden Bio-/Pharmaunternehmen

5.2 Digitalisierung im Unterrichtsfach

Die im Zuge der Digitalisierung veränderten Arbeitstechniken der Biowissenschaften führen zu neuen Formen fachgemäßer Arbeitsweisen. Diese dürfen und können aus Perspektive der für die Unterrichtsplanung häufig angestrebten Authentizität inhaltlich und gedanklich nicht unbedingt mit teuren Großgeräten und Laborausstattungen verknüpft werden. In diesem Sinne nimmt in den Biowissenschaften neben der Entwicklung immer leistungsfähigerer

Spezialgeräte insbesondere auch der Einsatz von günstigen und leicht verfügbaren Techniken – wie z. B. Smartphones – im Forschungskontext zu. Aspekte wie die Portabilität, die durch die Verwendung von Smartphones als Messgeräte ermöglicht werden und deren vergleichsweise niedriger Preis sind hier von zentraler Bedeutung. Dies führt auch in den Biowissenschaften zur Entwicklung unzähliger Apps für die Bearbeitung unterschiedlichster Forschungsfragen. In der Folge gibt es auch originär für die Forschung aufgebaute und gepflegte Software-Sammlungen (z. B. Lobet u. a. 2013), die zum einen die Digitalisierung in entsprechenden Feldern transparent widerspiegeln und zum anderen als Inspiration für die Integration entsprechender digitaler Verfahren und fachgemäßer Arbeitsweisen in den Unterricht dienen können. Über die Integration von dort angebotener, frei verfügbarer Software hinaus ist die Anwendung authentischer Verfahren und die Verwendung digitaler Daten mit Lernenden in forschungsnahen Kontexten im Rahmen von problemorientiertem, forschendem Unterricht sehr einfach möglich. Eine (nicht vollständige) Listung von Möglichkeiten der Integration etablierter digitaler Verfahren in den Biowissenschaften mit Potenzial in Bezug auf einen Transfer in den Biologieunterricht zeigt → Tabelle 5-2.

schulische Anwendungs- bzw. Einsatzbereiche	Apps
Blattflächen bestimmen, z. B. für die Untersuchung von Licht und Schattenblättern bei Buchen	EasyLeafArea, CompuEye, Lamina, Petiole
Ausmaß von Blattläsionen bestimmen, z. B. für die Untersuchung des Abbaus von Blättern im Kontext von Destruenten	LeafByte
Analyse/Beschreibung von Fraßschäden an Blättern durch Larven	BioLeaf
Analyse des Bodenbedeckungsgrads, z. B. zur Analyse von Drohnenbildern von Biotopen, von Arealen mit Waldschäden oder von Anbauflächen	EasyPCC
Blattformanalyse zur Objektivierung von unterschiedlichen Blattformen	MorphoLeaf
Analyse der Spaltöffnungszahl/-dichte zur KI-gestützten Untersuchung mikroskopischer Bilder von Licht- und Schattenblättern bzw. -pflanzen	StomataCounter

Tab. 5-2: Schultaugliche Integrationsmöglichkeiten von für Forschungszwecke entwickelten Apps

Auch abseits des Einsatzes von speziell für die Forschung entwickelten Apps schafft die Digitalisierung Potenziale für Biologieunterricht. Fachgemäße Arbeitsweisen wie das Betrachten, Beobachten und Untersuchen können mit digitalen Ressourcen in neuen Kontexten und Fragestellungen eingesetzt werden. Einerseits erlauben breit verfügbare digitale Geräte eine Auseinandersetzung mit neuen Unterrichtsgegenständen (z. B. mit Dingen, die vorher nicht sichtbar waren, USB-Mikroskope oder Endoskope, Aufsatzlinsen, leichte fotografische Dokumentationsmöglichkeiten, → Kap. 6.2.1) und andererseits eine Bearbeitung weiterführender Fragestellungen, da nun häufig Quantifizierungen mit Sensoren oder gar dem Smartphone möglich sind, wo bisher nur qualitative Einblicke möglich waren (Bsp. in Pfafferodt/Kastaun/Meier 2023). Hier sind auch Verbindungen zum Konzept des *Making* und zu *Maker Spaces* zu ziehen, in denen mit kostengünstigen Einplatinencomputern und passenden Sensoren auch gemeinsam mit Lernenden für wissenschaftliche Fragestellungen einsetzbare Systeme zur Messwerterfassung gebaut werden können. Unabhängig davon, ob solche Lösungen im Selbstbau, mit fertigen Systemen oder mit mobilen Geräten und bereitgestellten Apps eingesetzt werden, werden Lernende und Lehrende mit neuen Datenmengen, -typen und Kontexten konfrontiert, für die Lehr-Lernkonzepte entwickelt werden müssen.

Neben den digitalen Möglichkeiten zur Messwert- und Datenerfassung bietet die Digitalisierung in der Forschung ein weiteres Feld, über das im Biologieunterricht fachgemäße Arbeitsweisen transformiert werden können und müssen. Aus der Forschung stehen über Datenbanken bisher nie gekannte Datenmengen auch zur Nutzung im Unterricht bereit. Dies reicht von Gen- bzw. Genomdatenbanken bis hin zu Phänologiedaten, anhand deren Auswertung der Klimawandel im Biologieunterricht direkt erschließ- und erkennbar gemacht werden kann. Hierzu sind computergestützte Analysen mit größeren originalen, nicht bearbeiteten Datenmengen durchzuführen, weshalb sowohl Lehrende als auch Lernende eine gewisse *Data Literacy* (→ Kap. 5.4) zur Filterung und Datenanalyse entwickeln müssen, um a) entsprechende Konzepte erfolgreich bearbeiten und b) aktuelle fachgemäße Arbeitsweisen und Forschung nachvollziehen zu können.

Insgesamt zeichnet sich also über die Beispiele zur eigenen digital gestützten Datenerhebung und zur Verfügbarkeit von realen Forschungsdaten ab, dass für den Biologieunterricht digitalisierungsbezogene Kompetenzen zukünftig eine wesentliche Rolle spielen werden. Aus fachdidaktischer Perspektive bedarf es einer Auseinandersetzung damit, welche fachbezogenen Setzungen und Anforderungen hier vereinbart und curricular, sowohl für den Biologieunterricht als auch für die Lehrkräftebildung, verankert und gefördert werden müssen.

5.3 Auswahl digitalisierungsbezogener Kompetenzen zur Förderung

Es existieren aktuell wenig konkrete oder gar verbindliche Vorgaben, was konkret Biologieunterricht im Kontext der mit der Digitalisierung einhergehenden Transformation von Gesellschaft und Wissenschaft leisten soll. Zwar hat die KMK in der Strategie „Bildung in der Digitalen Welt“ einen Rahmen mit sechs ausdifferenzierten Kompetenzbereichen (→ Abb. 5-7) für eine Kompetenzentwicklung auf Seiten der Beschulten fixiert, der jedoch keine fach-

Kompetenzen in der digitalen Welt
Kompetenzbereiche
Beschluss der Kultusministerkonferenz v. 08.12.2016

1.Suchen, Verarbeiten und Aufbewahren

1.1. Suchen und Filtern
- **1.1.1.** Arbeits- und Suchinteressen klären und festlegen
- **1.1.2.** Suchstrategien nutzen und weiterentwickeln
- **1.1.3.** In verschiedenen digitalen Umgebungen suchen
- **1.1.4.** Relevante Quellen identifizieren und zusammenführensuchen

1.2. Auswerten und Bewerten
- **1.2.1.** Informationen und Daten analysieren, interpretieren und kritisch bewerten
- **1.2.2.** Informationsquellen analysieren und kritisch bewerten

1.3. Speichern und Abrufen
- **1.3.1.** Informationen und Daten abrufen, sicher speichern, wiederfinden und von verschiedenen Orten abrufen
- **1.3.2.** Informationen und Daten zusammenfassen, organisieren und strukturiert aufbewahren

2. Kommunizieren und Kooperieren

2.1. Integrieren
- **2.1.1.** Mit Hilfe verschiedener digitaler Kommunikationsmöglichkeiten kommunizieren
- **2.1.2.** Digitale Kommunikationsmöglichkeiten zielgerichtet und situationsgerecht auswählen

2.2. Teilen
- **2.2.1.** Dateien, Informationen und Links teilen
- **2.2.2.** Referenzierungspraxis beherrschen (Quellenangaben)

2.3. Zusammenarbeiten
- **2.3.1.** Digitale Werkzeuge für die Zusammenarbeit bei der Zusammenführung von Informationen, Daten und Ressourcen nutzen
- **2.3.2.** Digitale Werkzeuge bei der gemeinsamen Erarbeitung von Dokumenten nutzen

2.4. Umgangsregeln kennen und einhalten (Netiquette)
- **2.4.1.** Verhaltensregeln bei digitaler Interaktion und Kooperation kennen und anwenden
- **2.4.2.** Kommunikation der jeweiligen Umgebung anpassen
- **2.4.3.** Ethische Prinzipien bei der Kommunikation kennen und berücksichtigen
- **2.4.4.** Kulturelle Vielfalt in digitalen Umgebungen berücksichtigen

2.5. An der Gesellschaft aktiv teilhaben
- **2.2.1.** Öffentliche und private Dienste nutzen
- **2.5.2.** Medienerfahrungen weitergeben und in kommunikative Prozesse einbringen
- **2.5.3.** Als selbstbestimmter Bürger aktiv an der Gesellschaft teilhaben

3. Produzieren und Präsentieren

3.1. Entwickeln und Produzieren
- **3.1.1.** Mehrere technische Bearbeitungswerkzeuge kennen und anwenden
- **3.1.2.** Eine Produktion planen und in verschiedenen Formaten gestalten, präsentieren, veröffentlichen oder teilen

3.2. Weiterverarbeiten und Integrieren
- **3.2.1.** Inhalte in verschiedenen Formaten bearbeiten, zusammenführen, präsentieren und veröffentlichen oder teilen
- **3.2.2.** Informationen, Inhalte und vorhandene digitale Produkte weiterverarbeiten und in bestehendes Wissen integrieren

3.3. Rechtliche Vorgaben beachten
- **3.3.1.** Bedeutung von Urheberrecht geistigen Eigentums kennen
- **3.3.2.** Urheber- und Nutzungsrechte (Lizenzen) bei eigenen und fremden Werken berücksichtigen
- **3.3.3.** Persönlichkeitsrechte beachten

4. Schützen und sicher agieren

4.1. Sicher in digitalen Umgebungen agieren
- **4.1.1.** Risiken und Gefahren in digitalen Umgebungen kennen, reflektieren und berücksichtigen
- **4.1.2.** Strategien zum Schutz entwickeln und anwenden können

4.2. Persönliche Daten und Privatsphäre schützen
- **4.2.1.** Maßnahmen für Datensicherheit und Datenmissbrauch berücksichtigen
- **4.2.2.** Privatsphäre in digitalen Umgebungen durch geeignete Maßnahmen schützen
- **4.2.3.** Sicherheitseinstellungen ständig aktualisieren
- **4.2.4.** Jugend- und Verbraucherschutzmaßnahmen berücksichtigen

4.3. Gesundheit schützen
- **4.3.1.** Suchtgefahren vermeiden, sich selbst und andere vor möglichen Gefahren schützen
- **4.3.2.** Digitale Technologien gesundheitsbewusst nutzen
- **4.3.3.** Digitale Technologien für soziales Wohlergehen und Eingliederung nutzen

4.4. Natur und Umwelt schützen
- **44.4.1.** Umweltwirkungen digitaler Technologien berücksichtigen

5. Problemlösen und Handeln

5.1. Technische Probleme lösen
- **5.1.1.** Anforderungen an digitale Umgebungen formulieren
- **5.1.2.** Technische Probleme identifizieren
- **5.1.3.** Bedarfe für Lösungen ermitteln und Lösungen finden bzw. Lösungsstrategien entwickeln

5.2. Werkzeuge bedarfsgerecht einsetzen
- **5.2.1.** Eine Vielzahl von digitalen Werkzeugen kennen und kreativ anwenden
- **5.2.2.** Anforderungen an digitale Werkzeuge formulieren
- **5.2.3.** Passende Werkzeuge zur Lösung identifizieren
- **5.2.4.** Digitale Umgebungen und Werkzeuge zum persönlichen Gebrauch anpassen

5.3. Eigene Defizite ermitteln und nach Lösungen suchen
- **5.3.1.** Eigene Defizite bei der Nutzung digitaler Werkzeuge erkennen und Strategien zur Beseitigung entwickeln
- **5.3.2.** Eigene Strategien zur Problemlösung mit anderen teilen

5.4. Digitale Werkzeuge und Medien zum Lernen, Arbeiten und Problemlösen nutzen
- **5.4.1.** Effektive digitale Lernmöglichkeiten finden, bewerten und nutzen
- **5.4.2.** Persönliches System von vernetzten digitalen Lernressourcen selbst organisieren können

5.5. Algorithmen erkennen und formulieren
- **5.5.1.** Funktionsweisen und grundlegende Prinzipien der digitalen Welt kennen und verstehen
- **5.5.2.** Algorithmische Strukturen in genutzten digitalen Tools erkennen und formulieren
- **5.5.3.** Eine strukturierte, algorithmische Sequenz zur Lösung eines Problems planen und verwenden

6. Analysieren und Reflektieren

6.1. Medien analysieren und bewerten
- **6.1.1.** Gestaltungsmittel von digitalen Medienangeboten kennen und bewerten
- **6.1.2.** Interessengeleitete Setzung, Verbreitung und Dominanz von Themen in digitalen Umgebungen erkennen und beurteilen
- **6.1.3.** Wirkungen von Medien in der digitalen Welt (z.B. mediale Konstrukte, Stars, Idole, Computerspiele und mediale Gewaltdarstellungen) analysieren und konstruktiv damit umgehen

6.2. Medien in der digitalen Welt verstehen und reflektieren
- **6.2.1.** Vielfalt der digitalen Medienlandschaft kennen
- **6.2.2.** Chancen und Risiken des Mediengebrauchs in unterschiedlichen Lebensbereichen erkennen, eigenen Mediengebrauch reflektieren und ggf. modifizieren
- **6.2.3.** Vorteile und Risiken von Geschäftsaktivitäten und Services im Internet analysieren und beurteilen
- **6.2.4.** Wirtschaftliche Bedeutung der digitalen Medien und digitaler Technologien kennen und sie für eigene Geschäftsideen nutzen
- **6.2.5.** Die Bedeutung von digitalen Medien für die politische Meinungsbildung und Entscheidungsfindung kennen und nutzen
- **6.2.6.** Potenziale der Digitalisierung im Sinne sozialer Integration und sozialer Teilhabe erkennen, analysieren und reflektieren

Abb. 5-7: Kompetenzen in der digitalen Welt (KMK 2016)

spezifischen Ausdifferenzierungen enthält. Da konkrete Fachbezüge oder -zuweisungen ebenso wie Hinweise bezüglich einer sinnvollen Stufung von Konzepten für eine strategisch sinnvolle Reihenfolge oder Vernetzung über Fächer hinweg fehlen, muss hierzu eine Abstimmung erfolgen. Es bleibt also die Aufgabe einzelner Fächer, und somit auch für die Biologie, hier sinnhafte und zum Fachcurriculum passende Schwerpunkte zu setzen.

Der Kompetenzbereich 1 „Suchen, Verarbeiten und Aufbewahren" lässt sich mit einem klaren Bezug zu fachgemäßen Arbeitsweisen im Biologieunterricht als Ganzes sinnvoll integrieren. Wie in Kapitel 5.1 erläutert, stellen solche Techniken und Kompetenzen einen zentralen Schwerpunkt aktueller wissenschaftlicher Forschung dar. Im Kompetenzbereich 2 „Kommunizieren und Kooperieren" lassen sich für die Teilbereiche 2.1 bis 2.3 aus der methodischen Perspektive der Unterrichtsgestaltung vielfältige Integrationsmöglichkeiten und damit einhergehende Möglichkeiten für eine gezielte Kompetenzentwicklung ableiten, ohne dass hierbei jedoch besonders starke Bezüge zur Fachwissenschaft im Vordergrund stehen müssen. Dies gilt auch für die Teilbereiche 3.1 und 3.2 des Kompetenzbereichs 3 „Produzieren und Präsentieren", der ebenfalls sehr variabel einsetzbar ist. Für beide Kompetenzbereiche gilt es, evtl. vorhandene fachspezifische Ressourcen zu identifizieren, wenn abseits der methodischen Aspekte auch inhaltlich relevante Bezüge zur Biologie hergestellt werden sollen. Im Kompetenzbereich 4 „Schützen und sicher agieren" existieren mit den Teilbereichen 4.3 und 4.4 mit expliziten Bezügen zu Gesundheit sowie Natur und Umwelt klare inhaltliche Anknüpfungspunkte. Hier können bereits im Curriculum etablierte Themenbereiche um eine digitale Perspektive erweitert werden. Für den Kompetenzbereich 5 „Problemlösen und Handeln" ergibt sich aus der Perspektive eines modernen, problemorientierten Biologieunterrichts und unter Berücksichtigung der sich verändernden Fachwissenschaft (→ Kap. 5.1 & 5.2) sowie vielfältiger Möglichkeiten für digital unterstützte Arbeitsweisen (→ Kap. 6) ein Schwerpunkt gut realisierbarer Kompetenzentwicklungsmöglich-keiten. Digitale Werkzeuge bedarfsgerecht und kreativ (Teilbereich 5.2) zur strukturierten – und damit zur algorithmisch beschreibbaren (Teilbereich 5.5) – Problemlösung einzusetzen (Teilbereich 5.4), ist ein Kernelement der modernen naturwissenschaftlichen Erkenntnisgewinnung. Dabei auftretende technische Probleme zu lösen (Teilbereich 5.1) und sich mit eigenen Defiziten auseinanderzusetzen (Teilbereich 5.3), sind wesentliche Elemente des Biologieunterrichts, die um die digitalen Facetten erweitert werden können/müssen. Im Zuge hierfür notwendiger Recherchen ist die Berücksichtigung von Kompetenzbereich 6 „Analysieren und Reflektieren" für die bzw. bei der Nutzung digitaler Medien einzubinden. Es lassen sich also für das Fach Biologie sinnvolle und zum Fachcurriculum passende Schwerpunkte setzen.

5.4 Data Literacy als Teil des Problemlösens

Authentische, unbereinigte Forschungsdaten streuen und enthalten Ausreißer aufgrund z. B. natürlicher Variationen, Messungenauigkeiten oder menschlicher Messfehler. Vielfach werden solche Daten deshalb nicht im Lehr-Lernkontext eingesetzt oder zuvor didaktisch aufbereitet, was aus fachwissenschaftlicher Sicht auf Erkenntnisgewinnung z. T. sogar zu hinterfragen ist. In beiden Fällen wird die Chance verschenkt, unbereinigte Daten zur Auseinandersetzung mit naturwissenschaftlichen Arbeitsweisen und der Natur der Naturwissenschaften zu nutzen. Dafür erforderlich sind jedoch grundlegende Fähigkeiten im Bereich der Data Science, d. h. folglich Aufbau einer Datenkompetenz (*Data Literacy*), die aktuell noch unzureichend bei den Schulabgängerinnen und Schulabgängern mit Eintritt in das Berufsleben ausgeprägt ist (Qlik 2018). Mithilfe dieser Kompetenz können reale Probleme durch Nutzung, Analyse und Interpretation von Daten aus unterschiedlichen Perspektiven und unter Einbezug verschiedener Bezugsdisziplinen erschlossen werden. *Data Literacy* ist im Unterrichtskontext ein schwer fassbares bzw. adressierbares Konzept, da es sich in besonderem Umfang über vielfältige Schnittstellen und Überschneidungsbereiche weiterer Literacys definiert oder mit diesen auch bzgl. der jeweiligen Begriffs-/Konzeptentwicklung in Zusammenhang steht (z. B. *Information Literacy, Data Science Literacy,* → Abb. 5-8, Schüller/Busch/Hindinger 2019, *Computational Literacy, Data Science,* Schmidt/Neifer/Haag 2021).

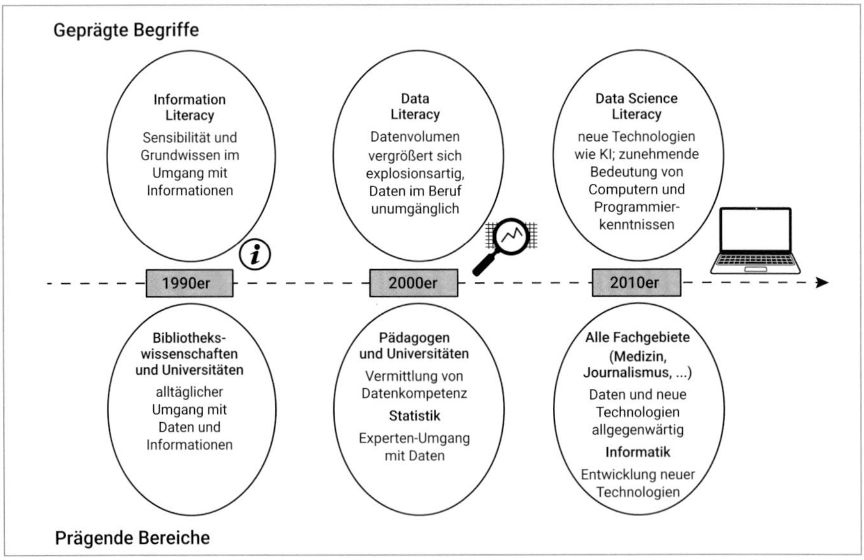

Abb. 5-8: Historische Einordnung des Begriffs „Data Literacy" (Schüller/Busch/Hindinger 2019)

Infolgedessen beschreibt *Data Literacy* mehr als die Kompetenz zur Datenanalyse, sondern schließt u. a. auch Fähigkeiten zur Visualisierung von Daten (*Visual Literacy*) sowie Werte und Bewertungen zur Relevanz von Daten in der Entscheidungsfindung mit ein (*Ethical Literacy*; Schüller/Busch/Hindinger 2019). Letzteres ist wesentlich für einen multiperspektivischen Blick auf Daten zu deren Interpretation und den dabei gezogenen Schlussfolgerungen. Im Zuge dessen können auch vielfach in der Bildung adressierte Kontexte im Bereich der Socio-Scientific-Issues wie Migration oder Klimawandel bei zunehmender Digitalisierung mit authentischen Daten aus öffentlich verfügbaren Datensätzen in Lernprozesse integriert und untersucht werden. Aufgrund der dann meist vorliegenden Real-Daten aus Forschungskontexten müssen solche Datensätze mit den Lernenden nach wissenschaftlichen Kriterien evaluiert und analysiert werden. Erst nach einer Qualitätskontrolle können Erkenntnisse nach wissenschaftlichen Standards abgeleitet werden. Im Gesamtprozess müssen Daten auf kritische Art und Weise gesammelt/recherchiert, verwaltet, evaluiert und angewendet werden (*Data Literacy* – Definition nach Ridsdale u. a. 2015, S. 2; → Praxisbeispiel).

Praxisbeispiel

Authentische Zugänge zur Forschung beginnen mit authentischen Problemen und Daten. Deshalb ist es von grundlegender Bedeutung, mit noch nicht didaktisch aufbereiteten, d. h. in gewissem Sinne bereinigten oder gefilterten Datensätzen umgehen zu können. Daraus resultiert die Notwendigkeit, Prinzipien der digitalen Datenverarbeitung mit geeigneten Strategien gemeinsam mit Lernenden anzuwenden und sich dabei *Data Literacy* anzueignen (→Tab. 5-3). Bezugsquellen von realen Daten aus „zweiter Hand" bieten online Datenrepositorien, die viele verschiedene (Umwelt-)Daten (z. B. Luftqualität, Klima-/Wetterdaten, Gewässerparameter) von unterschiedlichsten Quellen frei zur Verfügung stellen (z. B. Umweltbundesamt, Deutscher Wetterdienst).

***Data Literacy*-Kompetenzen** (Ridsdale u. a. 2015, S. 38)	**Exemplarisches Unterrichtsszenario zur „Klimaanalyse"** (angelehnt an Schubatzky/Prüll 2021)
Datensammlung • Datenerschließung • Qualität der Datenquellen	Nach Auswahl von Repositorien Daten zu definierten Parametern und ggf. (selbstgewählten) Orten beziehen. Hierbei wird z. B. ein für die folgenden Analysen sinnvoller Zeitraum oder Startpunkt festgelegt (z. B. besondere Wetterereignisse).
Datenverwaltung • Datenmanipulation • Datenkonvertierung	Die Daten werden zumeist in besonderen Formaten heruntergeladen (z. B. als CSV-File). Dieses wird zur Bearbeitung konvertiert oder über ein entsprechendes Kalkulationsprogramm in einem anderen Dateiformat abgespeichert. Die Rohdaten werden in der Originaldatei gesichert; in einer Arbeitsversion wird der Datensatz in Hinblick auf Ausreißer und Anomalien gesichtet sowie bereinigt.

Datenevaluation • Datenwerkzeuge • Datenanalyse • Datenvisualisierung • Dateninterpretation • Datenpräsentation • Entscheidungsfindung	Einen einfachen digitalen Zugang zur Datenanalyse bilden etablierte Tabellenkalkulationsprogramme. Grundlegende Fähigkeiten in deren funktionaler Nutzung sollten bei den Lernenden vorliegen. Zu Beginn der Analyse müssen die Daten ggf. vorbereitet, d. h. in Tabellen aufbereitet und erste Parameter berechnet werden (z. B. Jahresmittel). Auf Basis eines aufbereiteten Klimadatensatzes mit Temperatur- und Niederschlagswerten eines 10-Jahres-Zeitraums können z. B. folgende Analysen durchgeführt werden: • Trendanalyse zur Temperatur, • Klimadiagramme, • Verteilungsanalyse. Unmittelbar damit verbunden sind die Auswahl und Erstellung von Diagrammtypen zur Visualisierung und Interpretation der Daten. Je nach Unterrichtsanlage können Daten von unterschiedlichen Orten arbeitsteilig analysiert, visualisiert und für eine Präsentation zusammengestellt werden. Auf Grundlage eines umfassendes Datenpools und daraus ermittelter Trends (z. B. bei den Temperaturdaten) können mögliche Auswirkungen von Klimaveränderungen diskutiert werden.
Datenanwendung • kritisches Denken • Datenkultur	In die Interpretation eingebunden sollten datengenerierend und -bezogen Probleme, wie z. B. Messfehler und Bedingungen an den Messstationen, kritische Berücksichtigung finden. Insbesondere anhand von Klimadaten werden vielseitige Aussagen zum „Zustand" der Erde öffentlich diskutiert. Ein Wissen über die Generierung solcher Daten mit möglichen Analysen und Visualisierung kann das Bewusstsein zur Bedeutung von Daten wecken oder ausbauen.

Tab. 5-3: Förderung von *Data Literacy* an einem Unterrichtsbeispiel zur Analyse von realen Klimadaten entlang ausgewählter Kompetenzbereiche

Neben numerischen Daten liegen in umfänglichen Online-Sammlungen auch Informationen zu Erscheinungsformen, Merkmalen, Zusammensetzungen etc. von Organismen, Biotopen bis Ökosystemen vor, die ebenso eine datenbasierte Analyse ermöglichen. So können beispielsweise unterschiedliche Bodenstrukturen/-arten standortbezogen verglichen (über die Bundesanstalt für Geowissenschaften und Rohstoffe) oder Merkmale von Pflanzen im weltweiten Auftreten analysiert werden (über Max Planck Institute for Biogeochemistry). Auch Bild- oder Objektdatenbanken von 3D-Scans bieten Zugänge zu nicht-numerischen Daten.

Didaktisch fundierte Argumentationen und Beispiele für Unterrichtskonzepte sind bereits beschrieben, z. B. von Schultheis und Kjelvik (2020). Sie unterscheiden dabei zwischen Daten aus erster und zweiter Hand, womit sie der im Digitalen zunehmenden Kollaboration in Bezug auf Daten Rechnung tragen. Daten aus erster Hand, d. h. selbst erhobene Daten, sind bzgl.

einer Beurteilung im Hinblick auf Schwächen oder mögliche Ungenauigkeiten für Lernende aufgrund des direkten Bezugs weit ergiebiger als Daten aus zweiter Hand, die zwar von renommierten Forschungsinstituten stammen können, deren Genese aber in der Regel nicht im Detail bekannt ist. Häufig fehlt dadurch auch ein Bezug zur Datenstrukturierung und Einbindung von Metadaten, was die Interpretation und Bewertung erschweren kann. Schultheis und Kjelvik (2020) fassen zusammen, dass solche Daten aus zweiter Hand jedoch, v. a. im Falle von großen Datensätzen und Zeitreihen, besonders geeignet sind, um zu verdeutlichen, was wissenschaftlich mittels Datenanalyse an Erkenntnissen möglich ist. Um Schulkinder an das Arbeiten mit authentischen, unbereinigten Daten mit (Mess-)Fehlern o. Ä. heranzuführen, schlagen sie eine Abfolge von Aktivitäten mit zunehmender Komplexität der Daten und steigendem Schwierigkeitsgrad in der Bearbeitung vor (→ Tab. 5-4). Auch Citizen Science-Projekte (→ K 6-5) bieten die Chance, unter Anleitung eine stimmige naturwissenschaftliche Perspektive auf Daten und den Umgang mit ihnen im Sinne des Grundpfeilers wissenschaftlicher Erkenntnisgewinnung zu entwickeln. Letztlich ist ein adäquates *Data Literacy*-Konzept aber auch eine wesentliche Grundlage, um im Sinne derartiger Citizen Science-Projekte eigenständig mitzuarbeiten.

Merkmale der Daten	Mögliche Themenschwerpunkte
Stufe 1: aufbereitete/bereinigte Daten aus zweiter Hand, zusammengefasst, kuratiert, um einen klaren Trend zu erkennen	einfache Veranschaulichung eines bestimmten wissenschaftlichen Konzepts; Thematisierung, wie wissenschaftliche Ergebnisse disseminiert werden
Stufe 2: Daten aus zweiter Hand, mit einem gewissen Maß an Unordnung (z. B. Schwankungen, Ausreißer, Abweichungen von Vorhersagen) oder von Lernenden kuratiert/ organisiert	Einführung der Lernenden in statistische Konzepte, Kuratierung, Interpretation von Daten mit Abweichungen und unerwarteten Ergebnissen, wie Daten verändert und auf verschiedene Weise dargestellt werden können
Stufe 3: Daten aus erster Hand, wie z. B. gesammelt in eigenen Experimenten, Unterrichtslabors oder Forschungsprojekten	wissenschaftliche Fragen stellen, Quantifizierung von Variablen, Bedeutung der Versuchsplanung (z. B. Wiederholungen, Kontrollen); mit den Lernenden Identifikation und persönliche Bezüge zu den Daten anstreben
Stufe 4: große Online-Datensätze (Daten aus zweiter Hand) mit Anleitung zur strukturierten Erschließung	Einführung der Lernenden in digitale Datenverarbeitung und Datenvisualisierungstechniken, Untersuchung der Variabilität in größerem Maßstab
Stufe 5: große Online-Datensätze (Daten aus zweiter Hand), die von Lernenden untersucht werden	Organisation von Daten, Suche und Auswahl geeigneter Variablen, Aufbau von Wissen aus mehreren Quellen

Tab. 5-4: Unterrichtsaktivitäten mit steigendem Anforderungsgrad zum Erwerb von *Data Literacy* mit authentischen, unbereinigten Daten (Schultheis/Kjelvik 2020)

5.5 Computational Thinking

Biologieunterricht soll über Kompetenzorientierung auf Herausforderung des Alltags und des beruflichen Werdegangs vorbereiten. Aufgrund der zu erwartenden digitalen Transformation und der zunehmenden Bedeutung von Informatik im Alltag und in den Naturwissenschaften sollte zukunftsorientierter Biologieunterricht immer dann, wenn ein Andocken an Konzepte der Informatik mit Passung zu biologischen Fachkonzepten möglich ist, angedacht werden. Basierend auf Ideen von Wing (2006) wurden mit dem Konzept des *Computational Thinking* Strategien entwickelt, um informatorische Kompetenz nicht nur bei informatorisch versierten Personen auszubilden. Trotz der Schwierigkeit, den Begriff klar zu definieren, wurden wesentliche Kern-Konzepte oder Charakteristiken als zentrale Inhalte identifiziert (Voogt u. a. 2015). Diese Kern-Konzepte zeigen eine hohe Deckung mit in den Naturwissenschaften etablierten Vorgehens- und Denkweisen. Grover und Pea (2013) beschreiben *Computational Thinking* als Problemlöseprozess mit den folgenden Charakteristika:

1) Probleme so formulieren, dass Computer zur Lösung einsetzbar sind;
2) logisches Organisieren, Strukturieren und Analysieren von Daten;
3) Daten durch Abstraktionen wie Modelle und Simulationen darstellen;
4) Lösungen durch algorithmisches Denken automatisieren (Abfolge von Schritten);
5) Identifizieren, Analysieren und Implementieren möglicher Lösungen mit dem Ziel, die effizienteste und effektivste Kombination von Schritten und Ressourcen zu erreichen;
6) den Problemlösungsprozess auf eine Vielzahl von Problemen zu übertragen.

Über Ähnlichkeiten im Sinne der Forderung nach Reproduzierbarkeit oder der Einordnung von Handlungsanweisungen in „Versuchsprotokollen" bzw. Arbeitsanweisungen als Algorithmus hinaus sind hier direkte Verbindungen zu den Dimensionen von *Nature of Science* (u. a. Urhahne/Kremer/Mayer 2008) zu sehen: Datenauswertung und Empirie (zu 2), Modellbildung (zu 3), methodische Vielfalt und Analyse (zu 5) sowie verfeinerte Adaption (zu 6). Informatische Aspekte und Kompetenzen müssen und sollen in aktuellem Biologieunterricht als mit moderner Biologie untrennbar verwobene Elemente integriert werden. Dies zeigt sich nicht zuletzt anhand der fachübergreifend zu adressierenden Kompetenzen der Strategie „Bildung in der Digitalen Welt" (→ Kap. 5.3) und der Bedeutung von *Data Literacy* (→ Kap. 5.4) für die Naturwissenschaft und auch der digital gestützten Möglichkeiten zur Erkenntnisgewinnung im Unterricht, wenn dies integral und strukturiert erfolgt. Eine Einbindung von *Computational Thinking* in den Unterricht geht daher über den reinen Einsatz von Computern oder Tools als Hilfsmittel bei der Problemlösung hinaus und weist Parallelen zum naturwissenschaftlichen Experimentieren als Problemlösestrategie auf, die strukturbildend in Unterrichtskonzepten genutzt werden können (→ Praxisbeispiel).

Praxisbeispiel

Beim Einsatz von digitalen Sensoren zur Messwerterfassung liegt nahe, hier direkt auch Prinzipien des *Computational Thinking* in den Fachunterricht zu integrieren. So können mit Blockprogrammierungsumgebungen sehr einfach automatisierte Messungen mit den Schulkindern realisiert werden. In Anlehnung an die unabhängig von einer digitalen oder analogen Umsetzung als festzulegenden Vorgehensweisen für die jeweiligen Messungen (Messintervalle, -dauer, -einheiten etc.), kann hier z. B. das mit solchen Beschreibungen von Vorgehensweisen vergleichbare Prinzip eines Algorithmus explizit thematisiert werden. Das Ansteuern von Sensoren über einfache Blockprogrammierung macht gemäß des *Computational Thinking* ein gegliedertes Problem für Computer lösbar, wobei die Gliederung des Problems aus der biologischen Perspektive und dem fachgemäßen Vorgehen entspringt. Dabei spielt die Strukturierung der Erfassung der Daten, die folgende Datenverarbeitung und Ausgabe bzw. Darstellung, Ablage und Speicherung der Daten in den Naturwissenschaften eine zentrale Rolle. Gleichzeitig ist dieses Prinzip der Eingabe, Verarbeitung und Ausgabe eines der zentralen Prinzipien der Informatik. Ein im Projekt *GeNIUS* entwickeltes Konzept zur Untersuchung der Frage, ob Pflanzen (nachts) auch atmen, konnte mit Lernenden der sechsten Klasse erfolgreich umgesetzt werden (Thyssen/Jerger 2023; → Abb. 5-9).

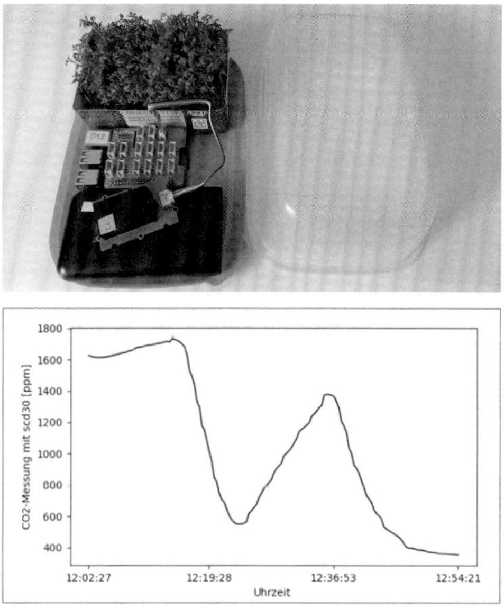

Abb. 5-9: Automatisierte Messung der CO_2-Konzentration mittels CO_2-Sensors und Mikrocontroller zur algorithmischen Ansteuerung, Datenspeicherung und -visualisierung

Ausgehend von der Thematisierung von CO_2 als Klimagas und seiner Fixierung in der Fotosynthese durch Pflanzen wurde die Frage bearbeitet, ob Pflanzen nachts im Dunklen atmen und CO_2 freisetzen. Für die Lernenden war aus dieser Fragestellung heraus nach Klärung eines methodischen Vorgehens, der wiederholten Messung von CO_2 auch über z. B. die Dauer der Nacht klar, dass hier ein automatisierter Ansatz hilfreich und anzustreben ist (→ Abb. 5-9). Durch Übertragung des zeitlichen Vorgehens zum Messen in einen computertauglichen Algorithmus mittels Blockprogrammierung konnten die Lernenden diese Fragestellung eigenständig untersuchen. Die von ihnen erstellten Algorithmen umfassten die Sensoransteuerung zur Datenaufnahme, -speicherung und -visualisierung im Diagramm.

Key Messages

- Biologieunterricht muss der Digitalisierung in den Biowissenschaften in Bezug auf Inhalt und Methoden (auch in Übungen der Lernenden) methodisch und didaktisch gerecht werden.
- Ausgewählte Daten und Software aus der Forschung können auch zielführend im Unterricht eingesetzt werden, um Datenerfassung und -verarbeitung für forschendes Lernen zu nutzen.
- Die Förderung digitalisierungsbezogener Kompetenzen im Biologieunterricht erfolgt in Passung zu aus Fachperspektive sinnvoll adressierbaren Kompetenzen.
- Problemlösen in aktuellen Kontexten setzt *Data Literacy* voraus, um z. B. unter Einbindung von authentischen *Socio Scientific Issues* datenbasiert lernen zu können. Die digitale Einbindung authentischer, unbereinigter Forschungsdaten und ihrer Verarbeitung ist lernförderlich.
- Biologieunterricht profitiert beim Problemlösen von der Einbindung des *Computational Thinking,* da die damit verbundene rechner- und algorithmengestützte Arbeitsweise naturwissenschaftliche Vorgehensweisen sinnvoll ergänzt.

6 Wie wird digital gestützter Biologieunterricht umgesetzt?

Der Einsatz digitaler Technologien macht per se noch keinen guten digital gestützten Biologieunterricht aus. Vielmehr müssen für verschiedene fachspezifische Einsatzszenarien stimmige Konzepte geplant werden, die berücksichtigen, wer digitale Technologien wie und zu welchem Zweck einsetzt. Neben Technologien, die fachdidaktisch analog zu klassischen Methoden (aber z. B. zeiteffizienter) und damit in Anlehnung an etablierte Unterrichtskonzepte ähnlich wie bisher eingesetzt werden können, betrifft dies auch Technologien, für die es bisher eher wenig Erfahrungswerte gibt. Gerade in letzterem Fall müssen digitale Technologien mit der fachdidaktischen Brille strukturiert reflektiert werden. Dies betrifft Anwendungsfelder, in denen mit unseren Sinnen nicht erschließbare Strukturen und Prozesse dargestellt werden, wie z. B. bei AR und VR oder digitaler Messwerterfassung zur Erkenntnisgewinnung im Rahmen fachgemäßer Arbeitsweisen. Daneben können neue, digital erstellte Lernprodukte auch als alternative Formen der Sicherung oder Leistungsbewertung eingesetzt werden. Nicht zuletzt resultiert hieraus die Notwendigkeit, sich mit rechtlichen Aspekten der digitalen Transformation auseinanderzusetzen. Digitale Kommunikations- und Interaktionsmöglichkeiten erlauben auch neue Denkansätze in Bezug auf die Planung von Sozialformen, sodass insgesamt eine mehrperspektivische Betrachtung erfolgen muss (→ Abb. 6-1).

Abb. 6-1: „Wie wird digital gestützter Biologieunterricht umgesetzt?“

6.1 Digitale Technologien – Ein fachbezogener Strukturierungsansatz

Unterricht kann mit unterschiedlichen Zielsetzungen an vielen Stellen des Lehr-Lern- bzw. Erkenntnisprozesses digital unterstützt werden. Neben dem Einsatz digitaler Werkzeuge, die an sich nicht inhaltstragend sind, aber z. B. neue Einbindungen fachgemäßer Arbeitsweisen im Biologieunterricht erlauben (→ Kap. 5), führen digitale Inhalte zu einer Ausweitung des Medienangebotes. Mit der Zunahme des Katalogs an Unterrichtsmedien steigt auch die Anzahl und Art der im Planungsprozess zu treffenden Medienentscheidungen für oder gegen deren Einsatz kontinuierlich an. Systematisierungen von Unterrichtsmedien, ob analog und/oder digital, ob fachspezifisch und/oder fachübergreifend, sind entsprechend der Fülle an Medien und Unterrichtsfächern komplex und vielseitig. Trennscharfe Kategorisierungen sind häufig nur relativ spezifisch unter Einbezug weniger Kriterien im Sinne einer Eingrenzung möglich, werden dann aber bei Berücksichtigung der vielgestaltigen Funktionalitäten digitaler Technologien sehr häufig im Sinne einer Verallgemeinerung zunehmend schwieriger bis unmöglich, zumal die fortwährenden, digitalen Weiterentwicklungen jede Systematisierung beeinflusst. In der Folge zeigt die für dieses Kapitel gewählte pädagogisch-fachdidaktische Struktur nur ein mögliches Bild für eine systematische Beschreibung von digitalen Technologien und exemplarischen Einsatzszenarien im Biologieunterricht.

Biologieunterricht ist vielfältig, und ebenso vielfältig ist die Nutzung digitaler Technologien. Zugleich sind Fachinhalte, Arbeitsweisen und -techniken sowie Lernorte (→ Kap. 7) charakteristisch für das Fach Biologie. Daher kommen für die didaktische Gestaltung sowohl digitale Technologien zum Einsatz, die fachunabhängig genutzt werden können als auch solche, die spezifisch für die Biologie sind. Diesem am Unterrichtsgeschehen orientierten Strukturierungsansatz liegen die für den Fachunterricht notwendigen Kompetenzen bei Lehrkräften zugrunde, die ebenso wie die für die Lernenden anvisierten Ziele und Kompetenzbereiche eine allgemeinere wie fachspezifische Ausprägung umfassen (gemäß dem Orientierungsrahmen DiKoLAN: → Kap. 4.2.2 sowie den KMK-Empfehlungen: → Kap. 5.3). Zu den allgemeineren, fachübergreifenden Einsatzszenarien von digitalen Technologien zählen z. B. die ...

- *Dokumentation* über u. a. Textverarbeitungsprogramme,
- *Präsentation* von Inhalten und Erkenntnissen über u. a. multimediale Gestaltungsprogramme oder auch AR-/VR-Anwendungen,
- *Kommunikation und Kollaboration* mittels webbasierter Schreib-, Chat- oder Video-Anwendungen sowie auch
- *Recherche* in u. a. Datenbanken und *Bewertung* von u. a. fachbezogenen Informationsquellen.

Eine planerische Aufbereitung und mediale Ausgestaltung für den Biologieunterricht führt i. d. R. zur fachspezifischen Ausgestaltung bzw. -prägung dieser Einsatzszenarien. So werden z. B. ...

- mittels Textverarbeitung beim Experimentieren beispielsweise Versuchsprotokolle kollaborativ digital angelegt, ausgetauscht und kommentiert;
- experimentelle Befunde und deren Interpretation in einer Präsentation oder biologische Prozess mittels Videos dynamisch visualisiert (→ Kap. 6.2.3);
- Recherchen nach aktuellen (Klima-)Daten in Online-Repositorien durchgeführt (Beispiel in → Kap. 5.4) oder Informationsquellen in ihrer fachbezogenen Bedeutung und Qualität bewertet.

Deutlich stärker naturwissenschaftlich verankerte und deshalb fachspezifischere Einsatzszenarien ergeben sich u. a. in der *Datenerfassung und -verarbeitung* über digitale *Messwerterfassung, -speicherung und -analyse* (→ Kap. 6.2.5) sowie in der *Simulation und Modellierung* von Prozessen oder Experimenten mittels entsprechender Simulations- und Experimentierumgebungen/-programme (→ Kap. 6.2.4).

Die im Biologieunterricht sehr bedeutsame Unterscheidung von Primär- und Sekundärerfahrung bleibt auch unter der Perspektive des Einsatzes digitaler Technologien erhalten. Sie wird in den Einsatzgebieten zur Präsentation, Kollaboration, Messwerterfassung und Simulation dahingehend erweitert oder neu ausgestaltet, dass hier neue Einsatzkonzepte entstehen können. Entgegen dem unmittelbaren, echtzeitgebundenen Lernen mit Primärmedien, in dem z. B. Blüten präpariert oder Tiere beobachtet werden, ist die Erstellung und Verarbeitung von elektronischen, digitalen und intelligenten Informationen zwar nicht ortsgebunden, aber dafür an Technologie gebunden (→ Kap. 1: Medientypologie in → Tab. 1-1). Insbesondere im Übergang zum Tertiär- oder Quartärmedium bis hin zum vermutlich zukünftig zunehmenden auch vertretenden Quintärmedium erweitert und verändert sich der von Lehrenden zu gestaltende und durch die Lernenden zu nutzende Lernraum. Neue Möglichkeiten, Sekundärerfahrungen mit solchen Technologien zu erleben und Erkenntnisse zu gewinnen, ergeben sich beispielsweise über digitale Verknüpfung von Originalem mit Abstraktem:

- Präparate können mit digital abruf- bzw. darstellbaren Informationen angereichert werden (→ Kap. 6.2.2);
- das Sezieren von Lebewesen kann digital angeleitet oder gänzlich virtuell mittels 3D-Simulationen bzw. Virtual Reality-Umgebungen durchgeführt werden (→ Kap. 6.2.2);
- Videos können u. a. um Informationstexte oder Diagramme multimedial erweitert (→ Kap. 6.2.3) werden;

- Lebewesen können im virtuellen Raum realitätseingebunden beobachtet und Daten erfasst werden (→ Kap. 6.2.5);
- fachbezogenes Lernen kann mittels adaptiver digitaler Lernwege die individualisierte Informationserschließung deutlich ausweiten und das Lernen im Klassenverband gänzlich umgestalten (→ Kap. 6.4 & 9).

Für eine praxisnahe Beschreibung des „Wie" zum digital gestützten Biologieunterricht werden digitale Technologien für deren fachübergreifende wie auch fachspezifische Einbettung in diesem Kapitel ausgewählt, die für die unterrichtliche Ausgestaltung besondere Relevanz haben. Letztere ergibt sich gleichermaßen aus der ihnen zugrundeliegenden Fachspezifität wie auch aus den digital gegebenen Möglichkeiten, analoge Lernzugänge in der Biologie zu verbessern und digitale Lernzugänge neu zu definieren (→ Kap. 2.4). Im Biologieunterricht spielen beispielsweise Visualisierungen von Sichtbarem wie auch (scheinbar) Unsichtbarem im Kontext von Fachkonzepten und Prozessen eine zentrale Rolle. Insofern ist es nicht verwunderlich, dass Bilder und Filme zum etablierten Medienangebot gehören. Ein tiefergehender Blick auf das sich durch technologische Entwicklungen veränderte und zum Teil neu ausgestaltete multimediale Einsatzgebiet bild- bzw. videobasierter Lehr-Lernzugänge ist in der Präsentation, Erarbeitung und Anwendung von Fachwissen gerade deshalb lohnend (→ Kap. 6.2.1 & 6.2.3). Mit visuellen digitalen Ressourcen lassen sich sehr variabel digitale Inhalte erstellen, die flexibler einsetzbar sind als bisher verfügbare, etablierte (Tertiär-)Medien. Neben der fachinhaltlichen Komponente zeichnet sich die Biologie als Wissenschaft und ebenso als Unterrichtsfach durch die Anwendung naturwissenschaftlicher Methoden und Techniken zur Gewinnung, Bewertung und Reflexion naturwissenschaftlicher Erkenntnisse aus. Eine Einkehr digitaler Technologien in diesen methodischen Anwendungsbereich biologischer Inhalte/Phänomene und deren Untersuchung ist in den zugehörigen Fachwissenschaften omnipräsent (→ Kap. 5.1). Gemessen daran ergeben sich auch für den Biologieunterricht im Kontext naturwissenschaftlicher Erkenntnisgewinnung konkrete Anwendungsgebiete digitaler Technologien. Virtuelle Experimente eröffnen modellbasierte Zugänge zu gefährlichen und/oder schwer zu untersuchenden Realsituationen (→ Kap. 6.2.4), ggf. unter digitaler Ausübung besonderer Arbeitstechniken z. B. der Genetik oder Molekularbiologie. Erweiterte Zugänge zum modellbasierten Lernen ergeben sich zudem mit dem Einbezug des 3D-Drucks in den Fachunterricht (→ Kap. 6.3.2). Bilden Daten die Grundlage zur Modellierung von virtuell simulierten Experimenten, wird ihnen als Produkt realer Untersuchungen im Biologieunterricht, wie auch im Besonderen in der Wissenschaft, eine spezifische Rolle im Aufbau interdisziplinären, reflektierten Wissens zuteil (→ Kap. 6.2.5).

6.2 Lernende nutzen digitale Technologien

Das Nutzen bzw. Lernen mit Technologien durch die Lernenden setzt zunächst an der Perspektive der Lehrkraft und deren Kompetenz zur Auswahl von digitalen Werkzeugen und Inhalten aus dem vielfältigen Angebot an. Eine Auswahl für den zu planenden Unterricht zu treffen, unterliegt fachdidaktischen und gleichermaßen mediendidaktischen Entscheidungen, unabhängig vom Fach. Ergänzend zu der sich aus dem Fachbezug ergebenden Funktionalität einer digitalen Technologie lässt sich deren Einsatz hinsichtlich ihrer didaktischen Funktion im Lehr-Lernprozess in Kombination mit den Entscheidungen zu Sozialformen beschreiben. Grundsätzlich sind in der Nutzung digitaler Technologien zur Instruktion (eher mit digitalen Inhalten) und Konstruktion von Wissen (mit digitalen Inhalten und Werkzeugen) alle individualisierten bis kooperativen Lernarrangements möglich, wobei die gewählte, technologiebedingte Nutzungsart häufig mit der Entscheidung zu einer passenden Sozialform einhergeht. Dient die Technologie der interaktiven und selbstgesteuerten Erarbeitung eines Lerninhaltes oder über integrierte digitale Funktionen dem kollaborativen Austausch mit anderen, führt dies zu unterschiedlichen sozialen Organisationsformen im Unterricht (Kerres 2020).

Wissen als Kompetenzfacette ist in seinen unterschiedlichen Ausprägungen, ob inhaltlich, gesellschaftlich oder entwicklungsbezogen, das perspektivisch zu erreichende Ziel jeden Fachunterrichts. Entscheidungen zum Medieneinsatz in digitaler wie auch analoger Form lassen sich entsprechend ihrer funktionalen Bedeutung und Unterstützung von Lernzugängen zur Wissenspräsentation, -produktion und -regulation einteilen. Bezogen auf das Nutzen digitaler Technologien durch Lernende wird dieser Strukturierungsansatz im Folgenden skizziert (nach Kerres 2020) und an ausgewählten Beispielen für einen digital gestützten Biologieunterricht beschrieben (→ Kap. 6.2.1–6.2.5).

A. Digitale Technologien zur Wissenspräsentation

Entsprechend der Potenziale, die der digitalen Technologie in „neuen Medien“ zugeschrieben werden (→ Kap. 2.2), übernimmt die darbietende Funktion von Inhalten und Information zur Wissenspräsentation ein zentrales didaktisches Einsatzfeld. Neben einer vornehmlich passiven Wissensvermittlung durch Rezeption von medial-dargebotenen digitalen Inhalten spielen kognitionspsychologisch begründete Lernanlässe in der instruktionalen Darbietung von Inhalten eine bedeutendere Rolle im digital gestützten Lernen. Digitale Technologien gründen sich auf die durch die Digitalisierung selbst geschaffenen vielfältigen und vernetzten Zugänge zu Informationen (→ Kap. 2.2.1) sowie besonders auch in deren Wahrnehmung und Nutzung durch den Lernenden, die sich aus den Charakteristika der digitalen Inhalte als Medien und Werkzeuge ergibt. Audio(-visuelle) Inhalte stellen nicht nur im Alltag ein umfänglich genutztes Informationsangebot dar. In jeglicher Form, ob als Foto, Video, Animation oder Podcast, eröffnen sie Lernenden zumeist einen authentischen, motivierend-aktivierenden Zugang zu Informationen bzw. Inhalten (→ Kap. 6.2.1 & 6.2.3), auch in der Kombination von realen und digitalen/virtuellen Inhalten (→ Kap. 6.2.2). Die Motivierung bzgl. eines Lerninhalts wie auch das Anstoßen und Ermöglichen kognitiver Verarbeitungsprozesse zur Erschließung derselben sind in ihrer Bedeutung für den Lernprozess nicht zu unterschätzende Ziele in der Rezeption von Inhalten über digitale Technologien.

B. Digitale Technologien als Werkzeug zur Wissenserarbeitung

Das Lernen durch digitale Inhalte ist zum einen instruktional geprägt (*Learning from Technology*, Kap. 3), mit einer kognitionstheoretischen Perspektive auf den für die Lernenden zu initiierenden und zu gestaltenden Lernprozess. Selbst bei interaktiven Zugängen zu Inhalten, die der Lernende aktiv nutzt, wird der dabei generierte Lernprozess durch Interaktionen und Kommunikation häufig weitestgehend vorgeschrieben und ist durch vordefinierte Pfade kontrolliert (soweit die Inhalte von Lernenden nicht selbst recherchiert oder erstellt werden). Nutzt man hingegen digitale Technologien als Werkzeuge in den Händen der Lernenden, dreht sich das Bild, indem Lernende damit zuerst Informationen oder Daten als z. B. Messwerte und darauf basierend ihr Wissen selbst digital gestützt erarbeiten oder strukturieren und darstellen können (*Learning with Technology*, Jonassen 1995). Dies geht mit einer konstruktivistischen Auffassung des Lernens einher (→ Kap. 2.3, Tab. 2-1). Aus einem Angebot an digitalen Werkzeugen wählen Lehrende für und/oder Lernende selbst aus. Hierbei können …

- Mapping-Tools und Grafikprogramme,
- bildgebende Techniken (→ Kap. 6.2.1),
- Extended Realitys (→ Kap. 6.2.2),
- Modellierungs- und Simulationssoftware (→ Kap. 6.2.4),
- Datenbanken, Messwerterfassungs-Systeme und Tabellenkalkulationsprogramme (→ Kap. 6.2.5)

vom Lernenden für ausgewählte Lernanlässe innerhalb eines Lernprozesses zur handlungsorientierten, meist problemorientierten Wissenserarbeitung bzw. -konstruktion angewandt werden.

C. Digitale Technologien zur Wissensregulation

Die mediale Darbietung von Information ist mit digitalen Inhalten nur noch selten an eine strikt linear vorgegebene Struktur und Erschließung gebunden. Medien werden in linearer Art und Weise sicher auch zunehmend seltener von Rezipienten genutzt. Digitale Informationsquellen sind untereinander vernetzt oder anderweitig selbst steuerbar und damit in ihrer Wahrnehmung sowie Nutzung stets individualisiert (→ Kap. 1: Quartär-/Quintärmedien, → Tab. 1-1). Unbekanntes kann einfach über einen Link zu einer anderen Quelle oder einer anderen Informationsdarbietung individuell aufgeklärt und verstanden werden. Auch das Setzen von emotionalen und informativen Reizen in Form von „Anstupsen" (*Nudging*) in einer digital-geprägten Informations- und Kommunikationsgesellschaft nimmt einen nicht unwesentlichen Einfluss auf Entscheidungen und Handlungen des Empfängers. Informationen können von den Lernenden zum einen selbstreguliert entsprechend dem zur Verfügung gestellten digitalen Lernangebot im Lernprozess erschlossen sowie zum anderen durch digital-gesteuerte Prozesse auch mehr oder weniger stark gelenkt werden. Interaktivität einer digitalen Technologie oder innerhalb einer Lernumgebung lässt regulative Lernhandlungen des Lernenden zu, indem dieser beispielsweise zwischen unterschiedlichen Videopfaden wählt (→ Kap. 6.2.3). Ebenso ermöglicht Interaktivität die Regulation des Lernprozesses über Aktion und Reaktion auf wissensgesteuerte Handlungen des Lernenden. Letzteres ist in Form tutorieller Systeme kein neuartiger digitaler Ansatz, jedoch im Biologieunterricht als bisher eher selten genutzt zu bewerten; nicht zuletzt, weil fachspezifisch angepasste, feedback-gesteuerte Systeme rar sind. Gerade in diesem technologischen, aber auch fachdidaktisch geprägten Bereich der Individualisierung von Lernprozessen mittels maschinell gesteuerter Lernwege ist jedoch sehr viel in Bewegung (→ Kap. 9). Ist das vorliegende Angebot zur interaktiven Fremdsteuerung des Lernprozesses noch vergleichsweise gering, kann die Lehrkraft an dieser Stelle durch die Nutzung verschiedener digitaler Ressourcen und der Produktion entsprechender, interaktiver Lernzugänge selbst für Differenzierung beim Lernen sorgen (→ Kap. 6.4).

6.2.1 Bilder – Digitale Fotografie, Mikroskopie und Thermografie

Fotografische Aufnahmen sind elementarer Bestandteil von Lernmaterialien der Biologie, um Inhalte einzuleiten, anschaulich sowie realitätsnah zu visualisieren und zur Auseinandersetzung mit diesen zu motivieren (→ Wissenspräsentation, A → Kap. 6.2). Aus didaktischer Perspektive bestehen zwischen digitalen und analogen Bildformaten aufgrund des beim direkten Vergleich identischen Inhalts keine Unterschiede. Letztere ergeben sich jedoch im Hinblick auf methodische Aspekte, welche mit dem Übergang vom Sekundärmedium zum Tertiär- oder Quartärmedium (= digitalen Inhalten, → Kap. 1: Tab. 1-1), d. h. der zwingenden Nutzung von Geräten zur Medienerschließung, zusammenhängen. Neben der Reflexion zur Passung des gewählten digitalen Inhaltes oder Werkzeugs (zu z. B. gesetzten Zielen) muss mit dem digitalen Format auch immer die jeweils notwendige Technik mit bedacht werden. In Abhängigkeit von der jeweiligen Unterrichtssituation fallen dabei methodische Aspekte positiv oder negativ ins Gewicht. Beispielsweise können abgebildete Szenen in sehr hellen Lernumgebungen auf einem Fotoabzug oder -ausdruck wesentlich besser lesbar sein als auf einem spiegelnden Display mit begrenzter Leuchtkraft; in sehr dunklen Lernumgebungen wären selbstleuchtende Displays hingegen ein klarer Vorteil. Andererseits können auf einem Tablet aber nicht zwei Fotos im Vollformat nebeneinander betrachtet werden, um z. B. Änderungen zu analysieren, was mit zwei Ausdrucken einfach möglich ist. Markierungen in den Fotos sind im analogen Fall sehr häufig irreversibel, im Digitalen ist korrektives Arbeiten auf virtuellen Layern möglich und es entsteht generell kein Materialverbrauch. So können auch mikroskopische Aufnahmen in digitaler Form relevant für die Dokumentation werden, hingegen analoge Aufnahmen/Ausdrucke in Mikroskopierübungen eher weniger sinnvoll erscheinen.

Digitales Bildmaterial ist insgesamt häufig durch eine schnellere und bessere Verfügbarkeit charakterisiert. Möchte man als Lehrkraft ein Foto analog einsetzen, muss dieses erst aufgenommen und in ausreichender Anzahl als Abzug verfügbar gemacht werden. Solche Prozesse dauern, abhängig von der jeweiligen Ausstattung, zwar im Idealfall auch nur 20 bis 40 Minuten (unter der Annahme, dass eine Digitalkamera genutzt wird!), jedoch ist ein rein digitaler Workflow mit netzwerkgestütztem Teilen bzw. Verbreiten quasi live möglich. Somit steht Lernenden ein Foto nach ein bis zwei Minuten auf dem digitalen Endgerät zur Verfügung. Generell bietet ein digitales Bildformat, beim Vorliegen entsprechender Kompetenzen zu dessen Nutzung, vielfältigere und ggf. effizientere Möglichkeiten einer individuellen Nutzung, Weiterverarbeitung oder auch Veränderung. Bildoptimierungen und -aufbereitungen, -kennzeichnungen sowie die Einbindung in andere Präsentationsformen sind digital einfacher zu realisieren als im Falle analoger Fotos und Abbildungen. Hierbei ist aus Lehrenden- und Lernenden-Perspektive aber die Beachtung von Urheber- und Nutzungsrechten von Relevanz (→ K 6-1).

K 6-1: Open Educational Resources (OER)

Das Materialangebot im Internet erscheint unbegrenzt und frei verfügbar, zumindest auf frei zugänglichen Plattformen. Eine uneingeschränkte Nutzung ist jedoch in den meisten Fällen aufgrund von Lizenzrechten nicht gegeben und daher ein reflektierter Blick auf das jeweilige Material und dessen angestrebte Weiternutzung nötig. Im Bildungssektor hat sich das Konzept der *Open Educational Resources (OER)* etabliert, in dem Bildungsmaterialien unter einer weitestgehend offenen Lizenz zur Verfügung gestellt werden. Die Entscheidung über die

Nutzungsart/en des Materials bestimmt die Urheberin oder der Urheber (Deutsche UNESCO-Kommission 2013). „Offen" bedeutet aber auch hier zumeist nicht „gemeinfrei". Neben dem einzuhaltenden Urheberrecht werden verschiedene Nutzungsrechte zum Material über sogenannte Creative Commons (CC)-Lizenzen eingeräumt. Letztere muss, wie auch die Person der Urheberschaft am Ausgangsmaterial, bei einer Weiterverwendung immer angegeben werden. Neben gemeinfreien Materialien (CC-0) erlauben Materialien mit CC BY- und CC BY-SA-Lizenzen eine größtmögliche Offenheit im Besitz, der Vervielfältigung, der Verwendung, der Verarbeitung und der Verteilung (5V-Freiheiten, Muuß-Merholz 2015).
Auch bei gegebener offener Lizenzierung dürfen ein fachdidaktischer Blick und die Beurteilung der Qualität des Materials nicht fehlen. Eine Passung der Inhalte an Ziel, Standards und Curriculum ist unerlässlich, jedoch aber auch nur ein Element, um Stärken und Schwächen von OER insgesamt zu identifizieren und zu reflektieren. Das „Augsburger Analyse- und Evaluationsraster für analoge und digitale Bildungsmedien" (AAER) (Fey/Matthes 2017,→ Abb. 6-2) stellt hier einen hilfreichen Beurteilungskatalog (https://tinyurl.com/DUM-5-OER) und kann als erweiterter Standard für die Qualitätssicherung von Bildungsmedien angesehen werden (Heiland/Meier 2021).

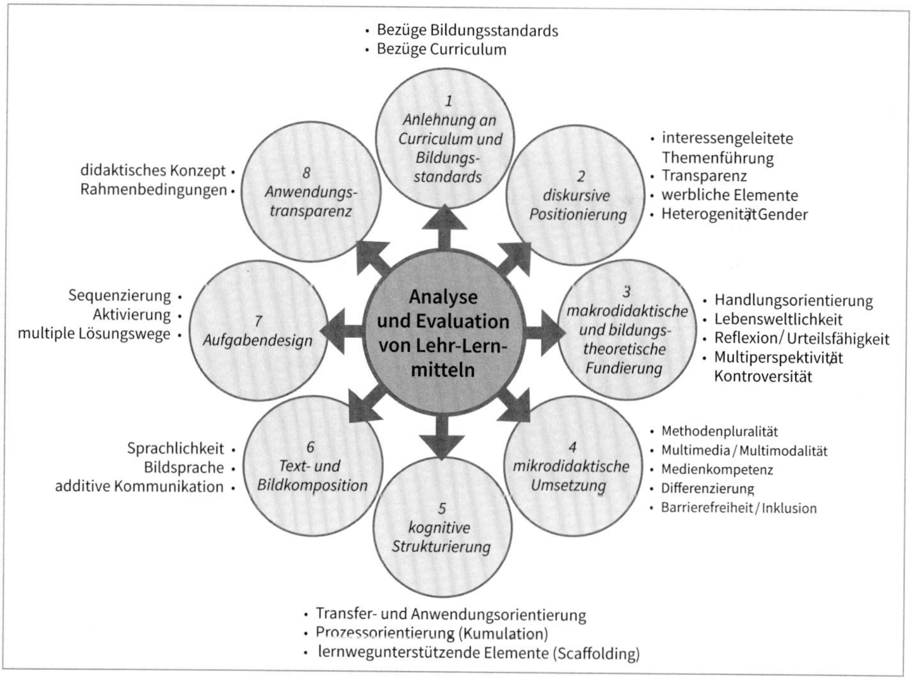

Abb. 6-2: „AAER" – Hilfe zur Sensibilisierung für einen reflektierten Umgang mit Bildungsmedien mit acht Dimensionen (digital: aaer.zlbib.uni-augsburg.de)

Nicht nur bei der finalen Darbietung von Inhalten über Bilder bzw. Fotos oder Grafiken, sondern auch bei deren Erstellung spielt die zugrundeliegende und verfügbare digitale Technik eine zentrale Rolle. Eine geeignete Ausstattung eröffnet visuelle Eindrücke von schwer zugänglichen bis unsichtbaren Phänomenen. Insofern finden neben etablierten Naturaufnahmen auch durch mittlerweile günstigere spezifische digitale optische Kamerasysteme (u. a. Wärmebildkamera, WBK) im Bild festgehaltene mikroskopische und thermografische Erscheinungen ihren Einsatz im Fachunterricht (→ Abb. 6-3). Eine Analyse und das Verstehen der Bildinhalte sind bei solchen, nicht mit natürlichem Sehen vergleichbaren Aufnahmen deutlich umfangreicher als bei Standard-Naturaufnahmen. Die dort einfache, alltägliche Erkennung der Kameraperspektive hängt bei Spezialaufnahmen stark von der digital gestützten Visualisierung und ihrer Dekodierung ab: Welche Größenverhältnisse lassen sich aus dem mikroskopischen Bild ableiten? In welcher Ebene liegt das mikroskopische Bild und was zeigt es hierbei? Was muss bei der Analyse der Temperaturskala in Wärmebildern beachtet werden (u. a. Dynamik, siehe WBK-Führerschein in Greinert/Weßnigk 2020)? Der Einsatz und die Analyse dieser Bildformate sind jedoch wiederum weniger bzw. unter Beachtung der zuvor aufgeführten methodischen Aspekte an eine digitale oder analoge Präsentation gebunden.

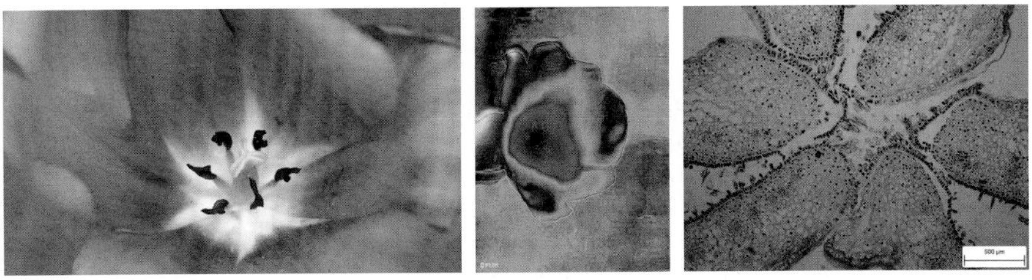

Abb. 6-3: Mit Fotografie, Thermografie und Mikroskopie Aufmerksamkeit auf Pflanzen lenken, Unsichtbares erforschen und sichtbar machen: (links) Staubblätter und Narbe der Tulpenblüte, (Mitte) Wärmebild der Tulpenblüte mit Lockfunktion durch charakteristisches Muster, (rechts) mikroskopisches Bild zum Querschnitt einer Tulpennarbe

Mit der digitalen Darbietung von Bildern ist eine Effektivitätssteigerung im Lernprozess nicht durchweg zu erwarten. Die Erstellung von Bildern und Grafiken mittels digitaler Technologien durch den Lernenden bringt jedoch neu auszugestaltende Lernwege mit sich (→ Wissenserarbeitung, B → Kap. 6.2). Die im Smartphone und Tablet verbauten Kameras bieten einen erstaunlich hohen Funktionsumfang, je nach Modell sehr gute Qualität und eine intuitive Bedingung, die den Lernenden aus dem alltäglichen Gebrauch auch schon bekannt sein sollte (→ Kap. 4). Demnach geht es beim Kameraeinsatz weniger darum, technische Fähigkeiten anzulegen, sondern vornehmlich darum, dieses digitale Gerät zum Lernen bzw. zur Erarbeitung und Bearbeitung sowie der Dokumentation von Wissen zielführend einzusetzen (→ Tab. 6-1). Anders kann es sich mit extern anzuschließenden, spezifischen Kamerasystemen verhalten, die eine weniger starke Nutzung im Alltag erfahren und daher noch Einarbeitungszeit benötigen. Gleichwohl sind Aufnahmen, die mit Einstellungen abseits der Kameraautomatik erfolgen sollen (z. B. Weißabgleich), ebenso fordernd. Zur Erstellung von Wärmebildern oder 360°-Aufnahmen braucht es, je nach Qualitätsanspruch, zumeist eine Hardware (= Kamera) und eine Software (= App auf dem Smartphone oder Tablet). Auch bei der Erstellung von Mikroskop-Bildern als Dokumentation und zur Weiterbearbeitung können passende Kamerasysteme ihren Einsatz finden, wobei hier mit etwas Geschick am Okular oder mit günstigen Halterungen auch die Kamera des Smartphones genutzt werden kann.

Bildformat	Werkzeugfunktion und Motiv/e (Bsp.)	Inhaltsbereiche (Bsp.)
fotografische Aufnahmen	*Werkzeug zur Dokumentation von ...*	• Angepasstheit • Morphologie • Artenvielfalt, Artenkenntnisse • Wechselbeziehungen, Symbiose
	Pflanzen/-teilen ... ... an ungewöhnlichen, verschiedenen Standorten (z. B. Wegritzen, Hauswänden) ... auf der Wiese, im Schulgarten etc. (u. a. zur Bestimmung in Kombination mit Apps) ... mit unterschiedlichem Blüten- /Blattbau etc. (Bsp. in Meier 2020)	
	Tieren ... ... an/auf Pflanzen/Blüten, im Boden, im Gewässer etc. (u. a. zur Bestimmung in Kombination mit Apps)	
	Umwelt/Ökosystemen ... ... im Jahresverlauf bzw. zu unterschiedlichen (Jahres-)Zeiten (Fotoserien von z.B. Bäumen, Wiesen) ... mit anthropogenen Einflüssen (z. B. Müll am Strand, Leben am Trampelpfad)	• Umweltfaktoren • Angepasstheit • Ökologie
mikroskopische Aufnahmen	*Werkzeug zur Dokumentation von ...*	• Zellbiologie • Einzeller
	Zellen/Zellbestandteilen, Kleinstlebewesen ... ... mit Beschriftung und/oder zur Unterstützung beim Zeichnen (Bsp. in Wolowski/Scherb 2022)	

	Werkzeug zur Visualisierung in biologischen Versuchen...	
thermografische Aufnahmen	... zum Einfluss der Temperatur auf das Verhalten etc. (z. B. Temperaturorgel: Stinken-Rösner/Rodenhauser 2021) ... zur (morphologischen) Wärmeisolation (z. B. Fett, Fell, Federn und Luft im Vergleich) ... zum Temperatur-/Energiehaushalt (z. B. gleich- und wechselwarme Tiere) ... zu Bestäubungssymbiosen mit Wärmemustern (→ Abb. 6-2)	• Angepasstheit • Verhaltensbiologie • Physiologie

Tab. 6-1: Beispiele zur Erstellung von fotografischen, mikroskopischen und thermografischen Aufnahmen von Lernenden im Biologieunterricht mit unterschiedlichen Schwerpunkten in der Zielsetzung

Sowohl im technologischen Prozess der Bilderstellung als auch in der Weiterverarbeitung der Bilder kann der zu visualisierende Inhalt von den Lernenden tiefergehend erschlossen und verinnerlicht werden. Genaues Beobachten oder Hinsehen beim digital gestützten Erkunden von z. B. Blütenformen, Blütenbesuchern oder der Blütenausbildung lenkt die Aufmerksamkeit und motiviert in der Auseinandersetzung auch mit wissentlich weniger interessanten Inhalten (z. B. werden Pflanzen als weniger interessant empfunden). Die erstellten Bilder können im sich anschließenden inhaltlichen Lernprozess in unterschiedliche, weiterführende Lernprodukte eingebettet werden bzw. diese komplett ausgestalten, wie z. B. in/zu Steckbriefen oder Präsentationen, Fotogeschichten/-comics, Collagen, Memories oder Stillleben.

6.2.2 Extended Reality – Augmented Reality und Virtual Reality

Augmented Reality (AR) und Virtual Reality (VR) sind digitale, immersive Technologien, für die es im eigentlichen Sinne keine analogen Vorläufer gibt. Mit VR vergleichbare vollvirtuelle Welten waren technisch bisher nicht realisierbar. Prinzipiell ähnlich verhält es sich bei AR, wobei Originale auch bisher schon mit Zusatzinformationen aufbereitetet werden können. Hierbei sind diese oft bereits direkt erkennbar, was bei einer AR mit Objekterkennung nicht der Fall ist. Daraus ergibt sich die Situation, dass a) für den unterrichtlichen Einsatz dieser Technologien bisher relativ wenige fachdidaktische Erfahrungen sowie Erkenntnisse vorliegen und b) auch in Bezug auf notwendige Hardware kein speziell dafür geschaffener Gerätepool an Schulen existiert. Für beide Technologien gilt, dass die für die Treiber der Entwicklung relevanten und initialen Nutzungsperspektiven nicht der Bildungsbereich waren. Deshalb wurden sowohl Hard- und Software als auch verfügbare Inhalte/Inhaltsumgebungen in der Mehrzahl für andere Anwendungsbereiche konzipiert. In der Folge ist eine fundamentale fachdidaktische Reflexionsarbeit auf Seiten der Lehrkraft nötig.

Augmented Reality

Laut einer der ersten Definitionen (Azuma 1997) ermöglicht AR die interaktive Anreicherung von Objekten oder Szenen der realen Welt durch zusätzliche virtuelle Informationen, die in das Sichtfeld der nutzenden Person eingeblendet werden (→ Wissenspräsentation, A → Kap. 6.2). Jene Informationen können in Form unterschiedlicher Repräsentationsformen eingebettet werden: 2D- oder 3D-Grafiken (auch in Kombination mit Text), Video und Audio. Bei den technischen Umsetzungen gibt es eine Vielzahl unterschiedlicher AR-Typen und -Kategorien. Deren jeweilige Umsetzung in Bezug auf Hard- und Software sowie die Funktionsweisen bedingen fachdidaktisch relevante Charakteristika. Eine Kategorisierung von AR ist technologisch über die verwendete Technik zur Darbietung der virtuellen Informationen (Head-Mounted oder Hand-Held) sowie zum Auslösen der AR über sogenannte Trigger bzw. Marker möglich (Überblick dazu in Nikolaidis 2022; Abb. 6-4).

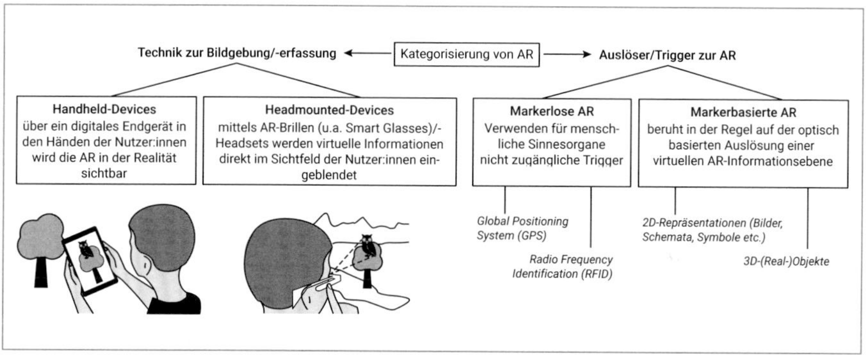

Abb. 6-4: Kategorisierung von AR (angelehnt an Nikolaidis 2022; Johnson et al. 2010)

Ein Blick auf die zu nutzenden Geräte macht schnell deren fachdidaktische Implikationen deutlich (→ Abb. 6-4). Ob Lernende durch Einsatz eines Head-Mounted-Displays beide Hände für Aktivitäten nutzen können oder durch Einsatz eines Smartphones, das im Arbeits- bzw. Sichtfeld permanent mit mindestens einer Hand gehalten werden muss, ist ein gravierender und planungsrelevanter Unterschied. Ebenso ergeben sich auch im Vergleich von markerloser und markerbasierter AR funktionale Unterschiede mit Einfluss auf den unterrichtlichen Einsatz. Markerlose AR hängt von verschiedenen Lokalisierungstechnologien ab (z. B. GPS). Sie kann unabhängig von Veränderungen der Umgebung – und ohne diese speziell präparieren oder erfassen zu müssen – genutzt werden, also auch an Außerschulischen Lernorten (ALOs, → Kap. 7), ohne dass ALOs vorab aufwendig mit Referenzbildern o. Ä. zur Bilderkennung in die Software integriert werden müssen. Die einfachste Form der markerbasierten AR ist die bildbasierte AR, bei der Bilder der zu augmentierenden Szenen als Auslöser (Trigger) verwendet werden. Die Bandbreite der möglichen Auslöser von bildbasierter AR ist entsprechend groß und reicht von der Erkennung abstrakter Piktogramme und Symbole bis hin zu realen Bildern oder Objekten. Technisch bedeutet dies, dass prinzipiell sowohl ein 2-dimensionales Bild als auch ein entsprechendes 3D-Objekt selbst, das aus einer passenden Perspektive erfasst wird, als Trigger dienen kann. Dies ermöglicht eine direkte Verschränkung der optischen Informationen aus der Realität mit den virtuellen AR-Informationen. Trigger, die QR-Codes ähneln, stellen sicher, dass sie von der Software gut erkannt werden. Ihre definierte Geometrie erlaubt auch eine hochpräzise Ausrichtung der virtuellen Ebene in Passung zur Realität. Im Gegensatz zu Objekten oder realen Szenen als natürliche Marker enthalten diese technischen, formalisierten Marker keine Informationen und werden direkt als Artefakte wahrgenommen. Dies kann in einem pädagogischen Kontext nachteilig sein und sich z. B. negativ auf die Motivation oder Lernaktivitäten auswirken. Wenn Lernende vorhandene Hilfen und Ergänzungen anhand von optisch erkennbaren Markern direkt erkennen und diese deshalb auch, ohne sich mit den Aufgaben vorab auseinanderzusetzen direkt nutzen, werden selbstgesteuerte Prozesse tlws. unterbunden.

Aktuell existieren einige Frameworks, mit denen engagierte Lehrkräfte selbst AR-Content erstellen und in Kombination mit korrespondierenden Apps zur Anzeige mit Lernenden nutzen können. Für Konzepte zur Erstellung eigener AR-Umgebungen sind ebenso wie für die Nutzung fertiger AR-Umgebungen fachdidaktische und pädagogische Abwägungen nötig. Hilken u. a. (2017) entwickelten einen konzeptionellen Rahmen, der die Funktionalitäten von AR nicht nach technischen Aspekten, sondern nach ihren beabsichtigten Auswirkungen und affektiven Effekten kategorisiert. Sie argumentieren, dass AR die situierte Informationsverarbeitung erleichtert, indem sie eine Funktionalität zur Einbettung von Objekten in einen Kontext oder eine Umgebung bietet, die von persönlicher Relevanz ist, und dass die Einbettung in die Umgebung die mentale Belastung reduziert (z. B. split-attention-Effekte, → Kap. 3.4) und bessere Informationen über den Inhalt in Bezug auf den Kontext liefert. Sie führen auch aus, dass AR eine verkörperte Erfahrung ermöglicht, indem Menschen ein virtuelles Objekt (z. B. ein Produkt) mit denselben körperlichen Bewegungen steuern können, die sie auch für ein reales Objekt verwenden würden (→ Abb. 6-5, 10 in → Abb. 6-6). Für die gezielte Integration von AR sollte berücksichtigt werden, wel-

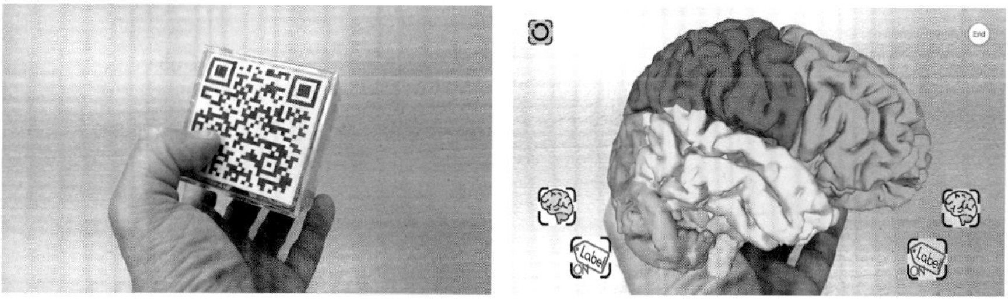

Abb. 6-5: Kontrolle von virtuellen AR-Elementen mittels bekannter Bewegungsmuster und -abläufe aus der realen Welt

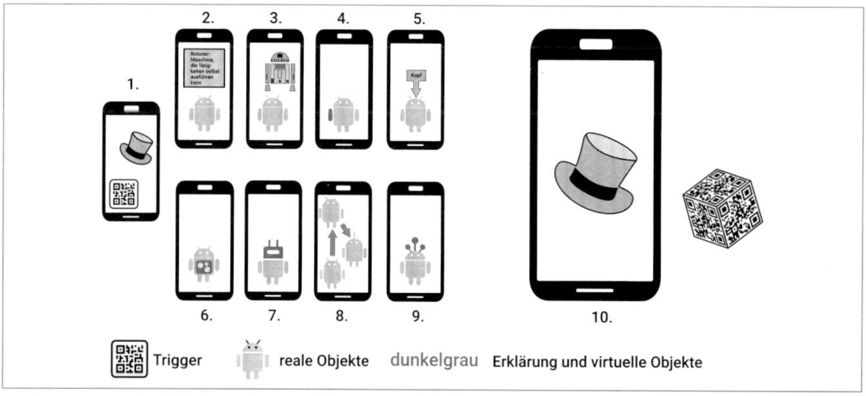

Abb. 6-6: AR mit unterschiedlichen didaktischen Zielsetzungen und steigendem (1./10. bis 9.) Verschränkungsgrad der virtuellen und realen Inhalte

che Funktion die AR bei der Unterstützung des Lernprozesses erfüllen soll und sie aus ihrer Konzeption heraus leisten kann:

Dient eine AR der Präsentation weitgehend umgebungsunabhängiger Inhalte, also nur der Steuerung virtueller Repräsentationen (→ Abb. 6-6), oder soll eine gezielte Verschmelzung von virtuellen Elementen mit Objekten oder Medien aus der Umgebung erfolgen, um diese didaktisch aufzubereiten und besser zugänglich zu machen oder dadurch gar ganz neue Medien zu schaffen? Hinsichtlich einzelner Visualisierungen können z. B.:

- allgemeine Informationen zu einem Objekt oder Vergleichsobjekte ergänzt werden (2 & 3),
- bestimmte Teile eines Objekts hervorgehoben oder mit Zusatzinformationen anreichert werden (4 & 5) und
- mit virtuellen Elementen neue Mixed Reality-Objekte durch X-Ray-Einblicke (6), Modifikation (7) oder Ergänzung geschaffen werden (9).

Sollen Zusammenhänge zwischen Objekten verdeutlicht werden, ist auch eine virtuelle Strukturierung (8) möglich (→ Abb. 6.6).

Virtual Reality

Virtuelle Rundgänge, z. B. in Museen, sind bereits etablierte digitale Wege, um reale Orte digital aufzusuchen. Aufgrund der Umsetzung zur Nutzung am Monitor ist ein „Eintauchen“ in solche oder auch künstlich geschaffene Orte jedoch nur begrenzt möglich. Mit VR wird der Schritt in ein voll-virtuelles, aber dennoch ganzkörperliches Erlebnis (*Embodiment*) vollzogen. Es handelt sich um computergenerierte Welten, die über das technologisch-induzierte Ansprechen möglichst vieler Sinne und der Ausführung natürlicher Bewegungen der nutzenden Person ein Gefühl des immersiven Erlebens erzeugen sollen (u. a. Slater/Sanches-Vives 2016). Sowohl bei einer Simulation der Realität als auch der Schaffung künstlicher Welten wird i. d. R. eine möglichst umfassende Immersion, d. h. das Eintauchen der Nutzenden in die virtuelle Welt, angestrebt. Folglich werden in der Darbietung von VR-Umgebungen spezielle immersive Technologien, hier vor allem VR-Brillen oder Head-Mounted-Devices mit integriertem Display zumeist kombiniert mit Controllern, die Hände o. Ä. in der VR simulieren, benötigt (→ Abb. 6-7).

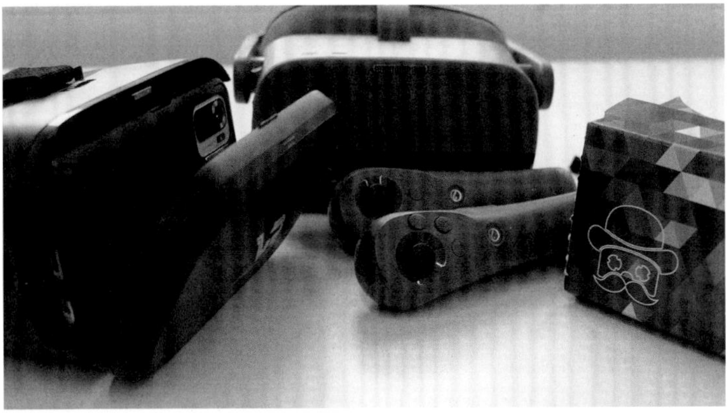

Abb. 6-7: Head-Mounted-Devices ohne (links) oder mit integriertem Display (Mitte) sowie Cardboard (rechts) zur Darbietung von VR

Die optische und auditive Wahrnehmung in den virtuellen Welten ist technisch bereits gut realisiert. Trotz einer meist fehlenden taktilen Rückmeldung lassen sich mit VR Lernsettings erschaffen und Inhalte erschließen (vgl. Stufe der Transformation im SAMR-Modell, → Kap. 2.4.2), die bisher im Unterricht so nicht möglich waren. Aufgrund der von herkömmlichen Medien abgekoppelten Umsetzung können klassische fachdidaktische Erfahrungswerte hier in Teilen nur als Referenz und nicht zur Beurteilung des VR-Einsatzes selbst dienen. Deshalb ist eine Auseinandersetzung mit aktuellen Forschungsdaten und grundlegenden Überlegungen zum VR-Einsatz notwendig (→ K 6-2).

K 6-2: Einblick in die empirische Befundlage zu VR

Meta-Analysen zur Untersuchung der Lernwirksamkeit von VR insgesamt zeigen kleine Effektstärken (Noah/Sanchari 2021). In detaillierten Betrachtungen wird aber deutlich, dass in Abhängigkeit von der jeweils durchgeführten Studie durchaus große Effekte beobachtet werden können (Luo u. a. 2021). Die technische Ausgestaltung der VR-Anwendung und die Passung zum Szenario ist u. a. von Bedeutung, da die erzielte Immersion auch von der Umsetzung ohne oder mit Head-Mounted-Devices abhängig zu sein scheint (Villena-Taranilla u. a. 2022; Luo u. a. 2021). Für Head-Mounted-Devices, d. h. VR-Brillen, wurden häufiger positive als negative Effekte belegt, wobei insgesamt auch die Adressatengruppe ein wesentlicher Faktor zu sein scheint. Gegenüber klassischen Lernformaten findet unter Einsatz von VR eine engagierte und motiviertere Auseinandersetzung mit den Lerninhalten statt (Maas/Hughes 2020), wobei auch hier der Neuigkeitseffekt gegenüber dieser Technologie eine große Rolle spielt und aufgrund der noch deutlich unterrepräsentierten Präsenz im Bildungskontext empirisch belastbar nicht überwunden wird. Im Vergleich zu berufsbildenden und medizinischen Lernbereichen/-orten fehlt es an Lernkonzepten für den schulischen Einsatz von VR (Schäfer/Rohse/Gittinger/Wiesche 2023).

Mittels VR können real nicht umsetzbare Zugänge zu Inhalten und Kontexten geschaffen werden. Dazu zählt, aufgrund fehlender örtlicher wie zeitlicher Möglichkeiten z. B. den Boden in der Größe einer Landassel zu erkunden (Senckenberg Gesellschaft für Naturforschung, o. J.) oder historische Kontexte real zu erleben (Lewers 2022). In der Biologie können die begrenzte Leistungsfähigkeit unserer Sinnesorgane (z. B. in Bezug auf submikroskopische Phänomene), Limitierungen in Bezug auf Kosten, Zeit bzw. Aufwand realer Umsetzungen/Experimente im Fachraum oder an entfernten Orten sowie auch ethische Überlegungen Gründe sein, die eine VR sinnvoll erscheinen lassen. Gerade im Kontext von anatomischen Inhalten wie einer Sektion (Tiere oder Menschen) ist Letzteres – zusammen mit rechtlichen Einschränkungen – ein Faktor, der für eine Umsetzung als VR sprechen kann (→ K 6-3).

In der Literatur werden ethische Aspekte des VR-Einsatzes aber auch im Hinblick auf die Nutzenden diskutiert (Slater u. a. 2020), da z. B. gerade bei starker Immersion und der subjektiv wahrgenommenen Präsenz die Trennung von Realität und Virtualität ebenso kritisch sein kann wie es die Übergänge zwischen diesen Welten sein können. Insbesondere gilt dies für VR-Szenarien, die einen ausgeprägtem Realismus aufweisen. Hierbei ist sowohl physischer als auch psychologischer Realismus zu beachten. Ersterer betrifft die physische Gestaltung virtueller Merkmale, letzterer hingegen die psychologische Empfindung beim Nutzenden, dass sich virtuelle Erlebnisse auch in der realen Welt abspielen könnten (Slater u. a. 2020). Je nach Umsetzung in der VR können simulierte Prozesse und Ereignisse demnach ähnlich wie real Erlebtes (nach-)wirken. Eine Sektion in VR könnte zwar unter dem Aspekt des Tierverbrauches vorteilhaft, bei zu realistischer Umsetzung aber dahingehend ethisch kritisch sein, dass es zu stärkeren Ekelempfindungen kommt, als es bei einer rein kognitiven Perspektive der Fall sein würde. VR ist diesbezüglich durchaus mit z. B. Gruselfilmen vergleichbar, die – trotz des Wissens um die rein fiktionale Handlung – z. T. durchaus starke Emotionen auslösen. Neben der starken Eingebundenheit in die virtuelle Realität wird die damit einhergehende Abkapselung von der Realität als kritisch bzw. emotional belastend beschrieben. Mit dem Eintauchen in den VR-Modus werden Aktionen, Blicke und Interaktionen der Mitlernenden im realen Raum nicht wahrgenommen und ggf. vor dem imaginären Auge als persönlich-bedenklich visualisiert (Southgate 2018). Nicht zu unterschätzen ist auch eine Beeinflussung des aktuellen gesundheitlichen Wohlbefindens der Lernenden in der VR. Sensorische Widersprüche beim Sehen und Bewegen in der VR können zu Übelkeit (*Motion Sickness*) führen. Unter Berücksichtigung der skizzierten Herausforderungen und Wirkungen bieten VR-Anwendungen dennoch einen Lernraum, in dem rein kognitiv erworbenes Wissen in sonst unerreichbaren, kostenintensiven oder gefährlichen Settings vertieft (→ Wissenspräsentation, A → Kap. 6.2), praktisch angewandt und/oder affektiv erlebbar wird (→ Wissenserarbeitung, B → Kap. 6.2) und somit der Ausbildung von trägem Wissen entgegengewirkt werden kann (Buehler/Kohne 2020).

K 6-3: Tiersektionen in Virtual Reality

Anatomie-Kenntnisse sind sowohl Teil universitärer als auch schulischer Curricula. Dafür relevante und eingeplante Sektionen von Tieren oder Organen sind jedoch insbesondere in der biologisch-medizinischen Lehre entsprechend des damit verbundenen Tierverbrauchs als kritisch zu reflektieren. Im Vergleich dazu ist der Einsatz von Tieren/Organen an Schulen für Sektionen per se stark eingeschränkt oder gar nicht vorgesehen, wodurch auch für diesen Lernort VR basierte Lehr-Lernszenarien sinnvoll sein können.
Eine Analyse von Potenzialen und Limitationen in Bezug auf die zu adressierenden Lernziele ist in der zum Unterricht zutreffenden Auswahl aus Foto, Video, Modellen und/oder VR klassische Kernaufgabe von Lehrkräften.

Aus dem Einsatz von Fotos und Videos für eine Thematisierung von Tiersektionen resultieren aufgrund des i. d. R. damit verbundenen Verlusts der Dreidimensionalität Nachteile. Dreidimensionale Modelle können diese zwar minimieren oder vermeiden, ein realistischer Zugang zur Gewebebeschaffenheit ist aber über diese ebenso nicht realisierbar. Das Erlernen von prozedural-praktischem Wissen zu einer Sektion ist mit Fotos und Videos nur rezeptiv und ohne psychomotorische Komponenten möglich.
Modelle aus z. B. Kunststoff erlauben zwar ein aktives Handeln, sind als „Baukastensysteme“ jedoch nur mit direkt erkennbaren „Schnittstellen“ und damit erkennbar vorgegebenen Handlungsschritten einsetzbar. In VR-Umgebungen sind Handlungssequenzierungen nicht direkt anhand vorgegebener Sollbruchstellen oder durch Modellteile vorgegeben.

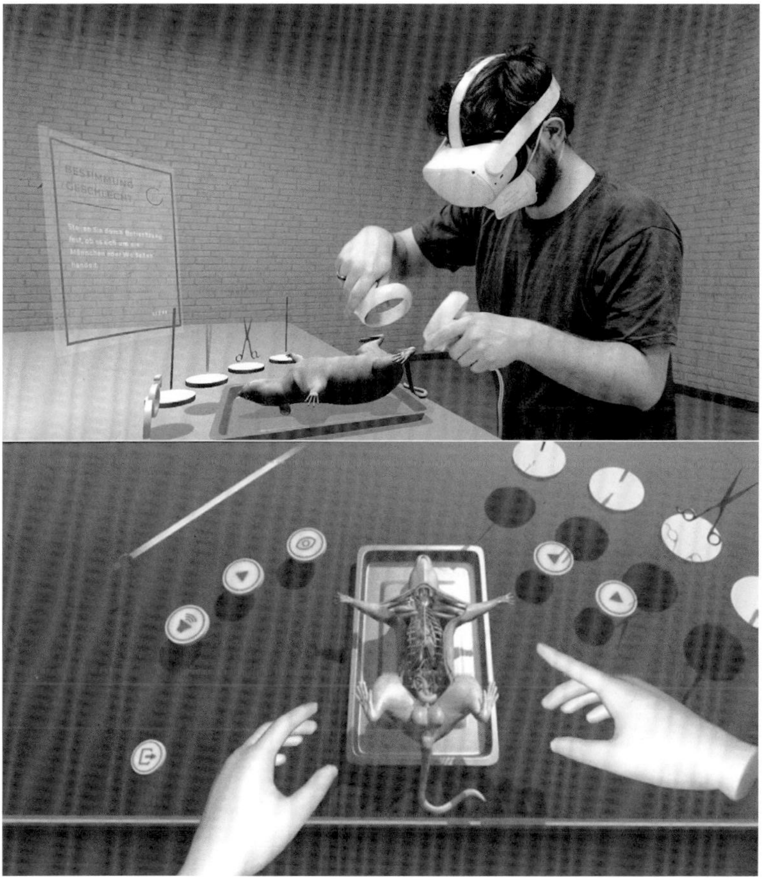

Abb. 6-8: Virtuelle Sektion einer Maus im Projekt *AKTViR*

Welche fachlichen Lernzieldimensionen mit einer VR-Sektion adressiert werden können, wurde im Rahmen einer Fragebogenstudie mit 40 Studierenden (60 % weiblich, 40 % männlich, 22,5 % Lehramt) untersucht (Thyssen u. a. 2023). Dazu wurden Einschätzungen, wie gut eine VR in bestimmten Punkten auf eine Sektion vorbereitet, mittels sieben Stufen von „gar nicht" (1) bis „sehr gut" (7) von den Studierenden nach ihrer Vorbereitung mit einer VR-Umgebung (→ Abb. 6-8) auf die reale Sektion (pre-Test) im Praktikum und nach der Durchführung der realen Sektion (post-Test) erfasst. Zusätzlich wurden auch Besuchende eines Workshops zum Einsatz von VR in der Lehrkräftebildung nach einer Testung der VR-Sektion ohne anschließende Real-Sektion befragt.
Aus den Daten lassen sich bzgl. der abgefragten Aspekte bzw. Zielbereiche zu VR (z. B. Lage der Organe, Feinmotorik) zwei Cluster bilden, die in Anlehnung an Lernzieldimensionen interpretiert werden können. Ein Cluster mit kognitiv-formalen Aspekten lässt sich deutlich von einem eher affektiv-psychomotorischen Cluster separieren. Das Lernen in der Vorbereitung mit VR wird für kognitiv-formale Aspekte höher bzw. positiver eingeschätzt als für den affektiv-psychomotorischen Bereich. Zudem sind die Einschätzungen im kognitiv-formalen Bereich homogener. Da sich die Einschätzungen auch nach der Durchführung einer realen Sektion nicht signifikant ändern, liefern die Daten Hinweise darauf, welche Ziele mit einer VR-Sektion gut bis sehr gut (kognitiv formales Cluster) oder eher weniger gut (affektiv psychomotorisches Cluster) adressierbar sind.

Ist das Angebot an VR-Umgebungen für den Biologieunterricht bereits rar, lässt sich das für Ressourcen zur eigenen Erstellung von VR-Inhalten noch klarer feststellen. Ein passgenauer und zunehmender Einsatz von VR wird zukünftig ohne intuitive Möglichkeiten der Lehrkraft, Inhalte und Funktion selbst anzulegen oder zu verändern, schwer realisierbar sein. Auf Ebene der digitalen Inhalte gewinnt die Erstellung und Darbietung von 360°-Videos unter Verwendung von immersiven VR-Geräten an Bedeutung. Ein in VR betrachtetes 360°-Video kann die Grundlage für nachfolgende Lernaktivitäten wie Diskussionen im Klassenzimmer, Gruppenarbeit, schriftliche Analysen bzw. Bewertungen bilden (Jensen/Konradsen 2018) oder auch über die Integration von interaktiven Elementen im Video (→ Kap. 6.2.3) zur direkten Auseinandersetzung mit dem Inhalt in der VR-Umgebung anleiten. Mit einfachen VR-Videos kann auch der Novelty Space für ALOs reduziert werden.

Trotz der Tatsache, dass VR eine noch neue Technologie ist, lassen sich mit bereits etablierten Überlegungen unter Berücksichtigung didaktischer und methodischer Aspekte fachdidaktische Entscheidungen treffen, die im Idealfall durch zukünftige Forschungsdaten und eigene Erfahrungen immer treffsicherer werden. Lehrkräfte sollten die Technik durchaus auch selbst in schulischen wie auch eigentlich nicht schulrelevanten Kontexten testen, um hier eigene Expertise und Erfahrungen aufzubauen. Letzteres kann z. B. auch Konsequenzen von vorhandenen Beeinträchtigungen bei der visuellen Wahrnehmung und der kognitiven Reizverarbeitung (z. B. Epilepsie) oder Nebenwirkungen wie z. B. Cyber- und Motion-Sickness verdeutlichen. Solche und weitere Perspektiven zur Beurteilung des Einsatzes von VR sind bereits Teil einer speziell für den schulischen Einsatz vorgenommenen Kategorisierung (Zender u. a. 2022), die die Bereiche Technologie, Medizin, Pädagogik und Didaktik umfasst.

6.2.3 Video – Rezipieren, Aktivieren und Interagieren

Videobasierte Visualisierungen sind aus dem Kommunikations- und Informationsgeschehen, ob in Freizeit oder Beruf, nicht mehr wegzudenken. Kaum eine andere digitale Technologie trägt sowohl einen traditionellen als auch innovativ-modernen Kern mit Möglichkeiten zum digitalen Lehren und Lernen in sich. So bewegend wie auch die bereits über Jahrzehnte andauernde Entwicklung des (Kino-)Films haben sich im Zuge dessen klassische Unterrichtsfilme und das Schulfernsehen etabliert (Degenhard 2001). Aktuell verlieren diese beiden medialen Zugänge durch die Entwicklungen im Bereich der digitalen Videotechnologie und Vertriebswege an Bedeutung und/oder bekommen ein erweitertes Spektrum des Einsatzes im Fachunterricht. Im Sprachgebrauch dominiert die Begrifflichkeit Video; eine Unterscheidung zum Film ist aus technologischer Perspektive bedingt durch die Digitalisierung auch nicht mehr gegeben. In der Wertigkeit geht mit einem Kinofilm oder auch professionellen Lehrfilm zumeist jedoch (noch) ein höherer Qualitätsanspruch einher. Leider machen sich die nutzenden Personen diesen Qualitätsanspruch und die Qualitätskontrolle mit dem fortwährend wachsenden Angebot an Videos in Online-Repositorien weniger bewusst oder messen diesem Punkt gar weniger Bedeutung zu. Dies ist ein kritisch zu betrachtender Umstand, da privat bis semiprofessionell produzierte Videos auch ohne klare Qualitätskontrolle durch die häufig kostenfreie Verfügbarkeit und die vielseitigen Distributionswege ein für Lernende leicht zugängliches Lehr-Lernmedium darstellen. Insofern erscheint es naheliegend, sich noch vor der Auseinandersetzung mit Fragen zu didaktisch-begründet gestalteten Lernanlässen mit Videos zuerst Fragen zur Auswahl von Videos und damit verbundenen Qualitätskriterien zu widmen (→ Tab. 6-2).

Qualitätskriterien	exemplarische Ausgestaltung eines Erklärvideos zu „Hefe – Bedeutung und Stoffwechsel"
Multimediale Gestaltung	
multiple, externe Repräsentationen *(multimedia principle)*	• Realaufnahme im Labor von der Erstellung eines Frischpräparats bis zur Mikroskopie (dynamische Bildabfolge mit gesprochenen Erklärungen) und einem mikroskopischen Bild mit Beschriftung der Hefezelle (statisches Bild mit geschriebenem Text) → Realitätsnähe • dynamischer Aufbau/Erstellung einer schematischen Darstellung (z. B. Diagramm) zum Einfluss der Temperatur auf die Hefeaktivität/Stoffwechsel mittels 2D-Animation (z. B. Screencast) → Abstraktion
Sprache-Bild-Kontiguität *(spatial contiguity principle)*	• Erklärungen zum Aufbau einer Hefezelle kommen zeitgleich zur 2D-Animation (z. B. digitaler Legetrick/cut-out) der Bestandteile einer Hefezelle • Texteinblendungen zu Schritten/Phasen des Stoffwechsels erfolgen in räumlicher Nähe zur passenden Visualisierung
Fokussierung und Kohärenz *(redundancy & coherence principle)*	• in einer Stop-Motion-Animation wird der Stoffwechselprozess visualisiert und (auditiv) erklärt; auf ablenkende Exkurse in Form irrelevanter Erklärungen/Inhalte, Einblendungen illustrativer Bilder (z. B. Ethanol → Bierflasche) oder redundanter Texteinblendungen wird verzichtet • Zeitraffer-Aufnahmen eines aufgehenden Hefeteiges werden durch Musik auf einer Audiospur begleitet ohne gleichzeitige Darbietung von textlichen Erklärungen
Sinneswahrnehmungen *(modality principle)*	• es werden (überwiegend) auditive Erklärungen (Hören) gegenüber geschriebenen Texten (Sehen) zu den Visualisierungen (Sehen) integriert, z. B. zur Bedeutung/zum Einsatz von Hefen in der Nahrungsmittelindustrie, Forschung und Medizin
Strukturierung/Segmentierung *(segmenting principle)*	• Stoffwechselprozess zur Gärung wird nicht in einer langen, komplexen Sequenz erklärt und visualisiert, sondern in einzelnen kurzen Phasen/Szenen segmentiert (z. B. Glykolyse segmentiert bis zu Pyruvaten; Ethanal-Bildung ...), die über einen „Weiter"-Button miteinander verbunden sind • Struktur und Auswahl inhaltlicher Schwerpunkte/Sequenzen über ein Inhaltsverzeichnis (z. B. Hefezelle, Hefe-Vorkommen, Hefe erforschen ...)
Instruktionale und informierende Erklärungen	
An-/Sprache *(personalization principle)*	• Lernende werden in den Erklärungen zur Gärung und/oder einer Instruktion zur Formulierung einer Hypothese zur Hefeaktivität im Pizzateig direkt angesprochen bzw. involviert • es wird Fachsprache (ggf. auch Alltagssprache) angepasst an die Zielgruppe verwendet

Hervorhebungen und Prompts *(signaling principle)*	• visuell durch Fettmarkierung in Texteinblendungen oder farblichen Markierungen im Bild kombiniert mit den gesprochenen Erklärungen oder auditiv durch Betonung von Erklärungen werden z. B. die Produkte der Gärung oder die Eigenschaften von Enzymen hervorgehoben
Veranschaulichung/Beispiele	• weitere anschauliche Beispiele zur Erklärung der Enzymaktivität und des Einflusses der Temperatur werden einbezogen • zur Veranschaulichung werden Analogien z. B. zwischen der Enzymaktivität auf die nötige Energie bei einer Bergwanderung gezogen
Didaktische Elemente zur (interaktiven) Gestaltung von Lernhandlungen	
additive und/oder integrative Lernaufgaben	• begleitend und/oder nach dem Rezipieren des Erklärvideos werden Lernaufgaben gestellt: z.B. zur Planung eines Experimentes zur Prüfung des Temperatureinflusses auf die Hefeaktivität; zum Vergleich der Gärung mit der Zellatmung • im Format eines Tutorials wird das Mikroskopieren von Hefezellen von den Lernenden „nachgemacht" oder ein Experiment zu einem weiteren Einflussfaktor (z. B. Zuckermenge) nach vorgegebenen bzw. integrierten Lernschritten durchgeführt (Experimentiervideo)
interaktive Steuerung	• über Aufgaben: Lernende müssen MC-Aufgaben zu Merkmalen der Hefezellen, einen Lückentext zum Ablauf der Gärung etc. zu einer Szene/Sequenz richtig lösen, damit das Video weiter angeschaut werden kann • durch Lernende: Anlage von integrierten Buttons zur Auswahl und/oder zum Überspringen von Szenen/Sequenzen (s. Segmentierung), zur Wahl zwischen Repräsentationsformen (Audio oder Bild) und/oder zwischen im Komplexitätsgrad unterschiedlichen Inhaltssträngen/Lernpfaden (z. B. zur Glykolyse)

Tab. 6-2: Prinzipien zur Gestaltung (nach Mayer 2001 → Kap. 3) und Beurteilungskriterien zu Videos mit Lehr-Lernfunktion am Beispiel eines fachbezogenen Erklärvideos (angelehnt an Bruckermann u. a. 2020; Kulgemeyer 2020). Die angeführten Beispiele repräsentieren oder beziehen sich auf Szenen/Sequenzen, die hier nicht der/einer chronologischen Abfolge in dem möglichen Erklärvideo folgen.

Die exemplarische Beschreibung zur Gestaltung und qualitativen Beurteilung von (Erklär-)Videos (→ Tab. 6-2) lässt die in der Videoauswahl, im Videoeinsatz sowie auch der Videoproduktion (→ Kap. 6.3.1) verborgene Vielgestaltigkeit dieser digitalen Technologie erahnen. Beim Lehren und Lernen mit Videos müssen Auswahlentscheidungen auf technischer Ebene hinsichtlich der zugrunde liegenden Bewegtbild-Techniken sowie mit Blick auf den adressierten didaktischen Zweck in der Darbietung der Fachinhalte in Bezug auf unterschiedliche Videoformate getroffen werden (→ Abb. 6-9).

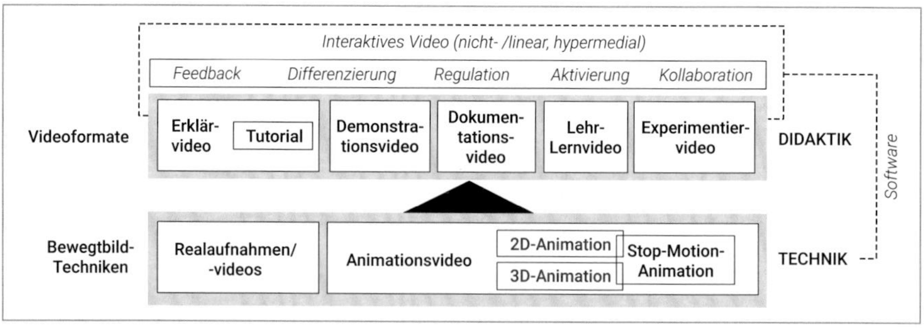

Abb. 6-9: Komponenten in der multimedial-technologischen und didaktisierenden Videogestaltung

Bewegtbild-Techniken

Videos sind die zentrale digitale Ressource zur Darstellung bewegter Prozesse und Phänomene. In einem digitalen Video können unterschiedliche Bewegtbild-Techniken oder Variationen angewandt werden, um den Inhalt darzubieten (→ Wissenspräsentation, A → Kap. 6.2). Mit den jeweiligen Techniken und ihrer Auswahl geht der Zweck einher, die didaktische Funktion des gewählten Videoformates (→ Abb. 6-9) zu unterstützen oder überhaupt erst zu realisieren. Stop-motion-Animationen eignen sich beispielsweise besonders für die Visualisierung von Prozessen (z. B. Gärung), die es in der Biologie sehr häufig zu verstehen gilt (Park 2010). In einem Erklärvideo zum Stoffwechselprozess bei Hefen (Bsp. in Meier/Kastaun 2018), zur Regulation des Wasserhaushaltes in Pflanzen, zu Verdauungsprozessen in den einzelnen Organen (Bsp. in Meier 2021) kann diese Bewegtbild-Technik dominieren und auch von den Lernenden einfach selbst produziert werden (→ Kap. 6.3.1). Im Vergleich zu der in Animationen zumeist eher schematischen, abstrakten Gestaltung des Inhaltes bestechen Realaufnahmen durch Realitäts- und ggf. Alltagsnähe. Visualisierungen z. B. eines aufgehenden Hefeteiges zum Pizzabacken in einem realen Setting wirken authentisch und beziehen die Erfahrungen der Lernenden durch die gut zu leistende Verknüpfung mittels einer realitätsgetreuen, nicht abstrahierten Darbietung leicht mit ein. Hierbei digital einfach zu realisierende Effekte, wie Zeitraffer, Zeitlupe, Green-/Bluescreen (→ Abb. 6-10) oder 360°-Aufnahmen, ermöglichen es, mit dem fertigen Film als digitaler Ressource zeit- sowie ortsbezogene Hürden im fachbezogenen Lehren und Lernen zu überwinden. Eindrucksvolle Phänomene/Inhalte können sehr flexibel in den Unterricht eingebunden werden. So können beispielsweise Langzeit- bzw. länger andauernde Versuche in einem kurzen Zeitintervall beobachtet und ausgewertet (Bsp. in Pfafferodt/Meier/Kastaun 2023), schnelle Bewegungen (ob bei Pflanzen oder Tieren) visualisiert (Bsp. in Hilfert-Rüppell 2021) oder schwer zu erreichende Orte „greifbar" ins Klassen- oder Kinderzimmer im Zuge von Hausaufgaben geholt werden.

Abb. 6-10: Realitätsnahe Erklärung mittels Green-Screen-Technik und dynamischer Visualisierung im Hintergrund z. B. zur Angepasstheit und Blütenmorphologie

Videos können realitätsnah bzw. -näher und in Kontexten des Alltags verankert sein; sie bieten medial-technologische Variationen bzw. Abstraktionen der Darstellung von Inhalten und gelten daher als motivierende Medien im Unterricht (siehe auch Motivationsstrategien im Einsatz von Medien nach Keller 2010). Das Lehren und Lernen mit digitalen Videos kann aufgrund der Auswahl an Formaten (→ Abb. 6-9) dieses Potenzial nutzen, da zwischen genannten Merkmalen wie auch zwischen Lerninhalt und Lernendenmerkmalen leicht eine Passung hergestellt werden kann (→ Kap. 3).

Videoformate

Mit Videos können Impulse zum Nachdenken und Erkunden in den Unterricht eingebracht werden. Im Rahmen dieser vornehmlich informierend-rezeptiven Funktion als Lehrmittel stellen sie in Kombination mit Lernaufgaben ein probates Lernmedium dar. Je nach didaktisierender Ausrichtung bzw. Aufbereitung der Inhalte im Video lassen sich Formate mit zum Teil unterschiedlichen oder auch überschneidenden Lernintentionen realisieren. Erklärvideos sind zumeist kurze Clips, die als Eigenproduktionen von Novizen sehr zahlreich zu vielen Themen im Internet zugänglich sind und nicht zwingend explizit für einen Einsatz im Unterricht produziert wurden. Eine eventuell vorhandene Didaktisierung orientiert sich deshalb häufig an nicht-unterrichtlichen Zielen. Hinzu kommen mit dem Aufschwung dieses Videoformats auch im professionellen Stil produzierte und über Plattformen frei (z. B. https://studyflix.de) sowie kommerziell (z. B. https://www.sofatutor.com) verbreitete Erklärvideos mit höherem Didaktisierungsgrad. Egal ob real oder animiert wird in einem Erklärvideo ein ausgewählter Fachinhalt bzw. ein Teilaspekt oder -prozess anschaulich, multimedial visualisiert und audiovisuell erklärt (entsprechend der Kriterien in → Tab. 6-2), um diesen über integrierte oder begleitende Aufgaben vom Lernenden erschließen zu lassen. Mit der Einbindung von Aufgaben in das Video wird zusätzliche Software nötig und eine interaktive Auseinandersetzung mit dem Inhalt im digitalen Lernraum geschaffen (in → Abb. 6-9 dargestellte Verknüpfung zum interaktiven Video). Im professionellen Stil produzierte Lehr-Lernvideos sind häufig deutlich länger, inhaltlich umfassender sowie explizit für einen didaktischen Einsatz konzipiert. Meist existiert auch eine Fülle an spezifischem Begleitmaterial (z. B. FWU, GIDA) für den Unterricht (in der Tradition vergleichbarer analoger Lehrfilme), das digital jedoch viel flexibler eingesetzt werden kann.

Mit einer Vormachen-Nachmachen-Intention werden unter dem Label von Erklärvideos auch Tutorials und videobasierte Blog-Beiträge (Vlogging) gefasst (Einteilung nach Wolf 2015). Die hier genutzten Bewegtbild-Techniken sind ebenso unterschiedlich und angepasst an die zu visualisierenden Arbeitsweisen bzw. -techniken wie die dazu gestellten Aufgaben für die Lernenden, wie beispielsweise:

- *Realaufnahmen – Screencast:* Funktionen einer Software vorstellen (wie z. B. einer Präsentationssoftware), um selbstständiges Arbeiten der Lernenden bei der Visualisierung eines Fachinhalts zu ermöglichen;
- *Realaufnahmen – One-Take-Legetrick*: Arbeitsschritte/Prozessabläufe, wie z. B. das Vorgehen beim Experimentieren mittels Karten etc. sukzessiv ins Bild legen und erklären, um eine unterrichtliche Arbeitsphase vorzubereiten oder Vorwissen zu aktivieren;
- *Realaufnahmen – Green-/Blue-Screening*: Arbeitstechnik z. B. zum Mikroskopieren oder Präparieren, ggf. von einer Person im Bild vor variablem Hintergrund mit Einblendungen zeigen, um diese Schritte vom Lernenden nachmachen zu lassen.

Ein für den Biologieunterricht vergleichsweise fachspezifisches Format ist mit dem Experimentiervideo gegeben, das sowohl eine visuell-erklärende und/oder -informierende als auch vormachende und/oder analysierende Funktion im Lernprozess einnehmen kann. Erklärvideos zum Experiment bzw. Experimentieren greifen beispielsweise fachmethodische Inhalte auf, die es beim Experimentieren zu beachten gilt, durch die sich das Experiment von weiteren naturwissenschaftlichen Erkenntnismethoden abgrenzt und/oder die die Bedeutung experimenteller Befunde für die Wissenschaft und Öffentlichkeit reflektieren. Im Tutorial-Format wird die Durchführung eines Experimentes visualisiert und von den Lernenden Schritt für Schritt nachgemacht. Als Analysewerkzeug können die in einem Experimentiervideo visualisierte Planung und Durchführung eines Experimentes sowie die aus dem Video von den Lernenden selbst erfassten Messdaten analysiert und interpretiert werden (Meier/Kastaun/Stinken-Rösner 2022).

Grundlegend für ein aktiv-konstruktives, situatives, selbstgesteuertes sowie ggf. kollaboratives Lernen (→ Kap. 3) mit dem Medium Video ist, unabhängig von Technik und Format, die zielorientierte, didaktische Einbettung in den Fachunterricht. Diese Einbettung kann in Kombination mit analogen Medien, Materialien und Methoden aber auch digital gestützt oder komplett digital umgesetzt werden. Letzteres führt zur Notwendigkeit der Auseinandersetzung mit digitalen Möglichkeiten zur interaktiven Gestaltung von Videos oder von videobasierten Lernumgebungen.

Erweiterung zum interaktiven Video

Die verfügbare technische Ausstattung (Hardware) entscheidet darüber, inwieweit die didaktischen Intentionen der Nutzung von Videos auch realisiert werden können. Lernende können das Video selbst abspielen, stoppen bzw. pausieren (ausgenommen sind Gif-Videos), die Geschwindigkeit verändern sowie vor- und zurückspulen. Insofern kann bei individueller Nutzung auch schon auf diese Art und Weise ein, wenn auch sehr niedriger, Grad an Interaktivität erzeugt werden. Genau betrachtet handelt es sich hierbei aber weniger um Interaktivität zwischen Lernenden und Technik bzw. Video, sondern immer noch um das Betrachten/Rezipieren des Videoinhaltes in einer selbstgesteuerten/-regulierten Art und Weise (→ Wissensregulation, C → Kap. 6.2).

Interaktive Videoformate kennzeichnet vor allem die Ausweitung der Informationsquellen zu einem digitalen Inhalt, welche den Lernenden individuell oder in festgelegter Reihenfolge zum bzw. im eigentlichen Video in Form zeitgestempelter, multimedialer Elemente dargeboten werden. Lernende können beispielsweise zusätzlich zum Videobild ein Bild, eine Grafik, eine Animation, eine Aufgabe o. Ä. aufrufen. Bleibt es hierbei nicht nur beim Betrachten der zusätzlichen Ressourcen und kommt eine Auswahlkomponente in der Art der Repräsentation sowie ggf. die Möglichkeit der Modifikation der Reihenfolge und Art von Videoinhalten dazu, steigt der Grad an Interaktivität (angelehnt an die Typologie nach Schulmeister 2002). Damit nehmen auch die Möglichkeiten zur Schaffung von differenzierten Lernzugängen und einer selbstständigen Wissensregulation (C → Kap. 6.2) zu. Eine Einbindung multimedialer Informationen/Repräsentationen führt für sich genommen ebenso wie in Kombination mit einer technologisch induzierten Steuerung/Verzweigung in und/oder zwischen verschiedenen Videospuren zu interaktiven Videoformaten (u. a. Meixner 2017, Meier/Stinken-Rösner/Zeller 2022), wie dem …

- linearen Video mit Multimedia-Elementen (Bild, Text, Video, Link etc.),
- nicht-linearen Video,
- Hypervideo (= nicht-lineares Video mit Multimedia-Elementen).

Mit interaktiven Elementen können ebenso digitale Kommunikationswege zwischen Lehrendem und Lernenden sowie Lernenden und Lernenden aufgebaut und damit Feedback (→ Kap. 6.4.2.) und Kollaboration im Lernprozess ermöglicht werden. Video-Feedback oder Video-Chats sowie die kollaborative Videoannotation intendieren gemeinsames Lernen direkt am Video bzw. zum Videoinhalt. Technologiebedingte Unterscheidungen zum interaktiven Video können in den didaktisierenden Videoformaten ihre Ausprägung finden, d. h. in einem ...

- Erklärvideo zum Stoffwechsel von Hefen werden beispielsweise Links zur Klärung von Fachbegriffen und/oder Animationen zu Teilprozessen individuell auswählbar für den Lernenden eingebettet;
- Experimentiervideo kann der Lernende eine Hypothese auswählen und damit das folgende visualisierte Experiment bestimmen oder bekommt Feedback zur fachmethodischen Qualität der gewählten Hypothese;
- Tutorial zum Mikroskopieren wird eine fehlerbehaftete Darstellung der Arbeitstechnik über integrierte Fragen von den Lernenden bearbeitet und über system-/videointegrierte Rückmeldungen korrigiert.

6.2.4 Virtuelle Experimente – Simulieren und Interagieren

Bereits im Realexperiment wird über den Einsatz von digitalen Technologien, insbesondere in der Messwerterfassung (→ Kap. 6.2.5), ein digitaler Raum der Datenerfassung und -analyse mit dem realen Handlungsraum zum Experimentieren verbunden. Eine digitale Umsetzung oder virtuelle Gestaltung dieser realen Experimentierhandlungen in virtuellen Experimenten bzw. Experimentierumgebungen ist mit Vor- und Nachteilen hinsichtlich der Durchführung von bzw. dem Lernen mittels Experimente/n im Unterricht verbunden (→ Tab. 6-3). Eine Argumentation bzw. ein Abwägeprozess, der für oder gegen einen Einsatz virtueller Experimente im Vergleich zu realen Experimenten im Unterricht spricht, kann aus zwei Perspektiven geführt werden:

Bzgl. der Erreichbarkeit und Zugänglichkeit eines virtuellen Experimentes spricht	
DAFÜR, dass	*DAGEGEN, dass*
• die Durchführung unabhängig vom realen Ort und zu jeder Zeit umgesetzt werden kann. • auch Lernenden mit körperlichen Beeinträchtigungen (z. B. Motorik oder Sehsinn) generell ein leichterer Zugang ermöglicht werden kann.	• die Durchführung ggf. von einer Server- und/oder Internetverbindung abhängig ist. • die Ansprache und Aufmachung/Darbietung/Systemsteuerung meist auf die (Inter-)Aktion einer Person ausgelegt ist (ist je nach Unterrichtsziel auch positiv zu bewerten).

Bzgl. der Vielfalt und fachmethodischen Tiefe eines virtuellen Experimentes spricht	
DAFÜR, dass	*DAGEGEN, dass*
• eine aktive Erarbeitung mit gefährlichen, teuren, rechtlich- oder ethisch-reglementierten und/oder aus schulspezifisch logistischen (Bestands-)Gründen nicht real-durchführbaren Experimenten umgesetzt werden kann. • eine Durchführung mehrmals bzw. so oft wie nötig unter stabilen bzw. systemdefinierten Bedingungen durchgeführt werden kann.	• unter kontrolliert-festgelegten und/oder modellierten Bedingungen wenige bis keine Messfehler oder Messungenauigkeiten Bestandteil/Inhalt des Experimentierens sind. • zumeist eine Fokussierung auf die Erarbeitung von konzeptionellem Fachwissen gelegt wird (ist je nach Unterrichtsziel auch positiv zu bewerten).

Tab. 6-3: Vor- und Nachteile zu Virtuellen Experimenten (im Vergleich zum Realexperiment), die je nach Format unterschiedlich ausgeprägt sein können (angelehnt und erweitert nach Hatherly/Jordan/Cayless 2009)

Virtuelle Experimente oder generell virtuell fachgemäße Arbeitsweisen schaffen einen nicht realen Raum, in dem ohne in der Realität bestehende Beschränkungen oder Gefahren gearbeitet werden kann. Eine Verbindung zwischen Realität und virtuellem Raum kann unterschiedlich ausgeprägt oder gänzlich nicht vorhanden sein. Konzeptionell können verschiedene Formate beschrieben werden (→ Tab. 6-4), die in ihrer Begrifflichkeit bzw. Bezeichnung nicht immer trennscharf angewandt werden. In dieser Übersicht wird mit virtuellen Experimenten ein Blumenstrauß an verschiedenen Formaten zusammengeführt. Ihnen gemein ist der Werkzeugcharakter in den Händen der Lernenden, die über digital-vermittelte, virtuell-realisierte oder simulierte Handlungen zu einem Experiment dessen Ausgang erfassen, steuern oder prüfen können, um Fachkonzepte anzuwenden, zu vertiefen und/oder zu erklären (→ Wissenserarbeitung, B → Kap. 6.2).

Das Angebot an Möglichkeiten zur Erstellung von virtuellen Experimentierumgebungen (auch für Lehrende) wird stetig größer. In der Folge handelt es sich bei → Tabelle 6-4 nicht um eine erschöpfende Darstellung, sondern um eine Auswahl der prominentesten und gut zu unterscheidenden Formate zum virtuellen Experimentieren. Mittels verschiedener Videotechniken und videobasierter Visualisierung, eingebettet in interaktive Lernumgebungen oder direkt angereichert mit digitalen interaktiven Elementen, entwickeln sich virtuelle Formate zum Experimentieren weiter. Interaktive Videoexperimente oder Experimentiervideos (→ Kap. 6.2.3) ermöglichen die orts- und zeitunabhängige Steuerung sowie die Regulierung von Experimenten. Im Vergleich zu animierten und simulierten Formaten ist zusätzlich auch eine Interaktion mit realen Aufbauten in/zu dynamischen Versuchsdurchführungen möglich (u. a. Graulich/Groos/Maaß 2021).

	Realexperiment	Remote Experiment
Technologische Perspektive (Darstellung & Zugang)		
Darstellung des Versuchsaufbaus	realer Aufbau	Video-Live-Bild
Digitaler Zugang	ggf. Internetzugang für Messgeräte und App nötig	Internetzugang zur Fernsteuerung und den Videostream benötigt
Komplexität & Realitätsbezug	alle Parameter der Realität	große Anzahl veränderbarer Parameter mög Steuerungstechnik beschränkt Eingriffe
Nutzerkapazität & Skalierbarkeit	Betreuung und Material limitierend	nur ein Nutzender kann das Experiment steu
Sicherheit	Gefährdung für Nutzende, lokale Schäden möglich	keine Gefährdung für Remote-Nutzende, lokale Schäden möglich
Didaktische Perspektive (Inhalt & Methodik)		
Messwerte	Ergebnisse und Messdaten in Echtzeit	
Messfehler	Zufallsfehler, z. T. von Expertise der Nutzenden abhängig	Zufallsfehler, z. T. von Expertise der Nutzend und Datenverbindung abhängig
Messungenauigkeiten	bestimmt durch Messgeräte und Nutzende	bestimmt durch Messgeräte
Sinneszugang & Perspektive	Originale ermöglichen Realerfahrungen mit allen Sinnen	beschränkt auf gestreamte Kanäle, i. d. R. Video und Audio
Didaktik, Didaktische Reduktion (DR, v: vertikal, h: horizontal)	vDR über vereinfachte Systeme bzgl. Komplexität, hDR ohne AR o. Ä. nicht möglich	vDR über vereinfachte Systeme bzgl. Komplexität, hDR über virtuelle Zusatzlayer ähnlich AR oder an bestimmte Aktionen geknüpfte Ergänzungen (auch Audio)
Einbindung von Hilfestellungen	Anleitungen, Hilfekarten	Einbindung von Hilfestellungen ist aufwendi Zusatzseiten, Texte oder Pop-ups
Zeit	Aufbau, Durchführung und Auswertung in Realzeit	Aufbau i. d. R. vorgegeben, Durchführung und Auswertung in Realzeit

Tab. 6-4: Gegenüberstellung unterschiedlicher virtueller Experimentierformate ausgehend vom Realexperim

ktives Bildschirmexperiment (IBE)	Virtuelles Experiment/Labor	Simulation
ische Fotografie bzw. Aneinander-ung von Fotos des realen Aufbaus	animierte, stilisierte Nachbildung eines Aufbaus in kompletter Laborumgebung	zumeist abstrahierte Bilder, statische oder dynamische Visualisierungen
ne-Benutzung möglich	Offline-Benutzung möglich (je nach Angebot)	Offline-Benutzung möglich (je nach Angebot)
begrenzte Anzahl veränderlicher ameter und davon abhängiger ablen möglich	große Anzahl veränderbarer Parameter möglich, Freiheitsgrade vordefiniert	große Anzahl veränderbarer Parameter möglich, Freiheitsgrade vordefiniert
egrenzte Anzahl an gleichzeitigen utzern	unbegrenzte Anzahl an gleichzeitigen Benutzern	unbegrenzte Anzahl an gleichzeitigen Benutzern
e Gefährdung für Nutzende, keine Schäden möglich		
oraus aufgenommene Messwerte den aus einer Datenbank abgerufen	Ergebnisse vordefiniert, abhängig von hinterlegten Nutzeraktionen	Ergebnisse vordefiniert, z. T. auf einem mathematischen Modell basierend
istisch verteilte Messfehler müssen ammelt oder simuliert werden, um m IBE einzubinden	Messfehler können simuliert werden oder sind nicht vorhanden	
	können von Nutzeraktionen beeinfluss-bar implementiert sein	nicht vorgesehen; Bestimmung aus Eingangsparametern und Fehlerfort-pflanzung möglich
virtuell, Video- und Audio-rmationen	rein virtuell, Video- und Audio-Informationen	rein virtuell, Video- und Audio-Informationen
über vereinfachte Systeme bzgl. nplexität, hDR über virtuelle atzlayer, Markierungen und chriftungen	vDR über vereinfachte Systeme bzgl. Komplexität, hDR über virtuelle Zusatzlayer, Markierungen und Beschriftungen	vDR bzgl. Systemkomplexität, auch durch Aufbereitung im Sinne von hDR und über Zeitkontrolle
bindung von Hilfestellungen ist ach, Zusatzseiten, Texte oder -ups	Hilfestellungen zu vordefinierten Punkten und Aktionen in verschiedenen Formaten möglich (on demand durch Avatare, Peer-Hilfen anderer User etc.)	Einbindung von Hilfestellungen ist einfach in verschiedenen Formaten möglich (on demand durch Avatare, Peer-Hilfen anderer User etc.)
bau i. d. R. vorgegeben, Durchfüh-g und Auswertung bzgl. Zeit sprechend der Konzeptanlage	Aufbau auf Kopfdruck möglich Durchführungsphasen wie Inkubationen o. Ä. in Zeitraffer möglich, Daten direkt visualisierbar, Auswertung teilautomatisiert oder eigenständig in Realzeit	Aufbau auf Kopfdruck möglich Durchführungsphasen wie Inkubationen o. Ä. in Zeitraffer möglich, Daten direkt visualisierbar, Auswertung automatisiert oder „extern" eigenständig in Realzeit

ehnt und erweitert nach Thoms 2019, S. 76)

Aktuell werden sowohl die realitätsnahen Formate als auch die animierten virtuellen Experimentierumgebungen meist als ein Ersatzmedium gegenüber dem Realexperiment wahrgenommen und bewertet. Hierbei schneidet das Realexperiment in seiner Bedeutung zum Lernen im Biologieunterricht positiver ab und wird dem virtuellen Lernen vorgezogen, ohne dass dabei konkret auf Lernziele Bezug genommen wird (u. a. Meier/Kastaun/Stinken-Rösner 2022). Obwohl Simulationen eine regelmäßige Anwendung im Fachunterricht (vornehmlich Chemie/Physik) finden (Stinken-Rösner 2020; → K 6-4), führen selbst eingeschränkte Rahmenbedingungen für Realunterricht nicht unmittelbar dazu, dass gezielt oder alternativ Lernanlässe mit virtuellen Experimenten geschaffen werden (Henne u. a. 2021).

K 6-4: Systemisches Denken mittels Simulationen fördern

Aus biologischer Perspektive analysierbare Systeme sind allgegenwertig. Die Zelle ist ein System, Lebewesen sind Systeme und wiederum selbst Teil von noch größeren, komplexen Systemen (z. B. Populationen, Ökosystemen). Ein System wird von der Summe seiner Einzelteile und deren Wechselbeziehung untereinander als auch mit der Außenwelt/Umwelt über die Systemgrenzen hinausgehend definiert und beherrscht (Arndt 2017). Neben der Verdeutlichung der in einem System zusammenwirkenden Elemente werden im Einsatz von Simulationen v. a. die Dynamiken des Systems über Vernetzung der Elemente, Rückkopplungsschleifen und zeitliche Dimensionen modelliert, z. T. visualisiert und interaktiv steuerbar gemacht.

Mit Simulationen können je nach mathematischer und inhaltlicher Ausgestaltung unterschiedliche Ziele der Systembeeinflussung oder -prüfung verfolgt werden. Entsprechend der von Friedemann Mattern (1996, S. 2) angeführten Zielrichtungen von Simulationen sind für den naturwissenschaftlichen Bildungsbereich Prognosen des Systemverhaltens (z. B. Populationsgenetik, Wettervorhersage), Überprüfung von Theorien zu im Detail unbekannten Systemen/Systemeigenschaften (z. B. Klima-Gesellschaft-Wirtschaftssysteme im Sinne von BNE) sowie die modellbasierte Veranschaulichung von komplexen Systemen (z. B. Räuber-Beute-Beziehungen; mikrobiologische Prozesse in der Abwasserbehandlung) relevant bzw. häufig umgesetzt. Gemeinsam ist allen Anwendungen, unabhängig vom simulierten Prozess oder Beziehungsgefüge, dass der Benutzende eine unmittelbare Rückmeldung auf Eingaben erhält, d. h. die Aktion des Users im Sinne einer Anpassung bzw. Regulation von Parametern (z. B. landwirtschaftlicher Eintrag ins Gewässer: Bsp. in Baltes/Steinwachs/Martens 2023; Vorkommen von Räubern/Beute: Asshoff/Jördens 2022) führt in der Simulation zu einer modellbasierten und wiederum in der Simulation beobachtbaren Reaktion. Sind die Darbietung und der Zugang an die jeweilige Zielgruppe angepasst, können mit Simulationen, unter Voraussetzung einer didaktischen Einbettung, theoretische und schwer zu beobachtende Zusammenhänge und komplexe, dynamische Wechselbeziehungen interaktiv-motivierend und (auch) selbstbestimmt erarbeitet werden.

Eine substituierende Integration virtueller Experimente zur Digitalisierung im Biologieunterricht (SAMR-Modell; → Kap. 2.4.2) sollte und muss nicht zwingend negativ bewertet werden. Dies würde sich hemmend auf den Einsatz dieser digitalen Technologien auswirken, wodurch das mögliche Potenzial in der Schaffung kognitiv-aktivierender, differenzierter und lernförderlicher Lernprozesse (noch) nicht ausgeschöpft wird bzw. werden kann. Wie bei jeder Medienentscheidung ist die jeweilige Wahl an die gesetzten Ziele, die Zielgruppe und den zu vermittelnden Inhalt sowie die Rahmenbedingungen (hier zur Durchführung von Experimenten im Unterricht) geknüpft: Praktisches, reales Experimentieren spricht zumeist alle Sinne an, ist mit praktischen Fertigkeiten und einem verfügbaren Zeitrahmen sowie Material verbunden; virtuelles Experimentieren lässt ein gefahrloses Erkunden unterschiedlicher Einflüsse/Faktoren in kürzerer Zeit bei zuverlässig stabiler Darbietung und Generierung von Messwerten zu (→ Tab. 6-4). Beides für sich genommen kann fachbezogenes Lernen zielführend unterstützen – in der Kombination mit realen Experimenten eröffnen sich weitere Lernchancen (z. B. für Physik: Flegr/Kuhn/Scheiter 2023), die insbesondere für biologische Phänomene im Experimentalunterricht zukünftig noch tiefergehend empirisch untersucht und geprüft werden müssen.

6.2.5 Daten – Messen und Verarbeiten

Mit der steigenden Verfügbarkeit digitaler Technologien und sinkenden Preisen bei gleichzeitig steigender Ausstattung und Qualität digitaler Endgeräte erlaubt die unterrichtliche Integration bisher nicht realisierbare Zugänge zu Problemstellungen und ihren Lösungen. Im Kontext naturwissenschaftlicher Erkenntnisgewinnung können damit Verfahren der Datensammlung und -analyse durch Lernende selbst angewandt und in der Praxis nachvollzogen werden, die bisher nur theoretisch und damit abstrakter zugänglich waren. Bereits mit den standardmäßig verbauten Sensoren in Tablets und Smartphones lassen sich in unterrichtlichen Arbeitsphasen Daten erfassen, für die bis vor 20 Jahren spezielle Messgeräte hätten angeschafft werden müssen. Folgende technologische Gegebenheiten eröffnen biologische Anwendungsgebiete im Unterricht:

- Mit den in aktuellen mobilen Endgeräten integrierten Optiken und Kameras lassen sich Lichtqualitäten (bis hin zu Infrarot) und -quantitäten untersuchen sowie über Bilder Längen und Flächen erfassen und vermessen oder auch mittels Videos Bewegungsabläufe auswerten. Vielfach sind Zeitlupen- und Hochgeschwindigkeitsvideos möglich, um darüber z. B. Wachstum, Entwicklung oder (Fort-)Bewegungen zu erfassen. Aktuelle Geräte erlauben sogar durch die Ermittlung von Lichtlaufzeiten die Erfassung von 3D-Aufnahmen und -Scans.

- Durch lichtdichtes Abkleben der Kameras kann mit den verbauten Sensoren sogar radioaktive Strahlung quantifiziert werden. Mit gleichzeitiger Nutzung zweier Geräte ist die Messung von Lichtintensitäten sogar kombiniert mit der Vermessung biologisch relevanter Flächen (s. o.) möglich. So ließe sich z. B. die Öffnung der Pupille (Gerät 1) in Abhängigkeit von der am Auge messbaren Lichtstärke (Gerät 2) ermitteln.
- Die Nutzung als individuelle Player mit Software, mittels der mit Kopfhörern über den gesamten Frequenzbereich die Hörschwelle ermittelt werden kann, ermöglicht Hörtests (Bsp. in Thoms/Pawels/Thyssen 2023).
- Die eingebauten Mikrophone ermöglichen Frequenzanalysen von Vogelgesängen und deren Analyse im Hinblick auf wiederkehrende Muster. Mit externen Zusatzmodulen können sogar Ortungsrufe von Fledermäusen aufgenommen und visualisiert werden.
- Vergleichsweise günstig können Endoskope die optische Basisausstattung von Tablets und Smartphones ergänzen und neue unterrichtliche Zugänge schaffen. Beispielsweise können Schweineherzen und deren hydraulisch arbeitende Herzklappen endoskopisch untersucht werden (Thyssen u. a. 2020).
- Auch Sensoren wie GPS, die nicht direkt biologisch relevante Größen erfassen, können Untersuchungen effizienter machen. Im Falle der Kartierung von Ökosystemen können damit sehr exakte Positionsdaten berücksichtigt werden, sei es zur Beschreibung von Funden oder zur Abgrenzung von Untersuchungssektoren bzw. Transsekten.
- Integrierte Beschleunigungsmesser machen eine Messung im Vergleich zu klassischen Versuchen zu Reaktionszeiten in der korrekten Einheit möglich. Anstelle einer Messung in Zentimetern, durch Fallenlassen eines Lineals und Auswertung der Falltiefe bis zum Fangen mit Daumen und Zeigefinger, kann mit geeigneten Apps und einem mit Umhängehülle gesicherten Smartphone anhand der Beschleunigungs- bzw. Bremsdaten im Zeitdiagramm die Reaktionszeit direkt abgelesen werden.

Ergänzend zu dem, was die Geräte an sich schon mitliefern, wird der Markt an externer Messtechnik, hier vor allem Sensoren, stetig umfangreicher. Mit externen Sensoren erfasste Daten werden entweder über kleine, funktionsreiche Datenlogger oder drahtlos (via WLAN oder Bluetooth) an digitale Endgeräte in Echtzeit übermittelt und einer Auswertung zugeführt. Hierbei ist systemabhängig auch die parallele Erfassung von mehreren Messgrößen und eine vergleichende grafische Auswertung möglich. Die Anwendung digitaler Messwerterfassung mittels externer Sensoren lässt sich entsprechend der zu erwerbenden unterschiedlichen Sensoren in unterschiedlichsten biologischen Inhaltsfeldern ausmachen, wie z. B. Humanbiologie (z. B. EKG-, Blutdruck-, Puls-, Atemfrequenzsensor) oder Umweltbiologie (z. B. Temperatur-, Nitrat-, Licht-, Bodenfeuchtesensor; → Praxisbeispiel).

Praxisbeispiel

Nehmen wir an, Sie nutzen zur Erfassung abiotischer Umweltfaktoren eines Gewässers oder des Waldbodens mit ihren Lernenden nicht Teststäbchen, Laborthermometer und Nachweischemikalien, sondern ein digitales Messwerterfassungssystem mit externen Sensoren für unterschiedliche Parameter (→ Abb. 6-11). Derartige Systeme gibt es von unterschiedlichen Anbietern (z. B. Vernier, Pasco). Neben den jeweiligen Messsensoren gehört zu ihnen noch eine App, die auf dem digitalen Endgerät die gemessenen Daten empfängt und grafisch visualisiert (Bsp. in Förtsch/Förtsch 2021). Die digital erfassten Daten können die Lernenden in Echtzeit verfolgen und unmittelbar mit einem Tabellenkalkulationsprogramm bearbeiten und auswerten.

Abb. 6-11: Angepasst an das jeweils zu untersuchende Ökosystem können unterschiedliche Umweltfaktoren digital erfasst werden: In der aquatischen Umweltanalyse kann über die Erfassung von z. B. Sauerstoff, Temperatur, Nährsalzen die Gewässergüte analysiert werden. Bei der Untersuchung terrestrischer Ökosysteme (z. B. Wald, Wiese) können über das Erfassen abiotischer Umweltfaktoren von z. B. pH-Wert, Bodenfeuchte u. a. Rückschlüsse auf das Pflanzenvorkommen gezogen werden (Bsp. in Kastaun/Meier 2021)

Nun stellt sich die Frage, wie es mit den gewonnenen digitalen Daten weitergeht, und sicher sind hierbei auch weiterführende analoge, methodische Vorgehensweisen denkbar. Die über digitale Endgeräte jedoch zumeist verfügbaren leichten Übertragungswege der Daten zwischen den Lernenden legen nahe, solche digitalen Kommunikations- und Kollaborationswerkzeuge auch im Biologieunterricht zu nutzen. Die Daten können mit digitaler Dokumentations- und/-oder Präsentationssoftware sogar kollaborativ protokolliert werden. Die Visualisierungsmöglichkeiten sind hierbei deutlich vielfältiger als bei einer analogen Protokollführung und erlauben Darstellungstransformationen und Ergänzungen *on-site* und *on-the-fly*. So kann es sein, dass die Lernenden im Internet selbstständig nach Simulationen recherchieren, diese in ihr digitales Protokoll integrieren, um beispielsweise den jeweils gemessenen pH-Wert (z. B. Simulation) in seiner Ausprägung an unterschiedlichen Standorten eines Gewässers oder zwischen Gewässern zu erklären. Der Lernprozess im Zuge der Protokollführung von der Datenerfassung über die Datenverarbeitung bis hin zur Präsentation wird, insbesondere wenn er sich auch über das einzelne Unterrichtssetting hinaus etabliert und Lernende beispielsweise eine digitale Protokollmappe (= ePortfolio) sukzessiv füllen, digital transformiert.

Diese Transformation spiegelt sich nicht nur in der digitalen Ausgestaltung des Lernprozesses wider, sondern auch in einer sich wandelnden, methodischen Unterrichtsführung hin zu offeneren, selbstregulierten und agilen Lernmethoden. Für das hier skizzierte Beispiel bedeutet dies, dass die Lernenden in Kleingruppen z. B. für einen Gewässer- oder Waldabschnitt oder die Erfassung eines Messwertes in unterschiedlichen Gewässer-/Waldabschnitten verantwortlich sind, d. h. ein Messkonzept mit Anzahl der Messungen/Messintervalle, des Messorts/der Messorte und der Messdauer planen, dieses umsetzen und ihre Daten entsprechend ihrer kognitiven Voraussetzung, ggf. mit digitalen Unterstützungen (z. B. Videotutorial zu Excelfunktion), selbstreguliert visualisieren und auswerten.

Der Einblick in die technologischen Errungenschaften digitaler, mobiler Endgeräte macht die bereits existenten digitalen Möglichkeiten zum eigenständigen Erforschen unzähliger Phänomene deutlich. Sowohl der Prozess des Messens als auch die hierbei anzuwendenden digitalen Messtechniken und -methoden lassen eine Datenerfassung durch Lernende in forschenden Lernumgebungen zu, um darüber fachwissenschaftliche Inhalte zu erarbeiten, zu erklären und zu prüfen sowie fachmethodisches Wissen (u.a. zum Messvorgang und Messfehler) aufzubauen und zu vertiefen (→ Wissenserarbeitung, B → Kap. 6.2).

Doch nicht nur in formalen Lernsituationen, also im regulären Fachunterricht, werden die Möglichkeiten der Teilhabe an wissenschaftlicher Erkenntnisgewinnung erweitert, sondern auch in nicht-formalen, außerunterrichtlichen Zusammenhängen. Sogenannte Citizen Science (CS) bezeichnet eine Form der Wissenschaft, bei der die Zivilgesellschaft, also Bürgerinnen und Bürger, aktiv an der Forschung teilnehmen und dabei ihre eigenen Erfahrungen und Kenntnisse einbringen. Ziel ist es, durch die Beteiligung einer großen Anzahl von Menschen an der Datensammlung und -analyse die wissenschaftliche Erkenntnis und den gesellschaftlichen Nutzen zu erhöhen. Dabei können sowohl wissenschaftliche als auch gesellschaftliche Fragestellungen bearbeitet werden. CS hat das Potenzial, das öffentliche Verständnis von Wissenschaft und Technologie zu stärken und den Dialog zwischen Wissenschaft und Gesellschaft zu verbessern (Kullenberg/Kasperowski 2016). Doch gerade bei der Nutzung digitaler Technologien in CS-Projekten wird deutlich, dass eine Verbindung von analogen und digitalen Methoden und Werkzeugen sehr gut durchdacht sein muss, um die Wirksamkeit zu entfalten. Scheuch und Team (2018) zeigten beispielsweise, dass Lehrkräfte in einem CS-Projekt maßgeblich auf Artenbestimmung und weniger auf die Förderung eines umfassenderen Verständnisses naturwissenschaftlicher Erkenntnisgewinnung fokussieren. Digital unterstützte Ansätze zur Förderung von *Scientific Literacy* durch

CS sollten daher sowohl förderliche Oberflächenmerkmale (z. B. visuelle Datenaufbereitung und Informationsdarbietung, siehe Kognitionspsychologische Theorien → Kap. 3.4) wie auch aktivierende Prozessmerkmale (Angebot-Nutzungsmodell → Kap. 2.4 und kognitive Aktivierung → Kap. 3.5) aufweisen (Aristeidou/Herodotou 2020; → K 6-5). Auch kann ohne transparente wissenschaftliche Fragestellung keine *Scientific Literacy* gefördert werden.

K 6-5: Citizen Science im Biologieunterricht

Die ersten Apfelblüten gehen auf; Kraniche werden gesichtet und es wird von besonderen Wettererscheinungen berichtet – Naturbeobachtungen, an denen sich die Bevölkerung beteiligen und die sie mitteilen kann, haben eine lange Tradition. Citizen Science (CS) gewinnt durch die Möglichkeiten bzw. Funktionen digitaler Technologien stetig an Bedeutung, sowohl weil es zunehmend einfacher wird, sich zu beteiligen, als auch, weil die durch den „(digitalen) Sensor Mensch" gewonnenen Daten umfangreicher, stabiler und ggf. auch qualitativ-gehaltvoller werden. Eine Beteiligung bzw. die Durchführung von CS-Projekten bringt Vorteile auf allen Seiten mit sich: Beteiligte Personen/Lernende gewinnen an Wissen und verändern ihre Einstellung gegenüber dem beobachteten Sach- bzw. Naturgegenstand (z. B. Fledermäuse in der Stadt), Forschende gewinnen Daten zur intensiveren Auswertung und beides kann zur Erhaltung und zum Schutz von Leben/Natur/Biodiversität beitragen (z. B. Greving u. a. 2022).

Die Motivation Lehrender zur Einbindung von CS in den Unterricht liegt zum einen beim Interesse am Thema und dem anvisierten Lernerfolg sowie zum anderen in den Möglichkeiten, Unterricht innovativ, aktivierend zu gestalten und digitale Technologie mit/durch die Lernenden zu nutzen (Aristeidou/Lorke/Ismail 2022). Digitale Daten können kontextangebunden (z. B. Gewässeranalyse) und, je nach Projekt und Angebot, angeleitet über entsprechend unterrichtsbezogene Materialien von den Lernenden erfasst und in einen wissenschaftlichen Datenpool eingespeist werden (z. B. *Plastic Pirates – Go Europe!*). Zu CS-Ansätzen/-Projekten werden Kooperationsformen je nach Beteiligungsgrad der Personen/Lernenden unterschieden: von der Kollaboration in der Datensammlung ausgehend ist beispielsweise auch eine Ko-Produktion zwischen Lernenden und Forschenden in der Datenanalyse möglich und „gewünscht". Neben der Datengewinnung durch Lernende können auch zur Verfügung gestellte umfangreiche Datenpools in unterschiedlichster Darbietungsform (z. B. Messdaten, Bilder) entlang eines vorgegebenen Forschungsziels (z. B. Mustererkennung) oder anhand eigener Forschungsfragen von den Lernenden (mit-)untersucht (z. B. Analyse digitaler Daten, gewonnen aus realen Fledermauskolonien: *fledermausfun*) und die Erkenntnisse z. T. auch öffentlich geteilt werden. Besonders spannend sind auch Zugänge der spielbasierten Datensammlung, bei denen sozusagen nebenher Daten gesammelt werden: Im ortsbezogenen Spiel *Beeactive* bewirtschaften die Spielenden einen Bienenstock, den sie virtuell in der realen Umwelt platzieren. Sie erkunden die Trachtpflanzen der Umgebung, ihre Pollen- und Nektarwerte und mit jeder Bestimmung einer Pflanze via Foto entsteht eine aktuelle phänologische Karte.

Die Frage danach, *wie digital gestützter Biologieunterricht im Kontext von Messungen bzw. Datenerfassung und -verarbeitung* umgesetzt wird, bezieht auch an dieser Stelle die Perspektive auf die anvisierten Unterrichtsziele und die Vorkenntnisse der Lernenden richtungsweisend mit ein. Anhand einer kurzen Betrachtung von Aspekten im Bereich der Datenverarbeitung kann dies exemplarisch verdeutlicht werden: Digital erhobene Messwerte können automatisch oder mit vergleichsweise geringem Aufwand in neue Größen umgerechnet, gefiltert und sehr schnell auch visualisiert werden. So ist z. B. mit einem gängigen Tabellenkalkulationsprogramm und vorgefertigten Tabellenvorlagen, in denen bereits Diagramme für Tabellenbereiche vordefiniert sind, durch das Einfügen von Messwerten in diese Zellbereiche quasi in Echtzeit eine Visualisierung mit Graphen möglich. Unzweifelhaft erwerben die Lernenden bei einem solchen Fall der automatisierten Datenverarbeitung kein Wissen und keine Kompetenzen in Bezug auf die Erstellung und die Struktur von entsprechenden Diagrammen. Gleichwohl kann jedoch ein Messprinzip oder ein Vorgehen zur Hypothesenüberprüfung realisiert werden, das entweder a) die Messmethode an sich als didaktischen Schwerpunkt oder b) Erkenntnisse für Schwerpunkte im Kompetenzbereich Fachwissen (Sek. I) bzw. Sachkompetenz (Sek. II) hat. In beiden Fällen können Inhalte für die Lernenden unter unterrichtlichen Bedingungen zugänglich gemacht werden, die ggf. rein analog nicht praktisch erschließbar wären, sei es, weil im Fall a) entsprechende wissenschaftliche Verfahren mangels geeigneter Geräte nicht durchgeführt werden könnten oder im Fall b) eine analoge Messwerterhebung, Verarbeitung und Visualisierung so lange dauern würden, dass eine Umsetzung im vorhandenen unterrichtlichen Zeitraster nicht möglich wäre.

Ganz ähnliche Überlegungen bzgl. methodischer Entscheidungen unter Berücksichtigung von Unterrichtszielen und Vorkenntnissen sind auch in der „analogen“ Unterrichtplanung Standard. Niemand käme auf die Idee, einen fertigen Graphen als Kopie auszuteilen, wenn Lernende üben sollen, selbst einen Graphen zu erstellen. Gleichwohl ist dies üblich, wenn die Interpretation der Daten eines Graphen zur Erkenntnisgewinnung bzw. zum Fachwissens-erwerb beitragen soll. Dieses Vorgehen wird häufig dann eingesetzt, wenn im Unterricht mangels Ausstattung keine eigenen Daten erhoben werden können oder die Erhebung zusammen mit der Auswertung und Visualisierung zu lange dauern würde. Genau an dieser Stelle kann Digitalisierung ansetzen, d. h. ein digital gestützter Unterricht stimmig umgesetzt werden. Letzteres setzt voraus, dass die Lernenden auch kompetent genug sind, die digitalen Arbeiten ohne Probleme zu bewältigen. Deshalb müssen solche Fertigkeiten und Fähigkeiten gezielt vorab angebahnt und erlernt werden. Dieses Ziel ist nicht zwingend mit der Gestaltung eines innovativen digitalen Unterrichtssettings verbunden, sondern zeigt auf, dass z. B. auch die niedrigste Stufe des SAMR-Modells (→ Kap. 2.4.2) eine explizit einzuplanende und nicht „minderwertige" Stufe der Digitalisierung von Unterricht darstellt. Wird z. B. im Zuge einer einzelnen Temperaturmessung die Dokumentation nicht durch Ablesen und Notieren der Werte vorgenommen, sondern durch Anfertigen eines Digitalfotos (z. B. Thermografie; → Kap. 6.2.1), so ist das situativ nur eine Substitution ohne Mehrwert. Mittelfristig wird dabei aber der Umgang mit z. B. einem Tablet, der Foto-/Kamera-Funktion und/oder dem Einsatz eines externen Kamerasystems und das Einloggen ins WLAN erlernt. In einer Stunde mit einem vergleichsweise wenig komplexen inhaltlichen Ziel sollte dies zeitlich unkritisch sein und erfolgreich gemeistert werden können. Die dabei erworbenen Vorkenntnisse sind jedoch die Voraussetzung für die erfolgreiche Umsetzung von Stundenkonzepten, in denen die Lernenden z. B. das Tablet zeitkritisch und mit klaren, didaktischen Vorteilen einsetzen sollen. Versucht man erst in einer solchen Stunde den Umgang mit dem Tablet einzuführen, scheitert man in der Regel fast zwangsläufig. Anfängerfehler und damit verbundene Zeitverluste sowie kognitive Belastungen (→ Kap. 3.4) würden eine (zeit-)effektive Nutzung verhindern, weshalb die eigentlich potenziell vorhandenen Mehrwerte nicht realisiert werden könnten. Dies gilt insbesondere dann, wenn für die Nutzung von Sensoren auch kleinere Programmierungen notwendig sind oder Sensoren mit dem Tablet gekoppelt und mit neuer Software ausgelesen werden müssen. Digital gestützter Biologieunterricht im Kontext von Messwert- bzw. Datenerfassung und -verarbeitung muss also unter Berücksichtigung von Einarbeitungsschritten strukturiert umgesetzt werden.

6.3 Lernende gestalten digitale Lernprodukte

Die aktive Nutzung von digitalen Technologien durch die Lernenden kann in eine umfassende Gestaltung von Lernprodukten münden, die das Erstellen von Fotos oder die Messwerterfassung sowie das Anlegen und Füllen von Tabellen oder Diagrammen überschreiten. Letztere vergleichsweise vorstrukturierte digitale Anwendungen finden eher in kurzen bzw. im Gesamtkonzept des Unterrichts in einzelnen Lern-/Arbeitsphasen statt. Rücken hingegen digitale Lernhandlungen in der digitalen Gestaltung/Produktion und entsprechende Kompetenzen mehr in den Vordergrund der anvisierten Ziele, übernehmen digitale Werkzeuge eine prominentere bzw. zeitintensivere Funktion im Unterricht und dem digital gestützten Lernprozess. Ein problem-/fachbezogener und technologiebasierter Produktionsprozess kann hierbei anteilig oder komplett den Unterrichtsgang formen (→ Abb. 6-12). Am Beispiel der Videoproduktion und 3D-Objekt-Produktion sei dies verdeutlicht.

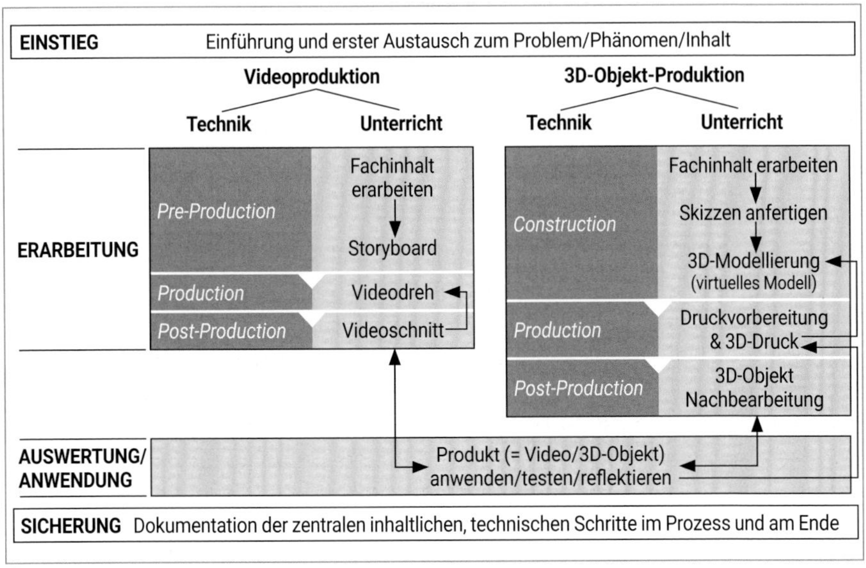

Abb. 6-12: Produktionsorientierter Unterrichtsplan am Beispiel Videoproduktion und 3D-Drucken

Ein produktionsorientierter Unterrichtsplan lässt sich unproblematisch auch in den generischen Phasen von Unterricht mit Einstieg, Erarbeitung und Auswertung, Sicherung mit Reflexion anlegen. Bleibt der Einstieg in das Thema und die Sicherung des Wissens zumeist fachlich geprägt, indem z. B. ein biologisches bzw. naturwissenschaftliches Problem/Phänomen/Inhalt eingeführt oder die gewonnenen Erkenntnisse zur Auseinandersetzung mit dem Problem am Ende gesichert werden, ist die Erarbeitungsphase mit dem Ziel der Erstellung eines digitalen Produktes zunehmend digital geprägt und folgt zu großen Teilen den technologischen Produktionsschritten (→ Abb. 6-12). In der Ausgestaltung dieses Produktionsprozesses ist der Inhalt elementar sowie ggf. ein dem Unterrichtsplan zugrunde gelegtes methodisches Lehr-Lernkonzept. In diesem Sinne kann die Videoproduktion beispielsweise als Lernwerkzeug beim Forschenden Lernen oder dem Lernen mit Konzeptwechsel eine Anwendung finden (→ Kap. 6.3.1). Die Produktion von 3D-Modellen/-Objekten scheint prädestiniert dafür, das Lernen mit Modellen und die Modellbildung im Kontext naturwissenschaftlicher Erkenntnisgewinnung zu fördern (→ Kap. 6.3.2).

Dem fachbezogenen Lernen durch oder mit digitalen Produktionen liegen aus mediendidaktischer Perspektive die Prinzipien einer handlungsorientieren Medienpädagogik mit zugehöriger aktiver Medienarbeit zugrunde. Die hiermit einhergehende Fokussierung auf den Lernenden (und nicht das Medium bzw. die Technologie) sowie einem handelnden und ebenso sozialen Lernen (Demmler/Rösch 2014) korrespondiert mit einer konstruktivistischen

Grundorientierung zum Lernen (→ Kap. 3.3). Eigenständige Erarbeitung der Lerninhalte zu einem problemorientierten Kontext, das Einnehmen und Reflektieren unterschiedlicher Perspektiven zum Inhalt und in der Kooperation mit anderen Lernenden und/oder einbezogenen Experten sowie das Lernen zu lernen in einer positiven Fehlerkultur sind fachdidaktische und methodische Zielbestrebungen in einer konstruktivistisch-produktionsorientierten Unterrichtsgestaltung. Hierbei nimmt die Bedeutung von offenen und agilen Methoden (→ K 6-6) – in denen die Lernenden in zirkulären Denk- und Handlungsprozessen innovativ-kreativ, kritisch-diskursiv und sozial-kooperativ komplexe Problemstellungen bearbeiten, um zu anwendungsorientierten Lösungen in Form von (digitalen) Produkten zu kommen – für den Bildungsbereich zu. Nicht zu vergessen sind an dieser Stelle auch naturwissenschaftliche Ansätze, die das künstlerische Gestalten betrachten (= STEAM, A steht für „Arts“, Segarra u. a. 2018) und die in der wissenschaftlichen Erkenntnisgewinnung unerlässliche Kreativität fördern (Schaal/Schlör 2019).

K 6-6: Lernende als Gestaltende und Designer

Agile Methoden in der Anpassung für das Lernen in der Schule sind sich in ihrer pädagogischen wie fachdidaktischen Anlage zum Teil sehr ähnlich und können ergänzend bzw. mit Überschneidung eine Umsetzung im Unterricht finden, entspringen aber unterschiedlichen zeitlich determinierten Strömungen und Initiativen.

Learning by Design ist ein didaktischer Ansatz, bei dem Lernende durch das Entwerfen, Planen, Durchführen und Reflektieren von eigenen Projekten lernen. Der Ansatz zielt darauf ab, Lernende zu kreativen Problemlösern und innovativen Gestaltenden zu machen und fördert gleichzeitig ihre Fähigkeiten zur Zusammenarbeit und Kommunikation (Zierer/Vollmer 2019).

Design Thinking ist ein kreativer, nutzerzentrierter Ansatz zur Lösung von Problemen und zur Entwicklung neuer Ideen. Dabei geht es darum, die Bedürfnisse und Perspektiven der Nutzenden in den Fokus zu stellen und durch eine iterative, teambasierte Herangehensweise innovative Lösungen zu entwickeln (Brown 2009).

Maker Education bezieht sich auf einen pädagogischen Ansatz, bei dem Lernende durch das praktische Erstellen von physischen Objekten und durch die Zusammenarbeit in einer Gemeinschaft lernen. Der Ansatz zielt darauf ab, die Fähigkeiten der Lernenden in Bereichen wie Technologie, Handwerk und kritischem Denken zu fördern und gleichzeitig zu motivieren, zu experimentieren und kreativ zu sein (Martin 2015).

SCRUM ist ein agiler Projektmanagement-Ansatz, der darauf abzielt, die Entwicklung von Produkten und Dienstleistungen durch die Zusammenarbeit eines interdisziplinären Teams zu verbessern. Dabei wird der Entwicklungsprozess in mehreren kurzen Iterationen aufgeteilt, in denen das Team bestimmte Aufgaben erledigt und sich regelmäßig trifft, um den Fortschritt zu überprüfen (Schwaber/Sutherland 2017).

Für den Fachunterricht wird mit der Integration aktiver Medienarbeit – wodurch Kinder bzw. Jugendliche befähigt werden sollen, digitale Technologien zur Partizipation, Kommunikation und Lebensgestaltung zu nutzen (u. a. Rösch 2017) – die an ihn gestellte Anforderung einer multidimensionalen Kompetenzausrichtung deutlich. Leitend für die mit dem Biologieunterricht anvisierten Bildungsziele im Aufbau einer *Scientific Literacy* ist die fachliche und überfachliche Kompetenzentwicklung der Lernenden (Howell/Brossard 2021); zu Letzterer zählt sicher aktuell und zukünftig immer auch eine Förderung von digitaler Medienkompetenz im Fach (→ Kap. 5.3). Häufig wird die Umsetzung z. B. einer Videoproduktion als add on mit einem zeitlichen Mehraufwand aufgrund der Integration technologischer Produktionsabläufe in den fachlichen Lernprozess verbunden und daher auch eher als zeitlich abgegrenzter Projektunterricht neben dem regulären Unterrichtsbetrieb angelegt. Projektorientierter Unterricht lässt sich jedoch ebenso auch in den „normalen" Unterrichtsstrukturen denken, wobei u. a. Arbeitszeiten, -räume und -formen einer agilen Anpassung unterliegen. Zentrale Frage hierbei ist immer, welche Lernmöglichkeiten sich über einen Produktionsprozess bis hin zur Anwendung und Reflexion des digitalen Produktes für die Lernenden aus fachlicher und fachübergreifender/medienbezogener Perspektive ergeben (s. Ausführungen in den folgenden Kapiteln zur Videoproduktion und 3D-Druck).

6.3.1 Videoproduktion im Prozess biologischer Erkenntnisgewinnung

Produktionsorientierte Lernzugänge im Prozess der naturwissenschaftlichen Erkenntnisgewinnung sind vielfältig in der Prozesseinbindung sowie der technischen Umsetzung. Bezogen auf die Erkenntnisphasen ist eine Videoproduktion integrativ durch den Lernenden umsetzbar, u. a. in der

- Problematisierung mit dem Aufwerfen einer *Frage* über z. B. einen Real-Clip,
- Visualisierung der *Planung* zu einem Experiment in einer Stop-Motion-Animation (→ Tab. 6-5) oder einem One Take-Clip,
- *Durchführung* über Realaufnahmen auch in Zeitraffer oder Zeitlupe sowie in der *Interpretation* der gesammelten Ergebnisse über einen real- und/oder animierten Erklärclip.

Neben einer prozessphasenbezogenen Integration kann auch der gesamte Erkenntnisprozess vom Phänomen bis hin zur Formulierung neuer Fragen aus den bisherigen Ergebnissen Kern eines deutlich umfangreicheren Videoprojektes sein. Hierbei übernimmt die Videoproduktion eine unterrichtsmethodische Funktion, da sie das Lerngeschehen didaktisch bzw. über die Produktionsschritte determiniert (→ Abb. 6-12). Die Videoproduktion als Unterrichtsmethode ist handlungs- und projektorientiert, selbstorganisiert und kooperativ (Bollmann 2009) sowie in dem Entscheidungsspielraum zur audiovisuellen Gestaltung durch die Lernenden offener und vielfältiger. Neben einer Auswahl von unterschiedlichen Bewegtbild-Techniken (→ Abb. 6-9), abgestimmt auf den zu visualisierenden Inhalt, treffen Lernende mit Blick auf die von ihnen adressierte Zielgruppe und die gegebenen Möglichkeiten der Umsetzung Entscheidungen zum Videoformat/-stil (z. B. Dokumentation, Tutorial, Comic) und zu Materialien, Drehorten bzw. -zeiten sowie den Akteuren im Video und/oder nötiger Software (Bsp. in Meier/Zeller 2023). Herzstück der *Pre-Production* (→ Abb. 6.12) und damit der Planungsphase zum Video ist das Storyboard, bestehend u. a. aus der Szenenbeschreibung und -abfolge, ggf. in Verbindung mit dem Sprechertext und den notwendigen Materialien. Tabellarisch beschreibend oder in Form von einfachen Illustrationen der Einzelszenen ist das Storyboard zum einen in der intensiven Auseinandersetzung mit dem Fachinhalt ein Lernwerkzeug und bildet zum anderen die inhaltliche Grundlage der Produktion. Mit der Aufbereitung der Inhalte in Szenen müssen Drehorte, Personen und Zeiten mit bedacht und ergänzend zum Storyboard in einem detaillierten Drehplan (für jeden Drehtag) festgeschrieben werden. Die sich anschließende Phase der *Production* wie auch *Post-Production* wird von den getroffenen Entscheidungen in der Planungsphase und damit dem Storyboard gelenkt. Eine Aufteilung des Unterrichts bzw. Lernprozesses in die hier skizzierten Produktionsphasen zur Strukturierung ist sicher hilfreich, jedoch nicht durchweg als trennscharf anzunehmen. Überschneidungen in den Phasen sind möglich bzw. sollten den Lernenden je nach Handlungsspielraum eingeräumt werden. So können beispielsweise einzelne Aufnahmen in der *Post-Production* nachproduziert werden (Diefenbach/Slatton 2019), um Übergänge zu glätten oder identifizierte inhaltliche Lücken zu schließen.

K 6-7: Rolle der Lehrkraft bei der Videoproduktion durch Lernende

Voraussetzungen für eine didaktisch gelungene und zielführende Integration von Videoproduktion in den Biologieunterricht sind zum einen die (digitalen) Kompetenzen der Lernenden sowie das Interesse und die Motivation der Lehrenden gegenüber dieser Technologie und zum anderen im Besonderen ein konstruktivistisch geprägtes pädagogisches Handeln der Lehrkraft im produktionsbasierten Lernprozess (angelehnt an Bollmann 2009, S. 19 f.). Die Lehrkraft ...

- animiert durch gezielte Fragen die Lernenden, zum Videoinhalt Ideen zu entwickeln.
- hilft beim Arrangieren der Szenen mit Blick auf den Lerninhalt.

- übernimmt in jeder Phase bzw. im kompletten Produktionsprozess eine beratende Rolle, die von den Lernenden eingefordert oder von der Lehrkraft gezielt umgesetzt wird.
- informiert zu den gegebenen Möglichkeiten an der Schule, über Kontakte oder außerhalb der Schule zur Realisierung von geplanten Videoszenen.
- knüpft an Fragen der Lernenden, die im Prozess aufkommen und über den eigentlichen (Video-)Inhalt hinausgehen mit vermittelnden kurzen Unterrichtsabschnitten an.

Neben der Auswahl von Videos als Werkzeug zur Präsentation, Regulation und Erarbeitung von Wissen (→ Kap. 6.2) obliegt es auch der Kompetenz der Lehrkraft, Video- bzw. Bewegtbild-Techniken (→ Abb. 6-9) auszuwählen, die sich für die Visualisierung ausgewählter Inhalte eignen, sowie im Besonderen die Lernenden im Produktionsablauf u. a. zu beraten und zu unterstützen (→ K 6-7). Vorgaben zur Technik und ein über den Inhalt gesetzter Rahmen reduzieren den Handlungsspielraum der Lernenden in der Produktion, ebenso aber auch die Anforderungen, die sich hierbei an sie stellen. Mit einer sukzessiven Einbindung ausgewählter Bewegtbild-Techniken (z. B. Stop-Motion-Animation, s. → Praxisbeispiel) mit einem gelenkten bis hin zu einem offenen selbstregulierten Produktionsablauf kann der Aufbau von digitalen Fähigkeiten bei den Lernenden und vertiefendes Lernen über die fachliche Aufarbeitung des Inhaltes im Videoclip gefördert werden (ohne zu überfordern).

Praxisbeispiel

Die Planungsphase beim Experimentieren ist tragend für das „Gelingen" eines Experimentes bzw. das Erheben von aussagekräftigen Befunden. Eine offene Planung, in der die Lernenden das Material zu ihrem Experiment auswählen und das Vorgehen zur Prüfung einer Frage/Hypothese selbst bestimmen können, ist kognitiv anspruchsvoll. Ein fachmethodisch ausgereifter Plan kostet Zeit, Aufmerksamkeit und Konzentration; nicht zuletzt deswegen ist die Planung eher unbeliebt und wird von den Lernenden schnell mit einem Kurzplan abgearbeitet oder ganz übersprungen (Meier 2016, Baur 2018). Eine in die Planung integrierte Stop-Motion-Produktion kann die Motivation und Tiefe in der Auseinandersetzung mit den Inhalten erhöhen (→ Tab. 6-5).

Ausstattung zur Stop-Motion-Produktion/Lernenden-Gruppe

- Aufnahmebereich mit Tablet in einer Halterung und ggf. Unterlage (z. B. Pappe, Schreibtischunterlage) sowie App (z. B. Stop-Motion-Studio)
- diverse Materialien zur Visualisierung (z. B. Knete, Karten, Stifte, Murmeln, Draht, Bildkarten) und/oder passend zum Phänomen/Experiment Lege-/Bildkarten
- ggf. Tippkarten zur Produktion (z. B. kleine Bewegungen)

<table>
<tr><th>Ablauf mit Lernprodukt(en)</th><th>Inhaltliche Beispiele & technikbezogene Hinweise</th></tr>
<tr><td>Lernende haben einen (ersten) Planungsentwurf zu ihrem Experiment in Form einer beschrifteten Skizze und ggf. mit Stichpunkten</td><td>Beispiele:
• Petrischale halbseitig mit Pappe einschlagen, Asseln in die Schale setzen und beobachten, wo sie hingehen
• eine Petrischale im Licht und eine Petrischale mit Pappe verdunkeln; Asseln beobachten, wie sie sich verhalten</td></tr>
<tr><td colspan="2">Feedback-Element (optional, → Kap. 6.4.2):
• In einer Stop-Motion-Animation (produziert von der Lehrkraft) werden die zentralen Merkmale zur Planung eines Experimentes visualisiert (z. B. Variablen bestimmen, Variation der UV über verschiedene Ansätze, Messkonzept anlegen, Störfaktoren). Der Clip kann gleichzeitig als Beispiel zur Umsetzung und kreativen Gestaltung der Visualisierungen in einer Stop-Motion-Animation dienen.</td></tr>
<tr><td>Lernende sichten den Clip und überarbeiten auf Basis der Informationen ihren Plan.</td><td>Beispiel:
• Petrischale halbseitig mit Pappe einschlagen; 10 Asseln mittig und gleichzeitig einsetzen; alle 2 min zählen, wie viele Asseln sich im Hellen, Dunklen oder Übergang befinden; Dauer = 10 min</td></tr>
<tr><td colspan="2">Pre-Production zur Stop-Motion-Animation:
• In der Vorbereitung zur Produktion muss der Plan zum Experiment in Szenen mit ausgewählten Materialien aufbereitet werden. Hierfür kann, je nach Zeitumfang, ein Storyboard schriftlich oder mündlich im Diskurs einer Lernendengruppe erstellt werden.</td></tr>
<tr><td>1.) Produktion: Lernende erstellen im 3er-/4er-Team eine Stop-Motion-Animation und lassen das Endbild auf der Produktionsfläche liegen.</td><td>Hinweis:
• Je nach Variation in den zu nutzenden Materialien ist der Gestaltungsspielraum in der Produktion größer und die Videoprodukte werden kreativer; jedoch ist der Zeitumfang meist auch höher. In der Materialauswahl durch die Lehrkraft liegt ebenso auch Differenzierungspotenzial (Meier 2021).</td></tr>
<tr><td colspan="2">Präsentation und Diskussion:
• Im Plenum oder gegenseitig in zwei Lernendengruppen werden die Clips präsentiert, verglichen und fachmethodische Schwachstellen diskutiert.</td></tr>
<tr><td>2.) Produktion: Lernende drehen weiter, indem sie das Endbild verändern und ihren Plan korrigieren oder ergänzen.</td><td>Hinweis:
• Jede noch so kleine Bewegung führt zu Unruhe im Clip. Soll etwas länger an der gleichen Stelle im Clip liegen, empfiehlt es sich, dieses Element mit Klebepads an der Unterlage zu befestigen.</td></tr>
<tr><td>Post-Production (optional): Lernende fügen einen Titel, eine Audiospur und/oder einen Abspann ein.</td><td>Hinweis:
• Die Produkte können Einblick in den Lernprozess zur Planung geben und vom Lehrenden zur Diagnose des fachmethodischen Erkenntnisstandes genutzt werden.</td></tr>
</table>

Tab. 6-5: Beispielhafter Ablauf zur Integration einer Stop-Motion-Produktion in die Planungsphase eines Experimentes zur Prüfung der Reaktion von Asseln auf den abiotischen Faktor Licht

Ob fokussiert auf einen fachlichen bzw. fachmethodischen Lerngegenstand oder umfassender angelegt zu einem Themenbereich ist es das Ziel, ein Video als Lernprodukt zu erstellen. Der technologische wie kognitive Weg zu diesem Produkt ist dabei ebenso bedeutsam in der Vermittlung und Anlage von Wissen wie das Produkt selbst. Je nach Unterrichtsanlage (z. B. Lernen oder Testen) spielt der Produktionsprozess mit der Etablierung einer positiven Fehlerkultur zunehmend auch eine wichtigere Rolle als das digitale Produkt, das nicht selten nur eine Momentaufnahme der Leistung des Lernenden repräsentiert. Videoproduktionen setzen Fähigkeiten zur Kommunikation und Kooperation, zur gemeinschaftlichen und selbstverantwortlichen Organisation, zur diskursiven Aushandlung und Reflexion von Ideen und Lösungen sowie weiterer überfachlicher Kompetenzen bei den Lernenden voraus bzw. legen diese an.

6.3.2 3D-Objekte im Prozess der biologischen Modellbildung

Den 3D-Druckprozess zum Inhalt des Biologieunterrichts zu machen, setzt die entsprechenden technologischen Zugänge bzw. Geräte und Software sowie auch eine offenere Unterrichtsanlage mit Raum für Kreativität, dem Begehen und Korrigieren von Fehlern (im Produktionsprozess) und diskursiven Austausch zur Gestaltung eines meist individuellen Lernproduktes voraus. Die geeignete technologische Ausstattung ist sowohl im schulischen Bereich (Thyssen/Meier 2023) als auch im Bereich der Hochschulbildung keine Seltenheit mehr. Maßgeblich dazu beigetragen hat die Maker-Bewegung/-Bildung (→ K 6-6) und die damit einhergehende zunehmende Einrichtung von Makerspaces an außerschulischen Institutionen (z. B. Museen, Bibliotheken) und auch an Hochschulen (z. B. Makerspaces der Pädagogischen Hochschule Ludwigsburg: Schmidt 2022). Bereits vor mehr als fünf Jahren wurden derartige Strömungen zum Making und Makerspace in der Hochschulbildung als wichtige lehr-/lerntechnologische Entwicklung ausgewiesen (Johnson u. a. 2016). Wie sich diese geschaffenen Möglichkeiten zur Nutzung von innovativen Technologien, z. B. dem 3D-Druck, von angehenden Lehrkräften in der Lehramtsausbildung langfristig auf den schulischen Bereich auswirken, bleibt noch abzuwarten. Der 3D-Drucker erscheint zumindest für den schulischen Sektor noch innovativ, nicht zuletzt, weil Einstellungen und Vorstellungen zur Art der Nutzungen von 3D-Druck im naturwissenschaftlichen Fachunterricht bei Lehrkräften wenig methodisch, d. h. produktionsorientiert ausgeprägt sind (Thyssen/Meier 2023). Eingebunden in naturwissenschaftlich-geprägte Lehr-Lernkonzepte wie dem Forschenden Lernen und den hier involvierten fachgemäßen Arbeitsweisen zum Entdecken, Erkunden und Prüfen fachbezogener Probleme/Phänomene kann die 3D-Drucktechnologie das methodische Unterrichtsgeschehen modifizieren und neugestalten (SAMR-Modell, → Kap. 2.4.2).

Zwischen dem 3D-Drucker als Gerät und Werkzeug der Fachwissenschaften und dem 3D-Objekt als Produkt, wie z. B. das materielle Modell eines Originals, spannt sich der Design- und Druckprozess auf (Meier u. a. 2022). Eingebettet in einen naturwissenschaftlichen Kontext wird beim Designen und Drucken, ausgehend vom Original über eine Idee und ein mentales Modell hin zum virtuellen Modell und dem kontextbezogenen Anwenden eines gedruckten 3D-Objektes, ein technologiegestützter Modellbildungsprozess von den Lernenden durchlaufen (→ Abb. 6-13).

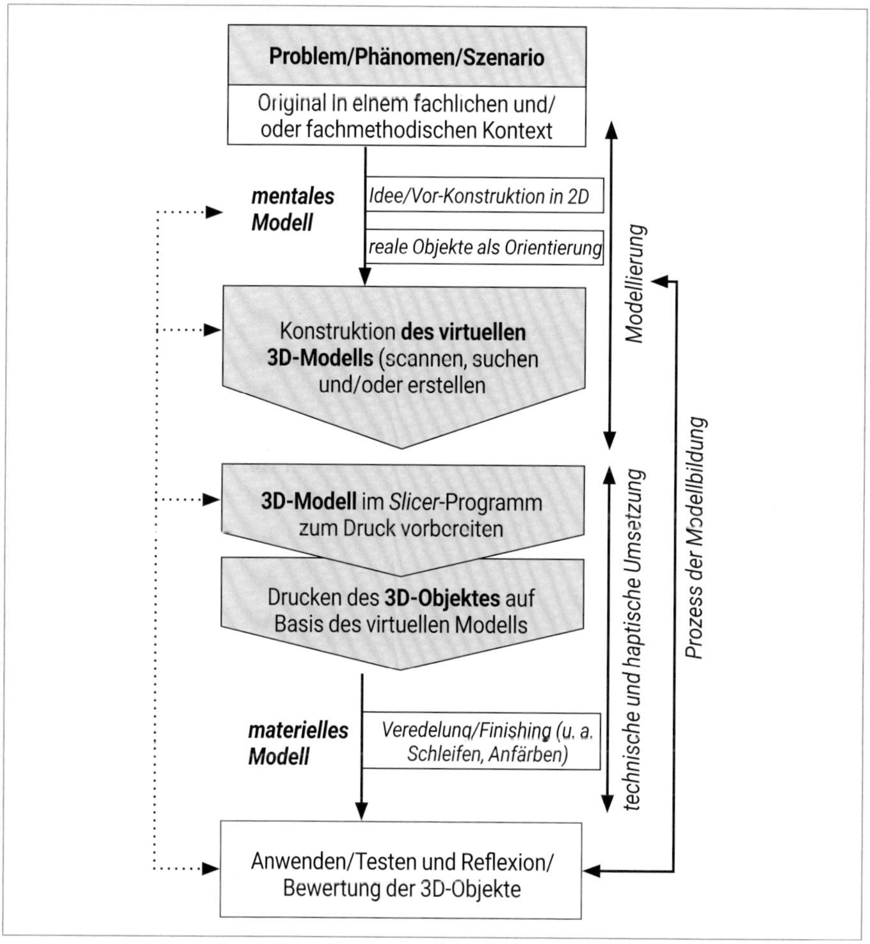

Abb. 6-13: Zentrale Elemente und Phasen der 3D-Modellierung bis hin zum 3D-Drucken, Anwenden und Reflektieren (als Unterrichtsmethode)

Fachliches und fachmethodisches Lernen ist je nach anvisiertem 3D-Objekt unterschiedlich (mit Überschneidungen, → Praxisbeispiel) ausgeprägt:

- Die Konstruktion eines dem Original homologen Modells bedarf einer intensiven Erarbeitung und Analyse des biologischen Aufbaus und der Strukturen beim Original, wie z. B. Blüten. In dem sich entwickelnden mentalen Modell geht es im Übergang zum virtuellen Modell nun aber nicht (nur) um eine Reduktion der zu visualisierenden Eigenschaften, sondern um eine Übertragung der realen Visualisierung auf die Möglichkeiten der virtuellen Darstellung, z. B.: *Wie lassen sich die Staubblätter in einer 3D-Angiospermen-Blüte möglichst originalgetreu virtuell darstellen?* Auch in dem sich der technischen Konstruktion anschließenden Prozessschritt zur Anwendung des materiellen Modells auf das Original dominiert eine fachlich-kognitive Lernzieldimension.
- Mit dem Ziel, Erkenntnisse über das Original oder zu einem dem Original zugehörigen biologischen Phänomen/Problem zu gewinnen, ist zumeist weniger das Original in allen seinen Eigenschaften für den Modellierungsprozess bedeutsam. Die Konstruktion von Funktionsmodellen ist auf fachlicher Wissensebene an eine Auswahl und Reduzierung der erkenntnisrelevanten Eigenschaften im mentalen Modell gebunden. In der Übertragung auf die virtuelle Visualisierung münden diese in einer dem Original analogen Darstellung. Bereits in der mentalen Modellierung werden ebenso fachmethodische Abwägungen beim zu entwickelnden Modell getroffen, die den Anwendungskontext und die ggf. zu prüfende Hypothese im Blick haben. In der Anwendung des 3D-Objektes/materiellen Modells dominiert eine fachmethodische Wissensebene, in der das Modell über die generierten Erkenntnisse aus seiner Anwendung in einem experimentellen Setting (z. B. *Schnabelform und Nahrungsquelle bzgl. Struktur und Funktion*) und aus einer technischen Funktionsperspektive (z. B.: *Bildet das Objekt die anvisierten Funktionen ab bzw. lassen sich diese korrekt ausführen?*) weiterentwickelt wird.

Praxisbeispiel

Ein Beispiel für eine digital-analoge Integration der Prozesse der Modellbildung und der Erkenntnisgewinnung erlaubt ein Workflow, bei dem ein reales Objekt im 3D-Scan digitalisiert, digital manipuliert und schließlich über 3D-Druck wieder als Realobjekt zur Hypothesentestung genutzt wird (Bsp. in Schorn/Schaal 2024): Anhand von Schädelmerkmalen (z. B. Schädelvolumen, Jochbögen) lässt sich die Humanevolution sehr gut nachzeichnen. Üblicherweise werden im Unterricht an Schädelmodellen die Volumina bestimmt und die Jochbögen vermessen.

Oft sind die dafür benötigten Modelle (wenn überhaupt) nur einmal an der Schule verfügbar, und damit ist eine intensive Auseinandersetzung mit ihnen für einzelne Lernende nur schwer realisierbar. Werden die Schädel jedoch mittels 3D-Scanner erfasst, so sind sie für jeden Lernenden digital verfüg- und manipulierbar. Für die analoge Bestimmung des Hirnvolumens werden beispielsweise Linsen in den Schädel eingefüllt und die so ermittelten Werte der verschiedenen Hominiden verglichen. Dieses Verhältnis gilt es nun für die digitalen Modelle zu skalieren, zu übertragen und als Hohlkugeln mittels 3D-CAD-Programm auszuschneiden. Wird dies von den Lernenden selbst vorgenommen, so entsteht nicht nur ein homologes Strukturmodell, sondern auch ein Funktions- und Erkenntnismodell.

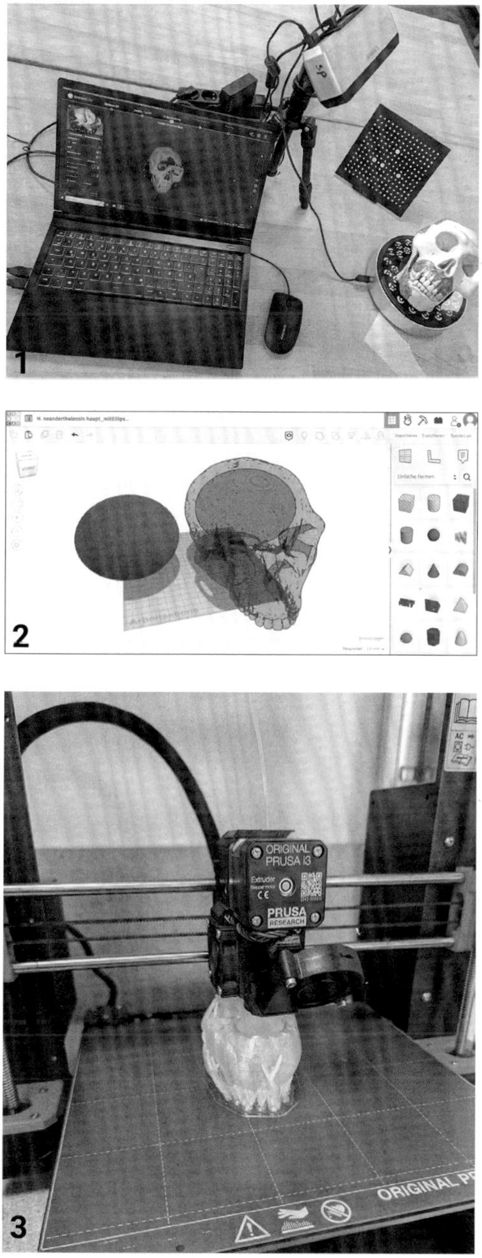

Abb. 6-14: Workflow vom 1. Scan, 2. Virtuelle Überarbeitung, 3. Druck

6.4 Lehrende gestalten Lernmedien

Die Anwendung digitaler Technologien durch die Lehrkraft setzt, bezogen auf die Technik, zum einen Fähigkeiten und Fertigkeiten zum Umgang sowie der Bedienung in unterrichtlichen Lernszenarien und zum anderen auch in einer möglichen und/oder nötigen Gestaltung dieser zu unterrichtsbezogenen Lehr- und Lernzwecken voraus. Verläuft die Suche und Auswahl nach digitalen Lernmedien erfolglos oder unbefriedigend, weil die Passung zwischen angesetzten Unterrichtszielen und vorliegenden Lernvoraussetzungen in der Klasse nicht gegeben ist, ist die Nutzung digitaler Technologien als Werkzeug der Lehrenden zur Medienerstellung bzw. -bearbeitung naheliegend (→ Abb. 6-15). Bereits die Neu- oder Umgestaltung eines Arbeitsblattes wird schon lange nicht mehr ohne digitale Geräte und Ressourcen umgesetzt; Schaubilder werden digital erstellt und vervielfältigt als Ausdruck oder digital ausgegeben; Stundenpläne werden online geplant oder Klassenlisten online geführt. Neben einer zunehmend digitalen Administration und Koordination von Unterricht über z. B. Lernmanagementsysteme und entsprechend integrierte digitale Ressourcen werden die digitalen Möglichkeiten einer inhaltlichen ziel- und adressatenbezogenen Gestaltung von Lernmedien sowie die spezifische Erstellung von Hilfsmitteln zum Lernen durch die Lehrkraft stetig umfangreicher (→ Abb. 6-15).

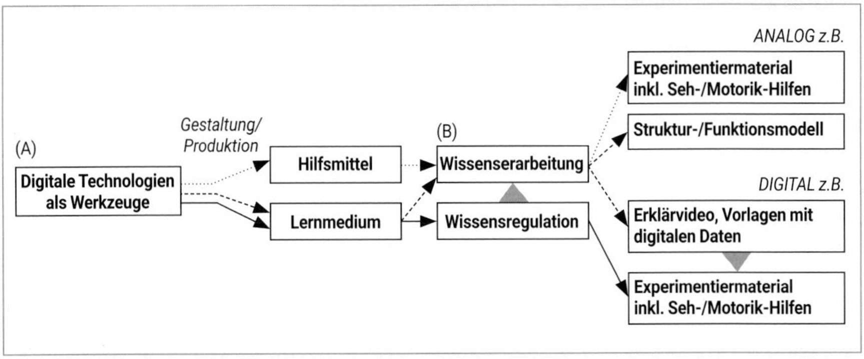

Abb. 6-15: Produkte Lehrender in der Nutzung digitaler Technologien als Werkzeug

Die von den Lehrkräften genutzten digitalen Technologien (→ Abb. 6-15, A) unterscheiden sich in den meisten Fällen nicht von denjenigen, die Lernende nutzen (→ Kap. 6.2). Videos, Podcast oder das 3D-Objekt werden mit Kamera, Mikrofon, 3D-Drucker und Software entsprechend des jeweils technologiebedingten Produktionsablaufs erstellt. Je nach anvisierter Qualität und Professionalität kann sich hier aber die Komplexität in der Produktion steigern, sodass das von der Lehrkraft produzierte Lernmedium, ähnlich wie der von ihm/ihr ausgehende Fachinhalt, bezogen auf das Niveau über das angestrebte Lernziel oder Lernprodukt der Lernenden hinausgeht. Ist die technische Ebene in der digitalen Produktion für Lehrende und Lernende zumeist sehr ähnlich ausgeprägt, sind in der Gestaltung/Produktion von Lernmedien oder Hilfsmitteln durch die Lehrkraft didaktische Entscheidungen und Konzepte leitend (→ Kap. 2 & 3).

Kognitive Aktivierung und Handlungsorientierung, Differenzierung und Individualisierung sowie Selbstregulation nehmen eine besondere Rolle im Zuge der Medienproduktion ein. Ein für Lernende produziertes Erklärvideo kann der aktiven Wissenserarbeitung dienen oder unter Integration von interaktiven Elementen ein differenziertes sowie individualisiertes, selbstreguliertes Lernen ermöglichen (→ Abb. 6-15, B). Digital produzierte analoge Hilfsmittel, z. B. in Form von 3D-gedrucktem Experimentiermaterial, können entscheidend für die reale Durchführung von Experimenten in unterschiedlichen Sozialformen sowie in der Form von inklusivem Material in heterogen-inklusiven Lerngruppen sein. Technologiebedingte Errungenschaften zum interaktiven und adaptiven Lernen sind der Gestaltung einer differenzierten und individualisierten Förderung im Klassenunterricht sehr zuträglich. Neben spezifisch für diesen Zweck konzipierten digitalen Lernangeboten, z. B. Übungsprogrammen und intelligenten tutoriellen Systemen (→ Kap. 9), sind mit dem umfassenden Angebot an browser- und/oder computerbasierten Anwendungen interaktive sowie adaptive Zugänge bei nahezu allen digitalen fachübergreifenden wie auch fachspezifischen Lehr-Lernzugängen denkbar und zumeist auch für Lehrende realisierbar.

6.4.1 Interaktive digitale Technologien

Die digitale Gestaltung von interaktiven Lernwegen oder Lernumgebungen ist nicht zwingend an Programmierkenntnisse gebunden. Es steht ein umfassendes Angebot an software- bzw. webbasierten Anwendungen mit zumeist intuitiver Bedienung zur Verfügung (→ Praxisbeispiel) und das auch zum Erlernen des Programmierens selbst. Eine Auswahl des passenden Werkzeugs bzw. seiner Anwendung ist auch hier, wie beim generellen Einsatz von (digitalen) Medien, an die gegebene Funktionalität gebunden. Zentral ist also die Frage, was die zu erstellende digitale Lernumgebung leisten bzw. welche Interaktionen zwischen Lernendem und dem System zum Lernen führen oder beitragen soll.

Praxisbeispiel

Mit verschiedenen web-basierten Anwendungen können individuelle, interaktive digitale Lernpfade auf Basis unterschiedlichen Vorwissens, unterschiedlicher Interessen und/oder Vorstellungen von Lernenden z. B. zum Reflexbogen (Bsp. in Bergmann/Braun 2022) oder zu Pflanzenbewegungen digital mittels Video und/oder Text etc. angelegt werden.

Welcher Vermutung zur Pflanzenbewegung stimmst du auf Basis deiner Vorstellungen und Erfahrungen/Wissen (eher) zu? – Mit der vom Lernenden auf diese Frage hin getroffenen Auswahl schließt sich ein inhaltlicher Lernpfad zur Beobachtung von beispielsweise gravitropischen oder seismonastischen Bewegungen anhand von eingebetteten Zeitraffer-Videos ausgewählter Pflanzen und interaktiven Aufgaben an (Bsp. in Henze/Meier 2024). Digital wird der Lernende von Seiten/Folien/Knotenpunkten etc. zur Seite über interaktive Buttons/Aufgaben etc. linear oder verzweigt durch den Inhalt geleitet. Durch eingebaute Frage-Antwort-, Auswahl- oder Quiztools erfolgt ein interaktives, systemgesteuertes Lernen in der digitalen Lernumgebung (→ Abb. 6-16).

Abb. 6-16: Screenshot der Arbeitsoberfläche in Genial.ly

Innerhalb zuvor gesetzter oder gegebener Systemgrenzen kann dem Lernenden durch individuell auswählbare Einstellungen bzw. Interaktionen auch eine inhaltliche und zeitliche Regulation des eigenen digitalen Lernwegs möglich gemacht werden. Abhängig von den Entscheidungen des Lernenden, z. B. eine optionale Information zu nutzen, einen Teilinhalt zu überspringen oder den jeweiligen Inhalt über einen Text, ein Video oder eine Animation zu erarbeiten, wird eine Adaption zwischen Lernenden und Lerninhalt realisiert.

Interaktivität ist im Kontext digitaler Technologie ein durchaus häufig, jedoch nicht immer ganz passend genutzter Begriff zur Beschreibung jener Werkzeuge, die das Lernen aktivierend und selbstregulativ-differenziert gestalten sollen. Für den Bereich des multimedial-technikbasierten Lernens bezeichnet Interaktivität die wechselseitige Aktivität zwischen einem Lernenden und einem multimedialen Lernsystem, bei der die (Re-)Aktion des Lernenden von der (Re-)Aktion des Systems abhängig ist und umgekehrt (übersetzt nach Domagk/Schwartz/Plass 2010). Interaktive Nutzungsformen digitaler Technologien haben sich vielseitig in Freizeit und Beruf, insbesondere zum Informieren und Kommunizieren, etabliert und können ebenso auf einen digital gestützten Lernkontext, wie z. B. interaktive Videos (→ Kap. 6.2.3), digitale Lehr-Lernprogramme (hierunter auch z. B. Simulationen, Virtuelle Labore, Lernspiele) oder auch digitale Schulbücher angewandt bzw. in diesen digital umgesetzt werden (→ Tab. 6-6).

Interaktive Nutzungsformen	Digitale Technologien (Beispiele)	Aktionen Lernender mit/zum digitalen Lernsystem/Medium
Interaktiv-auswählend	• Nicht-/Lineares Video ohne/mit Multimedia-Elementen • Hypertexte • Übungsprogramme	• Auswahl an Inhalten, Repräsentationen, Reihenfolge, Aufgaben • Anfordern und Nutzen von Hilfen
Interaktiv-eingreifend/steuernd	• Nicht-lineares Video • Modell-anwendende Simulation • Lernspiel	• Bearbeiten und Lösen von Aufgaben (mit bedingter Navigation) • Steuerung bzw. Regelung von modellbasierten Systemen
Interaktiv-austauschbezogen	• kollaborative Videokommentierung, Video-Chat • Social-Media	• Fragen stellen – Antworten geben • Kommentierung
Interaktiv-partizipativ/produktiv	• Video-Blog, Videoproduktion • Modell-bildende Simulation	• Produzieren, Vervollständigen, Modifizieren von digitalen Inhalten • Modellieren, Programmieren

Tab. 6-6: Interaktive Nutzungsformen (angelehnt und erweitert nach Tulodziecki u. a. 2021, S. 23) mit beispielhaften digitalen Technologien und möglichen Aktionsformen von Lernenden (angelehnt und erweitert nach Niegemann/Heidig 2019, S. 6–8)

6.4.2 Nutzung und Gestaltung digitalen (tutoriellen) Feedbacks

Aktionen und Re-Aktionen des Lernsystems bzw. digitalen Werkzeugs sind im funktionalen Kern eng mit der adaptiven Darbietung von Information und Steuerung des Lernprozesses durch Feedback und Hilfen verbunden. Dementsprechend wird unter Einbezug der digitalisierungsbedingten Potenziale zum flexiblen, multimedialen und personalisiert/individualisierten Lernen mit der Gestaltung und Nutzung digitaler interaktiver Lernzugänge zumeist auch ein gewisses Maß an Adaptivität verfolgt. Letzteres bezeichnet die Anpassung eines Systems an die Präferenzen und/oder Fähigkeiten der jeweiligen nutzenden Person aufgrund von Interaktionsdaten. Angepasst an Vorwissen, Sprache, Motivation, Lernpräferenz und/oder weitere Lernendenmerkmale werden Lernenden beispielsweise die Inhalte unterschiedlich dargeboten in Bezug auf Repräsentationsform (Video, Bild, Text etc., → Kap. 9) und/oder Umfang/Tiefe der Aufgaben oder Komplexität. Im Zuge der Einbindung von digitalem Feedback über interaktive, adaptive bis hin zu intelligenten Lehr-Lernsystemen kann der Umfang und Individualisierungsgrad in der Beratung und Unterstützung Lehrender im Unterricht erweitert werden. Digitales Feedback ist ein vergleichsweise junger Begriff, der unterschiedliche Formen der Rückmeldung, der Technologie/-nutzung sowie der Integration und Funktion im Lernprozess subsummiert (umfassende Darstellung in Schluer 2022). Digitale Technologien mit Feedbackfunktionen werden in der Ausprägung des Feedbacks zum einen durch die Lehrkräfte selbst gestaltet oder zum anderen durch externe Gestaltung vorprogrammiert zur Verfügung gestellt (u. a. Ene/Upton 2018; Sherafati/Largani/Amini 2020):

technology-generated feedback
= extern programmiertes, automatisiertes Feedback, das einen Teil der Verantwortung im Feedbackprozess von der Lehrkraft übernimmt, wie z. B. in …

- digitalen Lernspielen,
- Simulationen,
- intelligenten (tutoriellen) Lehr-Lernsystemen.

technology-mediated feedback
= von der Lehrkraft durch Nutzung digitaler Technologien erstelltes Feedback, das asynchron oder synchron (verantwortet über die Lehrkraft) sowie als einzelner digitaler Lernbaustein oder integriert in eine digitale Lernumgebung gegeben wird, wie z. B.:

- mittels Umfrage-, Quiz-Tools;
- in animierten Präsentationen;
- in video-, bildbasierten virtuellen Lernräumen.

Digitale Feedbackgestaltung, ob selbst umgesetzt oder von der Lehrkraft ausgewählt, ist in einer effizienten Ausübung an eine in den unterrichtlichen Planungsprozess integrierte Feedbackstrategie gebunden. Hierbei müssen funktionale (kognitive, motivationale, metakognitive Funktionen), inhaltliche (u. a. einfaches oder elaboriertes Feedback) und formale Facetten (u. a. Wann?, Wie oft?, In welcher Codierung?) berücksichtigt bzw. definiert und hinsichtlich ihrer Passung an die Lernsituation, an die lernende Person und an externe (administrative) Faktoren ausgearbeitet werden (u. a. Narciss 2018). Das Feedback-Geben bekommt augenscheinlich durch den zunehmenden oder möglichen Grad an Digitalisierung einen anonymeren und unpersönlichen Charakter. Neben der Face-to-Face-Kommunikation bzw. dem generellen feedbackgesteuerten Kommunikationsprozess zwischen Lehrendem und Lernendem, welcher ebenso durch eine digitale Unterstützung oder Gestaltung vielseitiger wird (z. B. Audio-, Video-, Web-Feedback: Schluer 2022), kann digitales Feedback die Lehrkraft im Lerngeschehen „entlasten“ (→ Kap. 9) sowie helfen, Lernende gezielt-adaptiv zu unterstützen und je nach System diagnostische Informationen zu den Lernenden für die Lehrkraft nutzbar machen.

Key Messages

- Digitale Technologien sind fachübergreifender wie auch fachspezifischer Natur und gestalten den digital gestützten Biologieunterricht in beiden Bereichen.
- Digitale Technologien finden Einsatz als Werkzeug zur Wissenspräsentation, zur Wissenserarbeitung und zur Wissensregulation.
- Neue digitale Visualisierungs- und Interaktionsmöglichkeiten erlauben die Verschmelzung von Realität und Virtualität bis hin zu rein virtuellen (Lern-)Welten.
- Digitale Sensoren, auch in mobilen Endgeräten, schaffen Zugang zu bisher nicht umsetzbaren Mess- und Forschungsverfahren.
- Digitale Technologien ermöglichen neue Typen von Lernprodukten (z. B. Lern-/Erklärvideos, 3D-Objekte) sowie neue und erweiterte Formen von Lernbegleitung und Feedback.

7 Wo kann digital gestützter Biologieunterricht stattfinden?

Eine Antwort auf die Frage, wo digital gestützter Biologieunterricht stattfinden kann, könnte pauschal „überall" lauten. Diese wäre fachdidaktisch jedoch nur wenig aufschlussreich. Ein Vergleich von unterschiedlichen Lernorten wie der Schule, dem Zuhause und Außerschulischen Lernorten (ALOs) unter Berücksichtigung von dort zu verortenden Lernaktivitäten und ihren spezifischen Herausforderungen gewährt tiefere fachdidaktische Einblicke. Hierbei kann es hilfreich sein, digitale Lösungen am Beispiel eines in der Gestaltung von Lernprozessen herausfordernden Lernortes zu betrachten. Hinsichtlich der deutlich erkennbaren Anforderungen von Außerschulischen Lernorten mit z. T. ungünstiger Infrastruktur und häufig auch fehlendem direkten Kontakt zu Lernenden können Lehrkräfte besonders vom Einsatz digitaler Technologien profitieren. Hier klar erkennbare Mehrwerte können Grundlage für eine fachdidaktische Auseinandersetzung mit Digitalisierung im Biologieunterricht generell sein: Lernen außerhalb der Schule findet nicht nur an ALOs, sondern auch beim Lernen zuhause, in Flipped-Classroom- und Seemless-Learning-Konzepten statt. Aufgrund vorhandener Parallelen zu ALOs kann Unterricht in solchen Konzepten von digitaler Unterstützung (in Kontakt, Monitoring und Feedback) ebenso profitieren (→ Abb. 7-1).

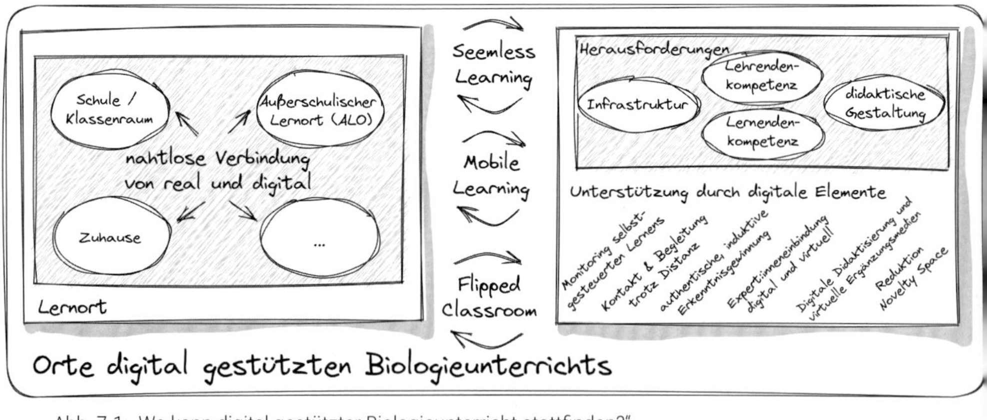

Abb. 7-1: „Wo kann digital gestützter Biologieunterricht stattfinden?"

7.1 Lernorte und Lernräume in realen und/oder virtuellen Welten

Der an Schulen etablierte „Computerraum" als im historischen Digitalisierungsprozess erster Ort zur Realisierung von digital gestütztem Unterricht hat in verschiedenster Weise Spuren im Denken in Bezug auf die Planung von digital gestütztem Biologieunterricht hinterlassen. Die Tatsache, dass noch 2006 (BMBF 2020) nur ca. 7 % der an Schulen verfügbaren Computer mobile Geräte waren, hat über die damit vorhandenen oder fehlenden Möglichkeiten die unterrichtliche Integration beeinflusst. Eine selbstgesteuerte Nutzung digitaler Geräte an z. B. Außerschulischen Lernorten (ALO) war damit nicht möglich. Formale und insbesondere non-formale Lehr-Lernsettings sowie darin umsetzbare methodische Konzepte inklusive der Sozial- und Organisationsformen sind von der Verfügbarkeit digitaler Endgeräte und nutzbarer IT-Infrastruktur abhängig. Gleichwohl muss berücksichtigt werden, dass die gezielte (zeitliche) Auslagerung einzelner Arbeitsphasen bzw. -schritte auch gewisse Limitierungen kompensieren können, da nicht zu jedem Zeitpunkt bzw. in jeder Phase digitale Geräte und Infrastrukturen genutzt werden müssen. So können z. B. Recherchen zuhause durchgeführt und die Ergebnisse ohne Internetzugang in der Schule weiterverarbeitet oder digital erstellte 3D-Modelle zum Drucken an externe Dienstleister gegeben werden. Bei der Planung und Umsetzung digital gestützten Unterrichts ist demnach eine sorgfältige Analyse des Ortes und Raumes (→ K 7-1) hinsichtlich der gegebenen, nötigen und möglichen Lehr-Lernbedingungen notwendig, in dem der Lehr-Lernprozess stattfindet.

K 7-1: Begriffsklärung „Lernort"

Ein *Lernort* bezeichnet zunächst alle Orte, die „Lernprozesse anregen, ergänzen oder abrunden können" (Gesing 1997, S. 269). Dabei wird zwischen primären und sekundären Lernorten unterschieden (ausführlich zu Außerschulischen Lernorten siehe Baar/Schönknecht 2018):

- *Primäre Lernorte* sind pädagogisch-didaktisch und methodisch gestaltete Stätten, die einen gezielten Bildungsauftrag erfüllen. Hierzu zählen formale Bildungseinrichtungen wie Schule und Hochschule ebenso wie Museen, Theater oder ähnliche Einrichtungen.
- *Sekundäre Lernorte* (z. B. Wald, Stadt, Supermarkt) dienen zunächst nicht der Bildung, jedoch wird an diesen Stätten durch ein entsprechend gestaltetes Lehr-Lernszenario ein formales Bildungsziel ermöglicht.

Ein *Lernraum* umfasst nun weniger einen physisch abgegrenzten Bereich, sondern beschreibt einen durch didaktische und pädagogische Inszenierungen geschaffenen Raum zum Lernen. Dieser Lernraum kann an realen bis virtuellen Lernorten gestaltet werden.

Mit dem fortschreitenden Einbezug digitaler Lehr-Lernzugänge fällt es zunehmend schwerer, Ort und Raum als im Planungsprozess von Unterricht getrennte Handlungsbereiche auszugestalten (Rohs 2010). Auch im analogen Setting hängt die Gegebenheit des Ortes unmittelbar mit den Möglichkeiten und Grenzen des zu „erschaffenden" Lernraums zusammen – Digitalisierung kann hier zu einer Verschmelzung sowohl im Lernort und -raum als auch im formellen und informellen Lernen führen. Durch die Verwendung mobiler digitaler Technologien können „Raum" und „Ort" entgrenzt werden (Lengen 2016), womit Digitales und Reales schlussendlich auch nahtlos ineinander übergehen können. Auf diese Weise wird ein „durchgängiges Lernen" ermöglicht mit zunehmender zeitlicher und räumlicher Unabhängigkeit der Lernenden. Daraus ergibt sich wiederum, dass digitale Informationen an verschiedenen Lernorten und -räumen sowie auf unterschiedlichen Geräten erzeugt, gespeichert und synchronisiert werden müssen (→ Kap. 7.5 & 9.2).

Mit digitalen Technologien eröffnen sich auch – aber nicht nur – außerhalb des Klassenzimmers neue, erweiterte Möglichkeiten, um Inhalte, Phänomene o. Ä. zu erkunden, zu erfassen und in einen fachbezogenen Lehr-Lernprozess einzubinden. Neben der Visualisierung und Dokumentation von Beobachtungen und Erkenntnissen im Freilandunterricht oder dem virtuellen Eintauchen z. B. in vergangene Zeiten im Museum, können digital gestützte Brücken zwischen dem Lernen im Klassenzimmer und zu Hause sowie an ALO oder aber auch in virtuellen *Lernräumen* mit Immersion unterschiedlichen Ausmaßes gestaltet werden. Dabei sind *Raum* und *Ort* nicht immer strikt trennbar. Im Kontext von Augmented Reality (AR) verschmilzt z. B. der Lernort an sich als korrespondierender Teil zu virtuellen Elementen einer AR zu einem Lernraum als Gesamtkomposition. Andererseits sind (zukünftig) auch vollvirtuelle Lernräume mit unterschiedlichem Abstraktheitsgrad wie im Virtual Reality-Bereich (VR) realisierbar, in denen der reale Lernort abseits von Grundbedingungen nur noch eine untergeordnete Rolle spielt (→ Kap. 6.2.2).

In der Praxis hat der Lernort aufgrund von Vorerfahrungen etc. einen wesentlichen Einfluss auf Vorstellungen von Lehrkräften und ihrem planerischen Denken. Digitale Ansätze und Alternativen werden mit bekannten Rahmenbedingungen, also bisher in der Praxis gemachten Erfahrungen, abgeglichen und bewertet. Für den möglichen Einsatz digitaler Technologien im Klassenzimmer bedeutet dies, dass neue und damit häufig auch eher noch unbekannte Konzepte sozusagen in Konkurrenz zu bekannten und gut abzuschätzenden analogen Lösungen stehen. Bekannte und erprobte Lösungen werden daher vielfach bevorzugt, auch weil der Einsatz digitaler Technologien oft mit Unsicherheiten verbunden ist. Aus diesem Grund möchten wir zum Einstieg mit der Betrachtung von digital gestütztem Biologieunterricht an ALO beginnen. ALO sind trotz oder gerade aufgrund der mit ihnen verbundenen Herausforderungen generell methodisch und organisatorisch offener auszugestalten. Für solche *out-of-class*-Aktivitäten können abweichend zum Unterricht im Klassenzimmer Herausforderungen und Rahmenbedingungen klar definiert werden. Sie bieten gedanklich weniger vorgeprägte Gestaltungsräume, und selten existieren direkt aus der sonstigen Schulpraxis übertragbare Lösungs-Schablonen, in denen die Potenziale digital gestützten Unterrichts eingepasst und reflektiert werden. Nichtsdestotrotz können anhand solcher Beispiele gewonnene Einsichten bzw. Perspektiven auf das Lernen im Klassenzimmer übertragen und hinsichtlich dort etablierter Konzepte reflektiert werden.

7.2 Außerschulische Lernorte – Herausforderungen und Beispiele

Es gibt formelle und informelle Lernorte, die auch für erfahrene Lehrkräfte im Hinblick auf Methoden und Medien herausfordernd sind, da aufgrund der gegebenen Rahmenbedingungen optimale Lösungen in der Planung und Durchführung von Unterricht schwierig zu finden sind. Der Einsatz digitaler Technologien ist abhängig von u. a. organisatorisch- und/oder fachdidaktisch-technologischen Rahmenbedingungen in Bezug auf:

- *Strom*: Netz, Akku oder Solartechnik;
- *Netzanbindung*: WLAN, SIM-Router oder lokale Bluetooth-Netze;
- *verfügbare Hardware*: Endgeräte und Peripheriegeräte (z. B. Sensoren, NAS/Dateiserver, 3D-Drucker; bildgebende Einheiten: Beamer, Displays etc.);
- *nutzbare Software*: Kompatibilität, Verfügbarkeit, Lizenzen, rechtliche Vorgaben und Einschränkungen;
- *Personen*: vorhandene Kompetenzen auf Seiten der Lernenden sowie der Lehrkraft;
- *Planung für die gesamte Lerneinheit*: Integration digitaler Unterstützung in Phasen, in denen die Realisierung möglich ist, so sind z. B. auch Phasen/Arbeiten zeitlich und räumlich auslagerbar.

Die Rahmenbedingungen an ALO sind häufig in weiten Bereichen vorgegeben und nur begrenzt oder mit zeitlichem Aufwand und hohem Engagement beeinflussbar. Abhängig vom Grad der pädagogischen Vorbereitung und didaktischen Vorstrukturierung des außerschulischen Lernens an primären Lernorten (z. B. Museen, Science Center) im Vergleich zu sekundären Lernorten (z. B. Bauernhof, Kläranlage), sind auch die Rahmenbedingungen ggf. schon vorbereitet. Gleichwohl ist es wesentlich, diese und deren Abhängigkeiten am Lernort zu kennen. Erst dann kann man entscheiden, ob es sich lohnt, digitale Technologien zu nutzen.

In den folgenden Abschnitten werden im Hinblick auf den organisatorisch festzulegenden Lernort und auszugestaltenden Lernraum, ausgehend von den planerischen Herausforderungen und Rahmenbedingungen, Möglichkeiten sowie Überlegungen zur Integration digitaler Technologien für digital gestützten (außerschulischen) Biologieunterricht anhand von Beispielen dargestellt.

7.2.1 Digitale Elemente als Lösung für besondere Herausforderungen

Die Planung von Lernumgebungen zum außerschulischen Lernen ist geprägt durch charakteristische und fordernde, gegebene Rahmenbedingungen des Lernortes bzw. des Lehrens und Lernens am ALO. Hierbei sind häufig die folgenden Punkte relevant (angelehnt und erweitert nach Pospiech u. a. 2020, S. 29–32):

1. Unterrichtskonzepte:
In Zusammenhang mit einer gewünschten Integration von entdeckendem, stärker selbstgesteuertem und kooperativem Lernen am ALO geht meist ein erhöhter Monitoringbedarf durch die Lehrkraft einher. Ist dies nicht leicht umzusetzen, wie häufig der Fall z. B. mit Blick auf die räumlichen Strukturen am ALO, können u. a. Einblicke mittels digitaler Netzwerkstrukturen zwischen Lernenden und Lehrenden Zugewinne bzgl. Kontrolle und Monitoring bringen.

2. Kontakt bzw. Lehrenden-Lernenden-Interaktion:
Ein reduzierter Kontakt der Lernenden zur Lehrkraft am ALO führt zu Konsequenzen in Bezug auf Kommunikation, Aufsicht, Fortschrittsmonitoring inkl. Ergebnissichtung, Differenzierung, Bereitstellung von Hilfen und didaktischer Aufbereitung. Auch im Sinne der fehlenden Möglichkeit zum Frontalunterricht werden andere (digitale) Medien(-einsätze) notwendig, um kognitive Überforderung an einem häufig reizüberflutenden ALO zu vermeiden.

3. Verfahren der Erkenntnisgewinnung:
Naturangebundene ALOs sind in biologischen Lehr-Lernszenarien häufig mit dem Ziel induktiver naturwissenschaftlicher Erkenntnisgewinnung verbunden, in denen Daten in dem gegebenen Umfeld und einem zeitlich-begrenzten Rahmen gesammelt werden können. In diesem Zusammenhang kann z. B. mit digitaler Messwerterfassung die Datenerfassung intensiviert werden (→ Kap. 6.2.5) und eine erste Interpretation bei Dokumentation in Text und Bild (die z. B. digital, zentral für alle nutzbar als gemeinsamer Datenpool gespeichert und gesichtet werden kann) bereits am ALO stattfinden und generell eine umfangreiche Datengrundlage für forschenden Unterricht bilden.

4. Expertinnen und Experten als authentische personale Medien:
In der Einbindung von Fachleuten steckt einerseits das Potenzial eines authentischen Lehr-Lernsettings unter Einbezug von Expertenwissen sowie andererseits die Herausforderung der notwendigen Abstimmung und Zusammenführung von Fachleuten und Lernenden. Letzteres kann durch zuvor abgestimmte und ggf. kollaborativ erstellte Fragenkataloge und Protokolle, die auch vor Ort weiterbearbeitet werden, digital unterstützt bzw. realisiert werden.

5. Novelty Space:
ALOs bergen, je nach Erfahrungsgrad und Vorwissen der Lernenden zu den jeweiligen Merkmalen des Ortes, „neuartige" Lernsituationen in sich, gegenüber denen erst ein gewisses Maß an Vertrautheit aufgebaut werden muss. Sowohl in der Vorbereitung als auch der Begleitung des Lernens am ALO lässt sich einem großen Novelty Space (Orion/Hofstein 1994) und damit ggf. einhergehender kognitiver Belastung und motivationsverringernder Überforderung (→ Kap. 3) z. B. mit Routen und ortsbasierter AR oder virtuellen Vorexkursionen (→ Kap. 6.2.2) begegnen.

6. Didaktische Vorstrukturierung:
Eine häufige Herausforderung ist eine fehlende Strukturierung an sekundären Lernorten oder eine bezüglich der eigenen Planung geringe Passung der didaktischen Aufbereitung an primären Lernorten (→ K 7-1). Insofern können eine korrespondierende Leitung der Lernenden und Ergänzungen über zusätzliche Medien (z. B. auch AR-Elemente, die den Lernort selbst nicht real modifizieren) sinnvoll sein, um das eigene Planungskonzept zielgerichtet umsetzen zu können.

Vergleichbare, diesen Punkten entsprechende Planungs- und Handlungsfelder ergeben sich abhängig vom angestrebten Lehr-Lernsetting natürlich auch beim Lernen zuhause oder im Klassenzimmer (→ Kap. 7.3), weshalb digital gestützte Lösungsansätze auch in solchen Fällen nutzbar sind (Beispiele → Kap. 6). Die Schwierigkeit der unterrichtsbezogenen Aufbereitung von ALOs wird anhand von Studien deutlich, die zeigen, dass sich bei der selbstständigen Lernerfahrung am ALO z. T. auch völlig falsche Konzepte ausbilden (Brovelli u. a. 2011). Aus der Planungsperspektive ist die Entwicklung und Integration von Lerneinheiten an ALOs demnach als Herausforderung zu sehen. Eine Ursache dafür könnte sein, dass aufgrund der strukturellen Andersartigkeit im Vergleich zu formalem Lernen im Klassenzimmer seltener etablierte und seitens der Lehrkräfte umfänglich verinnerlichte Methoden und Medien direkt übertragen und eingeplant werden können. So ist der von Lehrkräften meistgenannte Nachteil von ALOs die Unmöglichkeit, gängiges Classroom Management umzusetzen (Gökmen 2021). Überlegungen und Entscheidungen zu digitalen Technologien treten bei der Planung zum ALO deshalb eventuell weniger stark in planerische Konkurrenz zu lieb gewonnenen, etablierten Methoden. Sie werden ggf. eher dahingehend wahrgenommen bzw. eingeschätzt, dass sie mangels bekannter guter Alternativen in Bezug auf die Planungsherausforderungen hilfreich sein und zumindest ausprobiert werden könnten. Es wäre förderlich, eine solche Perspektive der Lehrenden empirisch fundiert belegen und aus berichteten Problemen fachdidaktische Angebote und Hilfestellungen ableiten zu können. Obgleich eine Charakterisierung von ALOs im Hinblick auf Ziele, Ausstattung und realisierte Formate als Forschungsfragen berücksichtigt wird, wird leider gerade diese Perspektive der Lehrkräfte in der bisherigen Forschung eher selten mit einbezogen oder fehlt (trotz zielführender Berücksichtigung anderer Perspektiven) sogar ganz (z. B. Beyer u. a. 2021), weil eher auf die Lernenden, die Schule und den ALO fokussiert wird. Die Bedeutung der Lehr- und Planungsperspektive und damit einhergehenden Möglichkeiten digitaler Unterstützung an ALOs zeigt sich auch daran, dass explizit dazu zunehmend Lehrveranstaltungen für Lehramtsstudierende entwickelt werden (Caruso u. a. 2021; Meier u. a. 2021).

7.2.2 Digital gestützte Außerschulische Lernorte

Anknüpfend an die vorhergehenden Erläuterungen werden folgend anhand von Beispielen zu den im Kontext von ALO (heraus-)fordernden Rahmenbedingungen Möglichkeiten für digital gestützten Biologieunterricht aufgezeigt, die auch in das Klassenzimmer und nach Hause übertragen werden können (→ Kap. 7.3 & 7.4). Diese Beispiele sind nicht trennscharf einem Aspekt digitaler Technologienutzung zuzuordnen; vielmehr könnten sie unter Einnahme einer anderen Perspektive auch anders zugeordnet werden.

Monitoring von selbstgesteuertem Lernen (Punkt 1 in → Kap. 7.2.1)
Die digitale Speicherung von Ergebnissen in Form von bearbeiteten Arbeitsblättern, Texten oder Tabellen in der Cloud ermöglicht der Lehrkraft direkten Einblick in den Fortschritt bzw. die Ergebnisse des tendenziell eigenständigen Lernprozesses der Lernenden. Über digitale Lernkontrollen (in Form von gezielt dafür erstellten digitalen Quizzen, Zuordnungsaufgaben etc., als „Frühwarnsystem“ und nicht als Sicherung oder Auswertung) können durch Sichtung der Ergebnisse quasi live auch entstandene Fehlvorstellungen oder -konzepte bzw. generell Fehler von der Lehrkraft ggf. noch vor Ort erkannt werden. Anders als bei klassischer Ergebnissichtung nach dem Verlassen des ALOs können so Probleme, Lücken oder Fehler bereits am ALO unter Nutzung aller dort verfügbaren Medien und Möglichkeiten aufgearbeitet werden. Es ist also noch am ALO mit den dort vorhandenen Originalen ein zweiter Blick und eine Revision möglich, ohne dass dies eine intensive Nachbearbeitung ersetzen soll.

Praxisbeispiel

Beispiel 1: Die Bearbeitung von Aufgaben in über eine Cloud geteilten Dokumenten (gut realisierbar bei Gruppenarbeiten) ermöglicht es, Ergebnisse direkt einzusehen und zu korrigieren. Dabei empfiehlt es sich, Aufgabenstellungen nach sinnvoller Untergliederung ggf. in Teildokumente aufzuteilen, sodass ein strukturierter Zwischencheck als Problemdiagnose möglich wird.

Beispiel 2: Über zu den gestellten Aufgaben am ALO passende Online-Tests und -Abfragen (→ Abb. 7-2) können anhand der Ergebnisse direkt auch Aufgaben bzw. Lernbereiche identifiziert werden, die mehreren Lernenden Probleme bereiten.

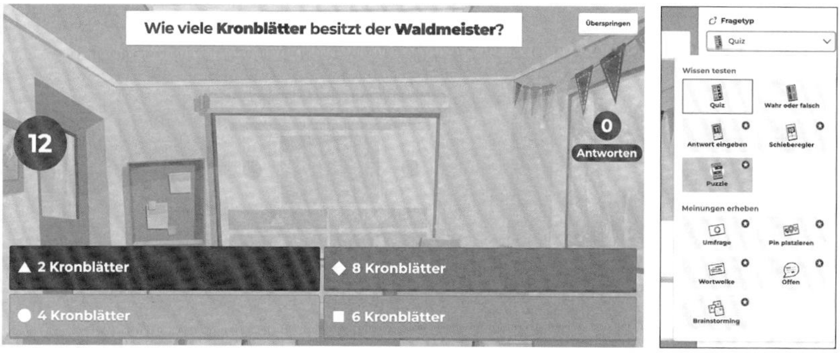

Abb. 7-2: Wettbewerb & Quiz mit Kahoot, beschrieben in Zimmermann (2021)

Kontakt und Begleitung trotz Distanz (Punkt 2 in → Kap. 7.2.1)

Der am ALO häufig reduzierte Kontakt zwischen Lehrkraft und Lernenden erschwert Kommunikation und Begleitung auch im Hinblick auf Aufsicht, Differenzierung und eine damit verbundene Bereitstellung von Hilfen. Digitale Unterstützung kann hier über synchrone und asynchrone Kommunikationstechnologien und interaktive Arbeitsumgebungen geleistet werden, die neben dem Monitoring des Gesamtprozesses im Sinne des Endergebnisses auch deren Entstehungsprozess und die Leistung einzelner Lernender zeitlich abbilden können. Damit kann anhand des live erkennbaren Arbeitstempos und der Beiträge einzelner Lernender auch die Dynamik des Lernprozesses in Bezug auf eine individuelle Ansprache und Hilfestellung zur Motivation erfolgen (→ Kap. 9.1.3). Darüber hinaus kann im Nachgang auch eine Leistungsanalyse zur Lernberatung oder transparenten Bewertung vorgenommen werden. Eine Auswertung einer am ALO durchgeführten selbstgesteuerten Phase sollte auch an dieser Stelle (i. d. R.) durch die angeführten digitalen Zugänge und Technologien nicht ersetzt, aber unterstützt werden.

Praxisbeispiel

Die webbasierte Anwendung *etherpad* ermöglicht eine Begleitung auch auf Distanz: Beiträge einzelner Nutzender können farblich hervorgehoben werden, wobei auch die zeitlichen Veränderungen jederzeit nachvollziehbar sind. Dadurch werden Pausen, sehr aktive Phasen und die gesamte Dokumententstehung transparent, live und auch nachträglich einsehbar dokumentiert. Anhand dieser Daten können ggf. auch Leistungsbewertungen sogar unter Berücksichtigung des Arbeitsverhaltens in Gruppenarbeiten möglich werden. Die integrierte Chatfunktion erlaubt es, mit allen oder auch nur einzelnen Nutzenden solcher Dokumente zu kommunizieren. So sind Frage/Antwort- und Feedbackmöglichkeiten, über die auch Hinweise auf ergänzende Medien als Hilfestellungen gegeben werden können, trotz physikalischer Abwesenheit der Lehrkraft direkt verfügbar. In ähnlicher Weise – jedoch ohne vergleichbares Änderungstracking – gibt es weitere unterschiedliche Textkollaborations- oder Online-Board-Anwendungen.

Authentische, induktive Erkenntnisgewinnung (Punkt 3 in → Kap. 7.2.1)
Die Einbindung von ALOs dient häufig auch einer authentischen, explorativen Datengewinnung und Dokumentation für eine induktive Erkenntnisgewinnung. Hierbei können beispielsweise mit externen und internen Sensoren an/von mobilen Endgeräten chemisch-physikalische und umweltbiologische Parameter gemessen (→ Kap. 6.2.5) oder auch Dinge/Objekte vermessen werden. Bei dieser Datenaufnahme können unterschiedliche Geräte und Ressourcen zielführend eingesetzt werden.

Praxisbeispiel

Beispiel 1: Die Größe eines Biotops kann z. B. entweder anhand von digitalen Satellitenkarten oder durch Ablaufen der Grenzen bei gleichzeitigem Tracken der GPS-Position (Smartphone oder Smartwatch) ermittelt werden.

Beispiel 2: Eine weiterführende Biotopuntersuchung mit Vegetationsaufnahme kann von einer automatisierten, digitalen Pflanzenbestimmung (→ Abb. 7-3) dahingehend profitieren, dass die Datenerhebung schneller und standardisierter erfolgt. Auch werden ggf. individuelle Bestimmungsfehler durch Apps vermieden oder zumindest durch konstante, systemische Fehler nachvollzieh- und ggf. sogar nachträglich korrigierbar.

Abb. 7-3: Unterrichtsbeispiele zur Einbindung einer Bestimmungsapp sind beschrieben in Gerl (2020)

Beispiel 3: Mit Software, die mit bekannten Referenzgrößen in Fotos, die als interner Maßstab genutzt werden, auf Pixelbasis Längen und Winkel ermittelt, können Vermessungen auch von kleineren Objekten und Flächenberechnungen vorgenommen werden. Spezialisierte Apps leisten das automatisiert anhand von Farbauswertung z. B. für Blattflächen.
Eine Blattflächenbestimmung von Licht und Schattenblättern kann als arbeitsteilige Gruppenarbeit erfolgen. Umgesetzt wird hierbei die Ermittlung der Fläche von Blättern unterschiedlicher Kronenbereiche, z. B. einer Buche, und eine Zusammenführung der Protokollierung und der Daten in einer kollaborativen Tabellenkalkulation mittels einer App (Thyssen/Klaeger 2023, → Kap. 4.2.2, Tab. 4.2).

Beispiel 4: Interne Sensoren von Smartphones ermöglichen z. B. das Messen und Analysieren von Licht, Schall, Beschleunigung, Lage im Raum (d. h. Gefälle), Position und Himmelsrichtung (→ Kap. 6.2.5). Durch Anbindung externer Sensoren, z. B. Thermometer (Bluetooth/USB/WLAN), Drucksensor, pH-Sonde, Endoskop (WLAN/USB), können weitere Parameter gemessen und bei der Biotoperkundung Daten erhoben werden. Bei arbeitsteiliger Bearbeitung oder dem Aufbau großer gemeinsam zu nutzender Datenpools empfiehlt sich dann ebenso die Nutzung von kollaborativen Dokumenten oder Clouds.

Digital gestützte Einbindung von Fachleuten (Punkt 4 in → Kap. 7.2.1)
Gerade an ALOs ist die Einbindung von authentischen Expertinnen und Experten zielführend, weshalb oft auch Führungen vor Ort angeboten werden. Solche Führungen sind häufig nicht in vollständiger Passung zu den Unterrichtszielen, sodass zusätzlich Interviewphasen eingeplant werden, in denen noch bestehende Unklarheiten geklärt oder noch nicht berücksichtigte Inhaltsbereiche erschlossen werden. Zielführend können hier bereits in der Vorbereitung erstellte Fragespeicher sein, die im Idealfall vor Ort für alle sichtbar ergänzt und beantwortet werden.

Praxisbeispiel

Beispiel 1: Mit einem digitalen Fragenkatalog in einem kollaborativen Dokument können Fragen live ergänzt und erhaltene Antworten transparent protokolliert werden. Ebenso wird dabei dann auch gleichzeitig dokumentiert, wer Fragen und Antworten notiert hat. Solche Dokumente können als Protokolle natürlich schon während der Führung, des Interviews und in der Nachbereitung von allen genutzt werden.

Beispiel 2: Nicht an allen ALOs sind authentische Fachleute vor Ort verfügbar. Mit etablierten Konferenzsystemen ist es mittlerweile jedoch sogar möglich, am Lernort für die Lerngruppe fachkundige Personen digital einzubinden und zu befragen.

Beispiel 3: Auf einer Exkursion werden über Points-of-Interest (POIs) beim Erreichen festgelegter GPS-Koordinaten (z. B. bei einem Biotop) zuvor aufgezeichnete Video-Interviews mit Fachleuten genutzt.

Reduktion des Novelty Spaces mit digitaler Unterstützung (Punkt 5 in → Kap. 7.2.1)
Sowohl zu hohe als auch zu niedrige Novelty, d. h. Neuigkeitswerte von Lernorten (Novelty Space) beeinflussen den Lernerfolg negativ. Der Novelty Space wird vergrößert durch fehlende Vertrautheit mit der räumlichen Umgebung, mangelnde inhaltliche Vorbereitung (auch in Bezug auf Tätigkeiten) und psychologische Effekte, die z. B. auch aus Erwartungshaltungen durch unklare Zielvorstellungen bzw. Setzungen resultieren (→ Abb. 7-4). Die Reduktion des Novelty Spaces kann nicht nur vorab, sondern auch noch Vorort durch Einplanung entsprechender Phasen und geeigneter Hilfsmittel erfolgen.

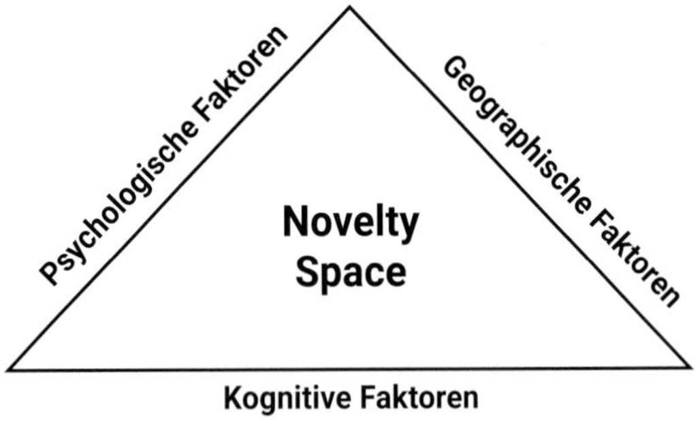

Abb. 7-4: Drei Faktoren des Novelty Spaces einer „Field-Trip"-Umgebung (nach Orion 1993)

Praxisbeispiel

Beispiel 1: Für Field-Trips kann digital über Satelliten- bzw. Luftbildkarten oder im Internet verfügbare Vor-Ort-Fotos eine Voraberkundung realisiert werden.

Beispiel 2: Mit Navigationssoftware, darin verfügbaren Tracks und Routenplanungen sowie POIs kann die Orientierung am ALO erleichtert werden. In wenigen Schritten können mit entsprechender Software auch digitale Karten zur Vorbereitung auf einen ALO mit Untersuchungsstationen bestückt werden, sodass diese am Exkursionstag besucht und über z. B. Fotos in der Karte dokumentiert werden können (Bsp. in Zeller 2022). Ergänzend oder alternativ kann mit Apps zur digitalen Lernwegsbegleitung (die auch Aufgabenstellungen enthalten können; siehe Beispiel zu Kontakt und Begleitung) mit GPS von einem Punkt zum nächsten geleitet werden, was Unsicherheit in Bezug auf die Orientierung Vorort reduzieren kann.

Beispiel 3: Virtuelle Museumsrundgänge sind zwar in Bezug auf den Detailgrad der Exponate reduziert, bieten aber gute Möglichkeiten, sich die Räumlichkeiten und Wege vorab zu erschließen (Bsp. Senckenberg-Museum Frankfurt und Görlitz).

Digitale Didaktisierung und virtuelle Ergänzungsmedien (Punkt 6 in → Kap. 7.2.1)
ALOs können als solche (a) gar nicht (z. B. Biotope), (b) eingeschränkt bzw. nach eigenen Konzepten (z. B. Museen) oder (c) für ganz spezielle Lerngruppen (z. B. Schülerlabore) didaktisch und methodisch aufbereitet sein. In den ersten beiden Fällen ist es eine zentrale Herausforderung für Lehrkräfte, eine entsprechend grundlegende, ergänzende oder abweichende Aufbereitung vorzunehmen. Gerade an ALOs ist abseits der dort direkt verfügbaren Medien eine Integration weiterer Medien nicht immer einfach. Ein Wust aus Arbeitsblättern und Anleitungen ist ebenso wenig lernförderlich wie z. B. Exponate, die zielführend miteinander verglichen werden sollen, sich aber in unterschiedlichen Räumen oder gar unterschiedlichen Museen befinden. Mit digitalen Technologien kann in solchen Fällen auch ohne physisch vorhandene und zu transportierende Medien unterstützt werden.

Praxisbeispiel

Beispiel 1: Der Vergleich von Exponaten innerhalb eines Museums kann im einfachsten Fall dadurch erleichtert werden, dass von einem der Exponate von den Lernenden selbst digitale Fotos (→ Kap. 6.2.1) von zu vergleichenden Bereichen und Details angefertigt werden, die dann am anderen Exponat als Referenz benutzt werden können. Bereitgestellte digitale Fotos von Exponaten anderer Museen (oder Standorte im Freiland, die die Lehrkraft im Rahmen der Vorexkursion machte) können dann helfen, wenn die Lernenden selbst keinen direkten Zugriff haben.

Beispiel 2: Eine didaktisch sinnvolle Zuordnung von Informationen zu Standorten oder Exponaten/Objekten ist auch mittels AR möglich. Hierbei können mit direktem Bezug zum Objekt zusätzliche virtuelle Informationen in verschiedenen Kodierungen visuell geliefert werden, die der Standort selbst nicht bereitstellt (→ Kap. 6.2.2). So können z. B. anatomische Beschriftungen oder anatomisch-morphologische Ganzkörperansichten semitransparent auf Skelette projiziert oder der Radius einer Wurzelscheibe um einen Baum gelegt und mit weiterführenden Fragen versehen werden. Rein analoge Lösungen sind hier oft gar nicht umsetzbar (ein Post-it am Skelett würde sofort sanktioniert) oder liefern bei einer vorab durchgeführten „Installation" (z. B. Wurzelscheibe mit roter Schnur) z. T. schon im Lernprozess an zeitlich unpassenden Stellen den Lernenden Input. Mit nur bei Bedarf und intensiver Auseinandersetzung erscheinenden digitalen Informationen kann auch ein Hopping von Informationstafel zu Informationstafel vermieden werden.

Beispiel 3: Mittels verschiedener Software bzw. vorstrukturierter, intuitiv zu bedienender Apps können interaktive, digitale Lernwege für eine Tour durch den Botanischen Garten oder eine Erkundung im Wald gestaltet und vom Lernenden digital abgerufen werden. Durch eine per GPS gesteuerte Aktivierung von Informationen und digitalen Zusatzmedien wie Bildern und Videos sowie Aufgaben zu verschiedenen Orten, Exponaten etc. werden diese dann ortsgenau bereitgestellt, wenn sie benötigt werden.

Beispiel 4: An ALOs sind Möglichkeiten in Bezug auf eine zentrale Präsentation von Medien mit Beamern etc. i. d. R. stark eingeschränkt. Über die in Beispiel 4 beschriebenen lokalen, eigenen Netzwerke können mittels kollaborativer Dokumente oder Screensharing-Apps (Bildschirm-)Inhalte von einzelnen Geräten mit anderen geteilt werden. In solchen Netzen kann mit WebCam-Apps oder WLAN-Endoskopen auch das Kamerabild eines Endgerätes an alle verbundenen Endgeräte gestreamt werden. Somit erhalten alle Lernenden Einblick in Präsentationen oder Untersuchungsbilder Einzelner.

7.3 Lernorte @school – Konzepte und Vorteile digitaler Unterstützung

Viele der in Kapitel 7.2.1 für ALOs aufgezeigten lernförderlichen Möglichkeiten von Lernräumen, wie z. B. Monitoring von Fernaktivitäten und Feedback, sind auch für das Lernen im Klassenzimmer wünschenswert. Eine offenere, selbstregulierte Unterrichtsanlage *in-class* ist ebenso an die Herausforderungen einer zeitversetzten Betreuung/Beratung der Lernenden und/oder Gruppen sowie Steuerung und Kontrolle dieser durch die Lehrkraft gebunden. Ein digitales *Monitoring* der Gruppenarbeit und der Beiträge einzelner Lernender bietet hierbei Vorteile, um z. B. nicht nur vorab, sondern prozessbegleitend zur Differenzierung Ergänzungsmaterial bereitzustellen. *Induktive Erkenntnisgewinnung* unter Nutzung von Sensoren zur Datenerhebung inklusive digitalem Protokollieren für gemeinsame Datenpools sind für ausreichend ergiebige Frage- bzw. Problemstellungen vielfach sinnvoll. Damit sind die unter Kapitel 7.2.2 angeführten Beispiele zur Messwerterfassung auf den Umgang mit Daten und die Möglichkeiten zum kollaborativen Arbeiten prinzipiell übertragbar. Arbeiten im Klassenzimmer kann von der dort vorhandenen Infrastruktur und dem Wegfall des für den ALO notwendigen Materialtransports profitieren. In diesem Zusammenhang können Naturphänomene auch in die Klasse geholt und erforscht oder jene Phänomene untersucht werden, die im Freiland nur schwer erfasst werden können.

Eine direkte Schnittmenge zu ALO ergibt sich im Falle von schulischem Lernen durch die an die Schule angebundenen Lernorte außerhalb des Klassenzimmers, wie z. B. am Schulteich, im Schulgarten oder auf dem Schulhof. Entsprechend sind viele der für ALOs ausgeführten Überlegungen hier direkt übertragbar und zum Teil mit weniger Hürden in der Planung und Umsetzung verbunden. Eine *didaktische Strukturierung* kann ggf. gleich bei der Einrichtung des Schulgartens mitvollzogen werden, z. B. indem verschiedene Biotoptypen und Pflanzengesellschaften separiert angelegt werden. Je nach thematischer Ausrichtung der *out-of-class*-Aktivität im Schulgarten ist dennoch eine digitale Unterstützung hilfreich, da nicht jede künstlich angelegte Strukturierung mit den jeweils verfolgten Lernzielen einhergeht, z. B. einer Betrachtung von Frühblühern, die dann nicht gemeinsam stehen. Auch wenn der Garten oder Teich ggf. für viele (je nach schulischem Einzugsgebiet) kein Ort des täglichen Lebens darstellt, erschließt sich dieser, angebunden an die Schule, in bekanntem Umfeld schneller. Insofern fällt die Problematik des *Novelty Spaces* in einer Voraberkundung deutlich weniger ins zeitliche Gewicht der Unterrichtsplanung. Jedoch sollte dies auch nicht fehlen und kann gleichermaßen digital gestützt mit digitalen Touren/Aufgaben, die die Lernenden für ausgewählte Abschnitte auch selbst erstellen können, erfolgen.

Praxisbeispiel

Beispiel 1: Daten zur Abhängigkeit der Enzymaktivität von der Enzym- und Substratkonzentration sowie bei Anwesenheit eines Hemmstoffes können mittels externer Messsensoren zur Leitfähigkeitsmessung im Zuge von Experimenten mit Urease leicht erfasst und kollaborativ dokumentiert werden (z. B. Laborjounal als Wikieintrag; → Abb. 7-5). Wissenschaftliche Erkenntnisgewinnung wird durch die Zusammenführung der Daten und die Nutzung einzelner Messwerte als biologische Replikate inklusive statistischer Analyse transparent.

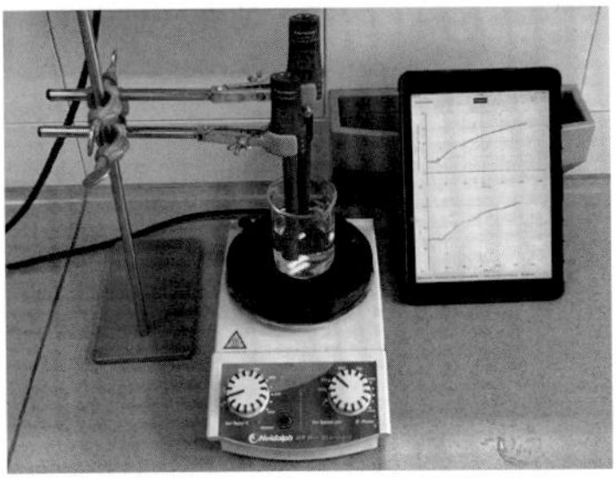

Abb. 7-5: Unterrichtsbeispiel zur Enzymatik mit digitaler Messung, beschrieben in Weidenhiller/Witzke/Nerdel (2020)

Beispiel 2: Das Schulgelände umfasst neben Sitzbänken und Spielflächen auch eine Vielzahl von Kleinbiotopen und einen nicht unermesslichen und deshalb erfassbaren Artenreichtum. Insofern kann dieser naheliegende Lernort in das Lehren und Lernen zu z. B. Biodiversität eingebunden werden (→ Abb. 7-6). Über Fotos können Lebewesen auf dem Schulgelände dokumentiert und ggf. mittels Apps bestimmt werden. In Kombination mit der digitalen Erfassung von ausgewählten Standortparametern kann zudem der Lebensraum beschrieben werden. In der Zusammenführung der gesammelten Informationen in interaktiven, digitalen Karten können die Befunde im Klassenverband z. B. zum Biodiversitätsgrad des Schulgeländes reflektiert werden.

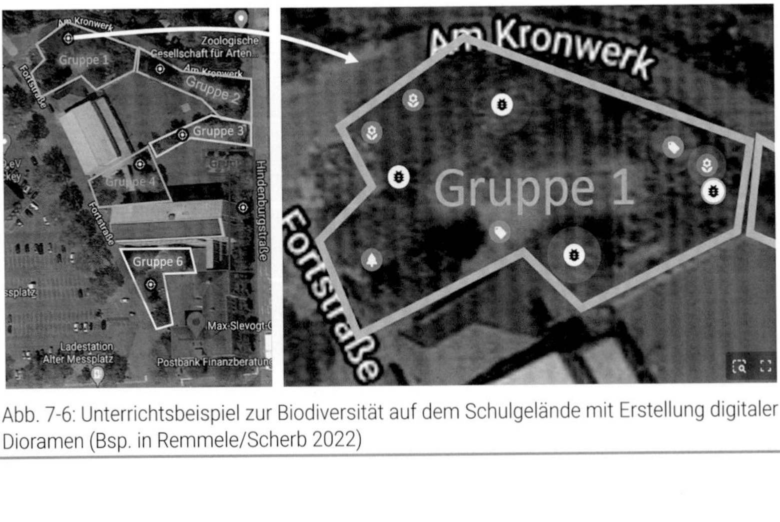

Abb. 7-6: Unterrichtsbeispiel zur Biodiversität auf dem Schulgelände mit Erstellung digitaler Dioramen (Bsp. in Remmele/Scherb 2022)

7.4 Lernorte @home – Konzepte und Vorteile digitaler Unterstützung

Das im Zuge der Coronapandemie zu implementierende Distanzlernen erfordert(e) den Transfer von für das Klassenzimmer entwickelten Lehr- und Lernkonzepten unter Anpassung an davon abweichende Rahmenbedingungen @home. Digitale Zugänge können die Erarbeitung, Präsentation, Kommunikation und Kollaboration sowie Dokumentation von Lerninhalten unabhängig von Ort und z. T. auch Zeit realisieren und dabei mit ähnlichen Herausforderungen verbunden sein wie jene zum ALO. Von den im Kapitel 7.2.1 gelisteten Punkten treffen insbesondere die geplanten und umgesetzten *Unterrichtskonzepte* und der *reduzierte Kontakt* auch auf das Lernen zuhause (z. B. im Rahmen von Hausaufgaben oder expliziten Flipped-Classroom Planungen) in Teilen zu. Entsprechend können hierfür dargelegte digitale Unterstützungen in ähnlicher Weise genutzt werden, wobei sogar von den in technischer Hinsicht unkomplizierteren Rahmenbedingungen @home profitiert werden kann. In Bezug auf Monitoringmöglichkeiten und Transparenz gewinnt bei Lernorten @home ergänzend die Perspektive Bedeutung, dass nicht nur die Lehrkraft den Lernprozess begleiten kann, sondern auch Lernende verfolgen können, was andere Lernende bearbeiten. So wird auch *out-of-class* arbeitsgleiche oder arbeitsteilige, digital unterstützte Gruppenarbeit möglich. Gleichzeitig bestehen, anders als beim Lernen im Klassenverband, weitaus größere Freiheitsgrade, im eigenen Lerntempo zu arbeiten. Digital unterstütztes Lernen @home ermöglicht also, einen vielfältigeren Medieneinsatz, mehr Sozialformen und bessere Interaktion im Vergleich zu rein analogen @home-Konzepten. Die mögliche Relevanz solcher Umsetzungen in Bezug auf Motivation und Lernqualität sollte vor dem Hintergrund der Self-Determination-Theory (→ Kap. 3.1) bei Planungen berücksichtigt werden.

Praxisbeispiel

Der Einsatz oder auch eine Analyse von Erklärvideos @home wäre ohne digitale Quellen beim Distanzlernen schon aufgrund fehlender Medienträger in der Regel unmöglich. Über den Medienzugriff hinaus lohnt es sich, die Erschließung im Hinblick auf realisierbare Sozialformen zu durchdenken: Digital können hier bereits mit Videokonferenzen relativ einfach Gruppenarbeiten realisiert werden. Noch mehr Möglichkeiten bieten digitale Onlinetools, die für Videos Markierungs- und Kommentierungsfunktionen sogar in Kombination mit Videozeit-abhängigen Prüfungsfragen anbieten.

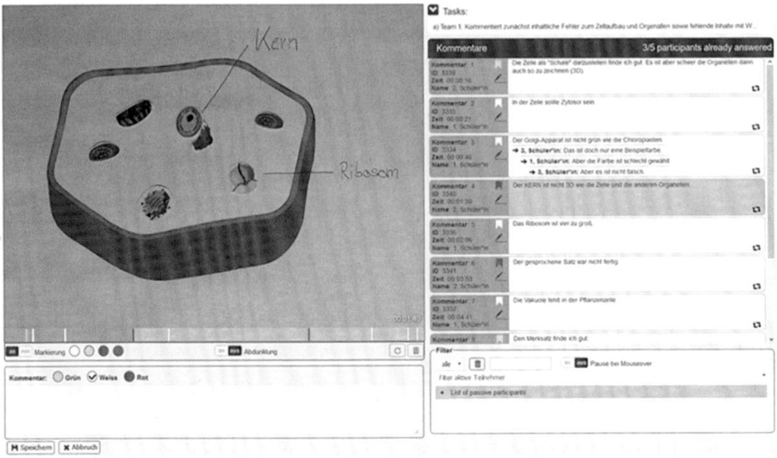

Abb. 7-7: Unterrichtsbeispiel zum Zellaufbau mit Videoanalyse und Feedback über *smallPART* (Bsp. in Thyssen/Tolou/Bednarz 2021)

Lehrkräfte können z. B. Beobachtungshinweise oder -aufgaben zeitgenau zu Videopositionen hinterlegen, die Lernende alleine oder in Gruppen synchron oder asynchron bearbeiten (→ Abb. 7-7). Über die seitens der Lehrkraft wählbare Sichtbarkeit von Kommentaren einzelner Personen oder Gruppen für andere können hier von interaktiven Analysen bis hin zu Einzelprüfungen eine Vielzahl von Bearbeitungsformaten umgesetzt werden. Diskussionen zu einer an einer Videoposition möglichen Beobachtung und deren Deutung sind so @home auch kollaborativ möglich (Bsp. in Schaldach/Schiedek 2023).

Beim reinen Distanzlernen fehlt die Notwendigkeit, Lehr-Lernszenarien dahingehend zu überarbeiten bzw. zu reflektieren, dass stimmige Schnittstellen und Verzahnungen des Lernens zuhause mit Präsenzphasen geplant und umgesetzt werden müssen. Aufgrund dieses fehlenden Aspekts ist die Planung weniger komplex im Vergleich zu z. B. hybriden-Unterrichtsszenarien, dem *Flipped-Classrom*-Konzept oder gar *Seamless-Learning*-Ansätzen (→ Kap. 9.2), die gerade von einer sinnvollen Verzahnung von Lernorten bzw. sogar deren Verschmelzung profitieren möchten.

7.5 Lernorte verknüpfen: *Flipped Classroom* und *Seamless Learning*

Ein Beispiel für ein Konzept zur Verbindung von digital unterstützten Lernprozessen @home und @school stellt das de facto nur digital umsetzbare *Flipped-Classroom*-Konzept (Sams/Bergmann 2012) dar: Bei diesem Konzept werden @home vorbereitende, videobasierte Instruktionsphasen eingeplant, in denen sich die Lernenden Unterrichtsinhalte selbstständig aneignen (als *out-of-class*-Aktivität geplant und umgesetzt), um diese Inhalte in den folgenden Unterrichtsstunden gemeinsam *in-class* zu vertiefen. Digital unterstütztes Lernen, u. a. mit Erklärvideos, wird hier gezielt didaktisch mit einer zweiten Phase verknüpft. Lehrkräfte können in dieser zweiten Phase, in denen höhere Taxonomiestufen (Bloom u. a. 1956) adressiert werden, in Präsenz individuell auftretende Probleme und Förderbedürfnisse coachen. Der zuhause auf den Stufen des Wissens und Verstehens initiierte Lernprozess kann so in der Präsenzzeit auf Stufe der Anwendung fortgeführt und bis hin zum Problemlösen weiterentwickelt werden.

Praxisbeispiel

Über ein oder mehrere Videos können z. B. im Bereich der Genetik und Vererbung Phänomene beobachtet und historische Experimente sowie formale Vorgehens- und Schreibweisen zur Darstellung von Genotypen etc. von den Lernenden @home erarbeitet werden. Hierbei können Videos auf Videoplattformen genutzt oder von der Lehrkraft produzierte Erklärvideos über private, d. h. nicht öffentlich sichtbare Channels oder entsprechende Plattformen und Software/Apps den Lernenden zur Verfügung gestellt werden. Die zum Video gegebenen Instruktionen können den Lernenden in analoger Form oder auch integriert im Video (z. B. als H5P-Elemente) vorliegen (→ Kap. 6.2.3). Auf Basis der selbstständig erarbeiteten Inhalte kann dieses Wissen @school in der daran anknüpfenden Ableitung der Mendelschen Regeln Anwendung finden oder es können, falls auch diese bereits Inhalt der/des Videos sind/ist, Erbgänge anhand von Kreuzungsschemata mit weiterführenden Aufgaben *in-class* analysiert werden.

Auch ist es möglich, mehr als zwei Lernorte sinnvoll miteinander zu verbinden. Die aktuellen digitalen Technologien erlauben uns, zu jeder Zeit an (fast) jedem Ort auf digitale Informationen zurückzugreifen, diese zu generieren und wiederum mit anderen zu teilen. Nach diesem Prinzip sind nicht nur Aktivitäten @home und im Klassenzimmer verknüpfbar, sondern auch die Einbindung von ALO im Anschluss an die Vorbereitung oder zur Nachbereitung im Klassenzimmer möglich. Auf diese Weise verschmilzt sozusagen die reale mit der digitalen Welt und insbesondere für die *Generation Z* (geboren vor 2012) gehört die Handhabung von Smartphones ebenso zum Alltag (→ Kap. 4.1) wie das Zähneputzen. Trotzdem putzen fast alle Jugendlichen ihre Zähne falsch (Eidenhardt u. a. 2021), weshalb evtl. auch der korrekte Umgang mit Smartphones bzw. digitalen Technologien allgemein immer wieder kontrolliert und zu Lernzwecken adressiert werden sollte (siehe Nutzung der Ebene 1 im SAMR-Modell, → Kap. 2.4.2). Die Entgrenzung von Raum und Zeit, von formellem Lernen (z. B. in der Schule) und informellen Lerngelegenheiten (z. B. am ALO), von individueller Wissensaneignung und sozialer Wissenskonstruktion macht es nun notwendig, didaktische Szenarien zu gestalten, welche diese Dichotomien auflösen, die Alltagserfahrungen der Lernenden im Umgang mit digitalen Technologien gezielt als Ressource begreifen und technologische Möglichkeiten zum Lernen in der Schule, am ALO wie auch zuhause, (kontrolliert) nutzen.

Praxisbeispiel

Eine außerschulische Lerneinheit im Aquarium des Zoos wird über eine Smartphone-App für ortsbezogene Lern- und Spielangebote strukturiert und gesteuert. Alle Daten werden vor dem Besuch auf die eigenen Geräte der Lernenden vorgeladen. Die Lernenden werden zu dritt mit einem Smartphone an unterschiedliche Becken geleitet und erhalten dort sowohl relevante Informationen wie auch Beobachtungsaufgaben. Die Informationen umfassen neben Text-Bild- und Audio-Kombinationen auch jeweils eine Video-Botschaft der für das jeweilige Becken zuständigen Tierpflegekräfte. Die Beobachtungsaufgaben werden bspw. sowohl zeichnerisch mit Papier und Bleistift sowie per Videoaufzeichnung wie auch als Audioaufnahme einer gemeinsamen Diskussion festgehalten. Am Ende der Vor-Ort-Erkundungen werden die selbst aufgezeichneten Daten ggf. in eine Cloud hochgeladen und stehen für die Nachbereitung im Klassenzimmer zur Verfügung. Die Daten werden dort auf Konsistenz geprüft und final ausgewertet (*in-class*), bei notwendiger Kontrolle und Begleitung durch die Lehrkraft, sowie kollaborativ zugänglich abgelegt. Präsentationen werden @home erstellt, da Produktionsprozesse i. d. R. zeitaufwendig sind und bei vorhandener Kompetenz selbstreguliert erledigt werden können.

Vor nicht allzu langer Zeit gingen Forschende noch davon aus, dass ein 1-zu-1-Verhältnis von Lernenden und mobilem Endgerät eine zentrale Chance für die Gestaltung durchgängiger Lern- und Bildungsgelegenheiten sei (mobile seamless learning, Chan u. a. 2006). Dieser Zustand ist aktuell beinahe vollumfänglich erreicht – laut JIM-Studie 2022 besitzen 96 % aller Jugendlichen zwischen 12 und 19 Jahren ein Smartphone und 92 % von ihnen nutzen es täglich (mpfs 2022; → Kap. 4.1). Und auch wenn schon von Wong und Looi

(2011) aus den bis dato verfügbaren Befunden abgeleitet wurde, dass für ein solch nahtloses Lernen (i) die technischen Voraussetzungen (z. B. Netzanbindung und Zugänglichkeit, Geräte-unabhängige Datenformate und Datenaustausch), (ii) pädagogisch-didaktische Konzepte sowie (iii) ein Bekenntnis der Lehrkräfte zur Lernendenorientierung notwendig sei, so sind eben diese Aspekte und ihre funktionierende Realisierung nach wie vor aktuell oder gar aktueller denn je. Die zunehmende digitale Ausstattung an Schulen sollte von der Etablierung geeigneter Unterrichtskonzepte, die deren Potenzial nutzen oder zumindest gezielt testen, begleitet werden.

Key Messages

- Die Nutzung digitaler Technologien ist nicht auf das Schulhaus, Computerräume und die Einbindung des Internets beschränkt. Virtuelle Lernräume sind ortsunabhängig und insbesondere auch an Außerschulischen Lernorten sinnvoll einsetzbar.
- Digitale Technologien ermöglichen ortsunabhängig die Optimierung von Kommunikation (mit Lernenden und Fachleuten) und Monitoring. Sie ermöglichen neue Verfahren der Erkenntnisgewinnung und Ortserkundungen, auch zur Reduktion des Novelty-Spaces.
- Wie am ALO profitiert auch das Lernen im Klassenzimmer und das Lernen @home von digitalen Strukturierungs-, Dokumentations- und Betreuungsmöglichkeiten.
- Unterschiedliche Lernorte und Lernphasen lassen sich insbesondere mit mobilen Endgeräten digital nahtlos verknüpfen.
- Digitale Technologien erleichtern generell die umfängliche Bereitstellung von Lernmaterialen sowie Kommunikations- und Unterstützungsstrukturen.

8 Überfachliche Bildungsaufgaben im digital gestützten Biologieunterricht

Die Teilhabe an gesellschaftlichen Diskursen, insbesondere in komplexen Entscheidungssituationen, gründet nicht selten auf einer soliden, mehrperspektivischen biologischen Grundbildung. Biologie knüpft daher beispielsweise in der Gesundheits- und Sexualbildung, in der Umweltbildung und Bildung für Nachhaltige Entwicklung (BNE) auch an Geistes- und Humanwissenschaften sowie die Sozial- und Kulturwissenschaften an, um die Fähigkeit zum Umgang in Entscheidungsprozessen strukturiert zu unterstützen. Hierzu gehört auch die Technologieintegration in Alltag und Bildung, die aus einer biologischen Perspektive betrachtet werden kann. Digitale Technologien beeinflussen kulturelle Praktiken und die Kommunikation, was sich beispielsweise unter dem Einfluss sozialer Medien in einem sich stetig wandelnden Körper- oder Naturbild widerspiegelt. Damit sind digitale Technologien auch bei einer überfachlichen Betrachtung Lernwerkzeuge und Lerngegenstand gleichermaßen (→ Abb. 8-1).

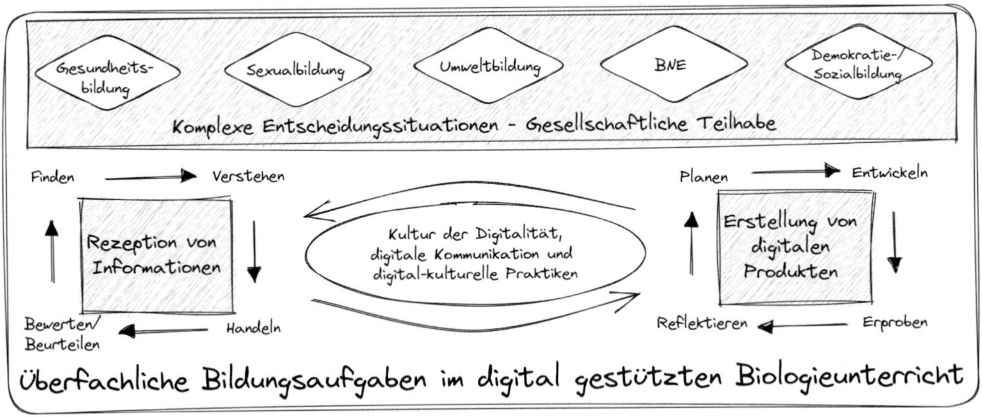

Abb. 8-1: „Überfachliche Bildungsaufgaben im digital gestützten Biologieunterricht"

8.1 Digitale Technologien im Bereich überfachlicher Bildungsaufgaben

Das Fach Biologie ist als Brückenfach anzusehen, das eine „[...] vertiefte Bildung [...] bietet [als] Grundlage für fundierte Urteile in Entscheidungsprozessen. Damit reicht das Fach Biologie über die fachwissenschaftlichen Grenzen hinaus und hat Anknüpfungspunkte und Verbindungen zu anderen Natur-, Geistes- und Humanwissenschaften" (KMK 2020, S. 12). In den Bereichen überfachlicher Bildungsaufgaben wie Gesundheits-, Sexual- und Umweltbildung sowie der Bildung für Nachhaltige Entwicklung (BNE) und Sozial-/Demokratiebildung können digitale Technologien aus verschiedenen Perspektiven heraus betrachtet und integriert werden. Sie unterstützen insbesondere kommunikative Prozesse und sind gleichsam Lerngegenstand, da sie kulturelle Praktiken der Heranwachsenden konstituieren. Das Erstellen und Teilen von Bildern und Videos in sozialen Medien beispielsweise stellt einen zentralen lebensweltlichen Kontext dar, zu dem Biologieunterricht wichtige Bildungskontexte liefert: So finden sich beispielsweise im Zusammenhang mit der sexuellen Gesundheit zu Monatshygiene, Sexualität und Verhütung vielfältige Aussagen und Empfehlungen in Instagram und Co., die es mit entsprechendem biologischem Sachverstand zu reflektieren und einzuordnen gilt.

Auch für die überfachlichen Bildungsaufgaben zeigt sich eine Wechselbeziehung zwischen der Rezeption von digitalen Informationen und der Produktion digitaler Artefakte (= Lernprodukte, die mit digitalen Technologien erstellt wurden) im Lernprozess oder als Lernergebnis rund um die angeführten Bereiche. Hierbei sind Verbindungen zu den digitalen KMK-Kompetenzbereichen 1. Suchen und Verarbeiten oder 6. Analysieren und Reflektieren (→ Kap. 5.3) erkennbar (KMK 2016).

Allen überfachlichen Bereichen ist gemeinsam, dass sie im Gegensatz zu rein fachlichen Bereichen eine vergleichsweise starke persönliche Komponente aufweisen können. Eine Thematisierung geht deshalb oft mit einer „notwendigen" Offenheit in Bezug auf eigene Ansichten, Werte und z. T. auch persönlichen Fragestellungen einher, und ein Abgleich mit anderen Positionen ist für die persönliche Entwicklung hilfreich. Gleichzeitig sind diese Bereiche auch durch eine große inhaltliche Breite und sehr dynamische Entwicklungen charakterisiert, häufig gerade in Bezug auf Hotspots im Sinne des Interesses bei Schülerinnen und Schülern. Digitale Technologien sind in Passung zu diesen Aspekten hilfreich, da sie (a) eine enorme Fülle an aktuellen Inhalten und Kontexten (z. T. auch konkret aus der Lebenswelt der Lernenden) eröffnen, dazu (b) vielfach Meinungsbilder und Positionen anderer Menschen und von Mitgliedern aus Peer-Groups sichtbar machen und dies (c) mit einem hohen Grad an Aktualität und Authentizität ermöglichen sowie

(d) auch eine gewisse persönliche Distanz und sogar Anonymität erlauben. Rein analog könnten all diese Punkte nicht bzw. nur sehr schwer und wohl auch nicht alle „zeitgleich" erreicht werden. Die Bedeutung von Anonymität in bestimmten Bereichen wird z. B. anhand der Umsetzung von Studien zum Sexualverhalten deutlich, wo Anonymität gezielt hergestellt wird, was in einem kontrollierten Rahmen auch für die Sexualbildung hilfreich sein kann.

8.1.1 Kommunikation und Anonymität

Alleine aus der Kommunikationsperspektive heraus, die bei diskursiven Themenbereichen und dem Austausch mit den Ansichten anderer notwendig wird, ist digitale Kommunikation (i. d. R. Onlinekommunikation) schon fast eine Grundvoraussetzung, um abseits des Klassenzimmers Kommunikationsstränge weiterzuführen und beispielsweise in Gruppen weiterzuarbeiten. Deshalb sollten in diesem Feld die Kommunikation bedingenden Effekte bei der Unterrichts- und Kommunikationsplanung berücksichtigt werden. Döring (2003) differenziert drei digitale Kommunikationsformen mit jeweils unterschiedlichem Publikum und damit auch unterschiedlichen Kommunikationsstrukturen:

- *Uni-Kommunikation (1:n):* Internetnutzende richten sich an ein breites Online-Publikum, z. B. durch Blogs, persönliche Homepages, Profilseiten in sozialen Netzwerken oder eigene Videos.
- *Interpersonale Kommunikation (1:1):* Austausch von bilateralen Botschaften, z. B. mittels Kommunikationssoftware, E-Mail, Text- oder Videochat.
- *Gruppenkommunikation (n:n):* Kontakt und Austausch gruppenöffentlich, beispielsweise mittels Online-Diskussionsforen oder Chaträumen.

Es wird ersichtlich, dass diese computervermittelten Kommunikationsformen unterschiedlich öffentlich sind, was Auswirkungen auf die Kommunikation hat. Hierbei werden für Onlinekommunikation Effekte erwartet, die generell – aber insbesondere im Fall von anonymer Kommunikation – bestimmten Filterwirkungen unterliegen:

- *verstärkte Wahrnehmung der eigenen Person,* weil die Informationen zum Kontext und dem Gegenüber gefiltert sind;
- *erschwerte Regulation der Interaktion,* weil nonverbale Signale zum Lesen der (Zu-)Stimmung des Gegenübers fehlen;
- *egalisierte Kommunikation,* d. h. Kommunikation auf Augenhöhe, weil Statusinformationen fehlen;
- *enthemmte Kommunikation,* weil man selbst eher anonym bleibt, bestehen Tendenzen zu enthemmtem Verhalten, d. h. entweder zu sozial konstruktiver Offenheit, aber auch ausfallenden Bemerkungen;

- *ambivalente Effekte hinsichtlich Gruppendynamik,* d. h. Egalisierungseffekte können Gruppenprozesse fördern und Enthemmungseffekte können Polarisierung begünstigen;
- *ambivalente Effekte hinsichtlich Kommunikationsergebnis,* d. h. Filtereffekte können konstruktive Ergebnisse verhindern, aber auch qualitativ besonders gute Ergebnis begünstigen.

Lehrkräfte sollten im Hinblick auf diese Effekte präventiv reflektieren, mit welchen Dynamiken und Auswirkungen für eine geplante Anwendungssituation solcher Formate abhängig von Thema und Adressatengruppe zu rechnen ist.

Nach Döring (2008) fällt Selbstoffenbarung im Schutz der (vermeintlichen) Anonymität leichter. Die in der Forschung häufig als Fehlerquelle in Umfragen identifizierte Soziale Erwünschtheit ist in gesellschaftlich relevanten Feldern des öffentlichen Diskurses auch im Unterricht ggf. problematisch. Im nicht anonymen Austausch werden individuelle Positionen, die nicht den vermuteten moralischen Normen entsprechen, eher nicht geäußert, wenn zu vermuten ist, dass sie sozial nicht erwünscht sind. Aufgrund des in der Schule bestehenden Abhängigkeitsverhältnisses zwischen Lernenden und Lehrkräften könnten Lernende Nachteile befürchten. Daher bieten insbesondere im Kompetenzbereich „Bewerten“ digitale Technologien einen Ansatz der Kommunikation im geschützten Raum, um individuelle und persönliche Fragestellungen, Positionen und Meinungen und einen Diskurs darüber einbringen zu können, ohne sich zu offenbaren. Eventuell führen Erfahrungen damit ja dazu, solche digitalen Ansätze als generell positiven Ansatz für diesen Kompetenzbereich einordnen zu können.

8.1.2 Medienbeiträge zur Kommunikation und Teilhabe gestalten

Abseits der Perspektiven in Bezug auf die Verfügbarkeit von Informationen und der Möglichkeiten direkter digitaler Kommunikation bieten digitale Technologien zahlreiche Möglichkeiten, produktiv tätig zu werden. Digital können einerseits (1) komplexe Lernprodukte geschaffen werden (→ Kap. 6.3) und andererseits (2) im kommunikativen Sinne Artefakte und Kunstwerke als eine Form der kreativen Darstellung, d. h. als Möglichkeit indirekter Kommunikation, erschaffen werden, um eigene Standpunkte und Denkweisen zu verdeutlichen. Kann in (1) ebenso ein Lernprodukt zur Kommunikation entstehen oder Kommunikation wesentliches Element in der Mediengestaltung sein, entstehen auch im Einsatzgebiet (2) digitale Produkte der Lernenden. Trennscharf ist diese Kategorisierung folglich nicht; sie hilft jedoch beim Treffen planungsrelevanter Entscheidung z. B. zur Förderung digitaler Gestaltungskompetenzen und/oder reflexiver Medienarbeit. Produktbzw. produktionsorientiertes, digitales Lernen ist im Kontext überfachlicher Bildungsaufgaben von digital gestütztem Biologieunterricht eng mit einer handlungsorientierten Medienpädagogik und aktiven Medienarbeit verbunden (→ Kap. 6.3). In diesem Sinne können im Biologieunterricht z. B. „Probleme wie Gewalt oder Suchtverhalten angesprochen und selbstreflexive Prozesse angeregt werden“ (Ullrich/Sauer/Jaeger 2020, S. 605). Die Produktion von Social-Media-Beiträgen kann beispielsweise ein Werkzeug in der Urteilsfindung zu kontroversen Themen sein. Auf Basis einer inhaltlichen Erarbeitung unterschiedlicher Perspektiven auf ein Problem/Phänomen – bereits in dieser Phase können auch reale Beiträge aus Sozialen Medien eingebunden werden – formulieren die Lernenden in Kleingruppen Argumente und erarbeiten in einem Redaktionsplan die Darbietung in einem Medienbeitrag zum Zwecke des Informierens und Kommunizierens (→ Abb. 8-2).

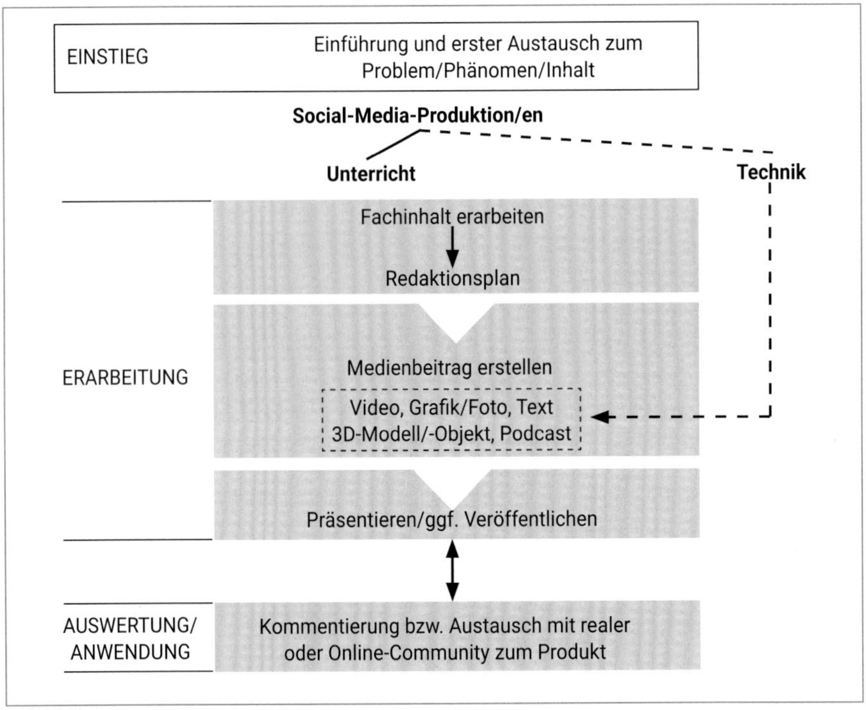

Abb. 8-2: Unterrichtsplan zur Produktion von Social-Media-Beiträgen

In der Gestaltungsphase der Produktion werden nunmehr jene Kompetenzen gefördert, die mit der jeweiligen Auswahl der genutzten digitalen Technologien einhergehen (→ Kap. 5.3). Sind Projekte sowie der Unterricht dazu der Lebenswelt sehr nahe und die gestalteten Produkte in der Selbstdarstellung, dem Selbstausdruck und der sozialen Kommunikation nutzbar, spielt immer auch die Thematisierung von Datenschutz und Privatsphäre (auch im Biologieunterricht) eine wichtige Rolle (Ullrich/Sauer/Jaeger 2020). Veröffentlichung und Teilen jener Beiträge unterliegen u. a. datenschutzrechtlichen Bestimmungen, die bereits im Zuge der Produktion berücksichtigt werden müssen (z. B. Bildrechte; → Kap. 6.2.1). Eine weitere Herausforderung stellt die zeitliche Variabilität in den rechtlichen Regelungen zu Sozialen Medien durch Institutionen dar. Die Verbreitung von Arbeitsprodukten der Lernenden aus dem Klassenzimmer nimmt durch „schnell zu bedienende" digitale Informations- und Kommunikationskanäle neue Ausprägungen an, wobei hier Lehrende wie insbesondere Lernende den gleichen Reglementierungen öffentlicher Distributionswege unterliegen. Wenn auch schulische Arbeitsprodukte nur eingeschränkt einen Weg in öffentliche Kommunikationskanäle finden, bietet der Produktionsprozess Lernenden die Möglichkeit, Fähigkeiten zum kompetenten Umgang mit Medien in sozialgeprägten Kommunikations- und Interaktionsstrukturen anzulegen (Wagner 2022).

Soziale Medien – Wissenschaft kommunizieren und bewerten

Die Lebenswelt von Jugendlichen spielt sich schon lang nicht mehr allein im realen „Raum" ab (→ Kap. 7.1): So liegen beispielsweise virtuelle Spielewelten zumeist weit entfernt von der Realität, auch wenn „Gamer" durch ihre Vernetzung im digitalen Raum reale Lebensgemeinschaften bzw. Beziehungen bilden. In Sozialen Medien wie *Instagram* oder *TikTok* entwickelt sich eine Lebenswelt, in der Digitales und Reales untrennbar miteinander verschmilzt und sich neue Kommunikationspraktiken herausbilden. Damit nehmen Kommunikation und Interaktion in Sozialen Medien grundsätzlich eine sehr bedeutende Rolle in der Ausbildung und Ausprägung einer Kultur der Digitalität ein (Stalder 2016). *Welche Konsequenzen hat dies auf Biologieunterricht, der auf die mediatisierte Gesellschaft und Kommunikationskultur vorbereiten soll?* Eine Frage, die die Antwort schon in sich enthält:

Soziale Medien stellen u. a. ein Sprachrohr für die Verbreitung wissenschaftlicher wie auch weniger bis nicht-wissenschaftlicher Inhalte bzw. „biologischer Falsch-Wahrheiten" durch unterschiedlichste Personengruppen dar. In ihrer Verbreitung durch technologische Funktionalitäten in sozialen Netzwerken (z. B. Filterblasen, Echokammern) noch verstärkt, ist es unumgänglich, die jugendlichen Konsumentinnen und Konsumenten nicht nur bei der Verarbeitung wissenschaftlicher Informationen, sondern auch bei deren Bewertung zu unterstützen. Hierbei sollte die bereits bisher etablierte Förderung von Wissenschaftsverständnis (*Nature of Science*) – d. h. die Mechanismen zur Schaffung, Verbreitung und Bewertung der Zuverlässigkeit von wissenschaftlichen Erkenntnissen und dem Erkenntnisweg – um eine soziale, digital-interaktive

Dimension erweitert werden. Kenntnisse zu wissenschaftlichen Kontrollmechanismen mit Blick auf die Einschätzung der Glaubwürdigkeit wissenschaftlicher Behauptungen (z. B. Peer Review, Referenzen, Expertisen), zur Rolle von Wissenschaftsjournalismus/-kommunikation bei der öffentlichkeitswirksamen Vermittlung von Wissenschaft (Gatekeeper: Höttecke/Allchin 2020) sind hierbei ebenso relevant wie das Bewusstmachen der Beeinflussung eigener Überzeugungen, der Meinungsbildung und Kommunikation durch eine digital-bedingte Verstärkung psychologischer Effekte/Dynamiken (z. B. Confirmation Bias, Motivated reasoning, siehe in Könneker 2020). Letztendlich lässt sich die Ausbildung einer umfassenden *Scientific Literacy* nicht mehr ohne den Einbezug digitaler Medienbeiträge als Inhalt zur Entwicklung von Medienkompetenzen denken, da wesentliche Teile der Kommunikation und Informationsverbreitung im digitalen Raum erfolgen. Biologieunterricht trägt entsprechend der ihm zugehörigen gesellschaftlich relevanten Themengebiete (vor allem Klimawandel, Körper, Identitäten/Geschlechter und Gesundheit) einen nicht unwesentlichen Anteil dazu bei, Lernende in ihren Fähigkeiten zur Unterscheidung von evidenzbasierten Informationen, Pseudowissenschaft, Fehlinformation, Desinformation und unterhaltsamen Inhalten als Facette von *Scientific Media Literacy* zu fördern (→ Praxisbeispiel).

Praxisbeispiel

Ein Beispiel aus dem Kontext *Scientific Media Literacy* liefern Belova und Krause (2023) mit dem preisgekrönten $H_{IQ}O$–Projekt: In einem Instagram-Profil wird sehr authentisch das „Wasser mit dem Leitfähigkeitsextrakt" (scheinbar) vermarktet (→ Abb. 8-3), das unter anderem die Konzentrationsfähigkeit fördern soll. Die Arbeit mit den Posts und Reels (= Kurzvideos auf Instagram) des $H_{IQ}O$–Profils entlarven die Maßnahmen von Marketingstrategien in den sozialen Medien, um die Glaubwürdigkeit der Wirksamkeit des Produkts zu erhöhen und den Anschein von Wissenschaftlichkeit zu erwecken.

Das Autorenteam kann in seiner Studie zeigen, dass eine Unterrichtseinheit mit drei Schulstunden bereits deutliche Fortschritte in der *Scientific Media Literacy* erreicht und Lernende gegen mediale Beeinflussung immunisiert werden.

Abb. 8-3: Startseite des $H_{IQ}O$-Profils (@hiqo_official) auf *Instagram*

Auch der Prozess der Identitätsbildung Heranwachsender wird maßgeblich durch digitale Technologien und insbesondere durch die Sozialen Medien geprägt. Identität kann als „etwas Fluides [konzeptionalisiert werden], als veränderlich und sich durch ständige Interaktions- und Aushandlungsprozesse mit der sozialen Umwelt entwickelnd“ (Raithhofer/Pichler/Hintermann 2022, S. 45). Als Aufgabe der Gesundheitsbildung dürfte die kritische und reflexive Auseinandersetzung mit dem Rollenmodell in den Sozialen Medien gleichermaßen den Aufbau einer *Media Health Literacy* (MHL; Bertschi/Levin-Zamir 2020) unterstützen.

8.1.3 Impulse und Praxisbeispiele

Gesundheitsbildung mit digitalen Technologien

Bertschi und Levin-Zamir (2020) fassen eine Reihe aktueller Befunde zusammen und zeigen dabei Zusammenhänge zwischen der digitalen Gesundheitskompetenz (DGK) sowie der eng verwandten MHL und dem Gesundheitsverhalten Heranwachsender (z. B. Essgewohnheiten, körperliche Aktivität, Substanzkonsum und -missbrauch sowie das Sexualverhalten) auf. Unter MHL werden die Fähigkeiten verstanden, „explizite und implizite gesundheitsbezogene Inhalte in Medien zu erkennen, deren Einfluss auf das Gesundheitsverhalten abzuschätzen und die Inhalte kritisch zu analysieren“ (S. 226). Dabei wird deutlich, dass Heranwachsende mit stärker ausgeprägter digitaler/medienbezogener Gesundheitskompetenz messbar höhere Gesundheitseinstellungen aufweisen und ein positiveres Gesundheitsverhalten zeigen. In diesem Zusammenhang sollte die Rolle der Heranwachsenden aber nicht nur das Empfangen und Verarbeiten von gesundheitsbezogenen Informationen umfassen, sondern auch die Perspektive der digital vermittelten Interaktion und Kommunikation (Dadaczynski u. a. 2022, → Kap. 8.1.1). Eine Reihe von Studien zeigt, dass die aktive Medienproduktion auch für den Aufbau von Gesundheitskompetenz und eines reflexiven Gesundheitsverhaltens einen wichtigen Beitrag leistet (Bergsma 2011, → Kap. 8.1.2). Gerade im Kindes- und Jugendalter erscheint es demzufolge besonders wichtig zu sein, sowohl durch Bezugspersonen wie Eltern oder Lehrkräfte als auch durch alltagsnahe Lernumgebungen den Aufbau der digitalen/medienbezogenen Gesundheitskompetenz gezielt zu fördern (→ Praxisbeispiel).

Praxisbeispiel

Beispiel 1: Eine methodische Umsetzung zur digital gestützten Förderung von Gesundheitskompetenz bieten WebQuests (→ Tab. 8-1). In Anlehnung an aus dem Computerspielebereichbekannten Quests kann der Begriff WebQuest als „abenteuerliche Spurensuche im Internet", z. T. sogar als (virtuelle) Schnitzeljagd durchs Internet, aufgefasst werden. WebQuests sind digital gestützte Lehr-Lernarrangements, die typischerweise in Gruppenarbeit durchgeführt werden. Sie ermöglichen es den Schülerinnen und Schülern, wichtige Fähigkeiten wie kritisches Denken, Zusammenarbeit und Informationskompetenz zu entwickeln.

Elemente	Gestaltung
Einführung	Das Thema des WebQuests und Hintergrundinformationen werden vorgestellt und ein Ziel wird definiert.
Aufgaben	Es werden klare Anweisungen gegeben, was die Lernenden tun sollen. Lehrkräfte stellen zuvor gesichtete Ressourcen wie Websites, Videos oder Texte über Weblinks bereit, die den Lernenden helfen, die Aufgabe zu erfüllen. Je nach Voraussetzungen verweisen die Links direkt auf die Informationen oder auch nur auf die ausgewählten Webseiten.
Prozess	Es werden Schritte beschrieben, die die Lernenden unternehmen müssen, um die Aufgabe zu erfüllen. Dies kann die Recherche von Informationen, die Zusammenarbeit in Gruppen oder die Erstellung von Präsentationen oder Berichten beinhalten.
Begutachtung	Es wird erläutert, wie die Lernenden beurteilt werden, basierend auf ihrer Arbeit und ihren Leistungen im WebQuest.
Schlussfolgerung	Es wird die Lernerfahrung reflektiert und inhaltliche Zusammenfassungen werden gezogen, um das Verständnis des Themas zu vertiefen.

Tab. 8-1: Elemente und Gestaltung eines WebQuest

Webquests sind niederschwellige Angebote, um bei Lernenden die Informationsentnahme und -beurteilung aus Online-Quellen einzuüben und sie schrittweise auf eigenständigere Recherche und Informationsentnahme vorzubereiten. Es können damit sowohl fachliche, überfachliche als auch digitalisierungsbezogene Kompetenzen entwickelt werden.

Beispiel 2: Ein sehr gelungenes methodisches wie auch inhaltliches Beispiel, das seine Wirksamkeit auch empirisch belegt hat, ist der Ansatz *Picture Me Smokefree* (Haines-Saah u. a. 2015): Bei diesem Ansatz werden die Motive für das Rauchen und den Tabak-Konsum von Jugendlichen künstlerisch dargestellt, fotografisch festgehalten (digitale Fotografie, → Kap. 6.2.1) und über Soziale Medien geteilt und diskutiert. Dieser medienproduktive Ansatz (→ Kap. 8.1.2) zeigte die Ausbildung eines reflexiven Habitus gegenüber dem Tabakkonsum und steigerte die Intention zur Einschränkung des eigenen Tabakkonsums.

Die Verbindung von ästhetischer Medienproduktion und fachlichem Lernen kann einen Zugang zu naturwissenschaftlichen Inhalten bzw., wie in diesem Beispiel, zu Themen der Gesundheitsbildung für Lernende schaffen, die ansonsten zu MINT-Inhalten ein distanziertes Verhältnis aufweisen (Schaal/Schlör 2019).

Sexualbildung mit digitalen Technologien

Bezüglich der online verfügbaren Ressourcen rund um Sexualität im Jugendalter ist die Schulung und Sensibilisierung für das Auffinden, Verstehen und das kritische Analysieren eine entscheidende Voraussetzung für die Entwicklung eines gesunden Sexualverhaltens (Zori/Collins/Walter 2022, Lamairas-Fernandez u. a. 2021; → Praxisbeispiel). Dabei unterscheiden sich die von Heranwachsenden nachgefragten Themen oft deutlich von den im Biologieunterricht vermittelten Inhalten. So zeigt beispielsweise eine Inhaltsanalyse der von Jugendlichen rezipierten Beiträge auf TikTok deutlich, dass die Förderung einer reflexiven Haltung gegenüber den medial präsentierten Informationen dringend auch in der Schnittmenge von Gesundheits- und Medienbildung im Biologieunterricht zu bearbeiten sind (Fowler u. a. 2022).

Praxisbeispiel

Ein Beispiel für eine interaktive Sexualbildung liefert die *KNOWBODY*-App (→ Abb. 8-4), welche Sexualerziehung und Aufklärung auf Smartphones bereitstellt. Das von der Bundeszentrale für gesundheitliche Aufklärung verbreitete Material *BodyTalk* thematisiert Schönheitsideale und Rollenbilder und nutzt insbesondere Photoshop-Kurse, um die Verzerrung der Wahrnehmung durch Bildbearbeitung mit selbst aufgenommenen Bildern zu verdeutlichen (Schaal/Jäger 2013).

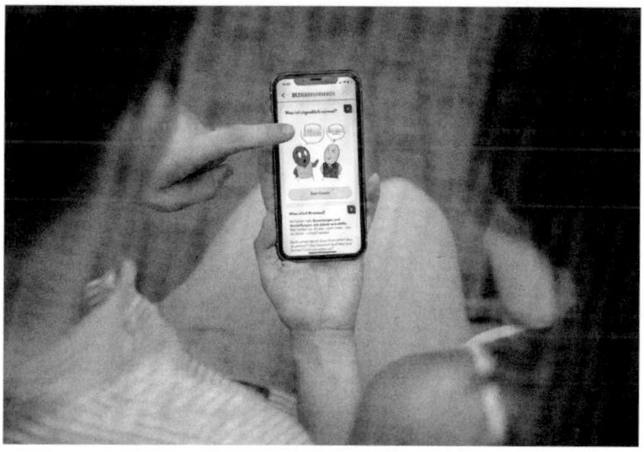

Abb. 8-4: KNOWBODY – App für sexuelle Bildung ab der 6. Klasse

Umweltbildung und BNE mit digitalen Technologien

Die Potenziale digitaler Zugänge zur Umweltbildung wurden mehrfach empirisch überprüft und Faktoren für eine gelingende Technologieintegration identifiziert (Lowan-Trudeau 2023). Ortsbezogene Informations- und Erkundungsangebote (z. B. Lude u. a. 2013), digitale Exkursionen und Schnitzeljagden (z. B. Schaal 2020) oder auch virtuelle Erkundungen bieten ebenso wichtige Zugänge wie die Nutzung von Serious Games und Simulationen (→ Kap. 6.2.4). Im Technologieeinsatz zur Umweltbildung und BNE zeigt sich, dass sowohl die Wissenspräsentation beziehungsweise die Informationsdarbietung als auch die Werkzeugfunktion zur Wissenserarbeitung (→ Kap. 6.2) virtueller Welten oder mittels Simulationen überfachliche Kompetenzentwicklungen unterstützen können, ebenso wie es sich lohnt, auch die Produktion von digitalen Artefakten, insbesondere im Kontext einer BNE, einzubinden.

Praxisbeispiel

Beispiel 1: Die *Simulation LandYOUs* (https://apps.giscame.com/glues/; → Abb. 8-5) ist ein Beispiel für ein Serious Game, mit dem der Zusammenhang von nachhaltiger Landnutzung und gesellschaftlichem Wohlbefinden erarbeitet werden kann. Hierbei wird schnell deutlich, dass der Umgang mit Komplexität in einem solch dynamischen System Übung erfordert. Wird ein solches Serious Game genutzt, um Erfahrungen zu sammeln, Erkenntnisse zu gewinnen und diese zu diskutieren, dann bietet dies einen wirksamen Ansatzpunkt zum Umgang mit dynamischen Systemen und der damit verbundenen Unsicherheit in Entscheidungssituationen (Schulze u .a. 2015).

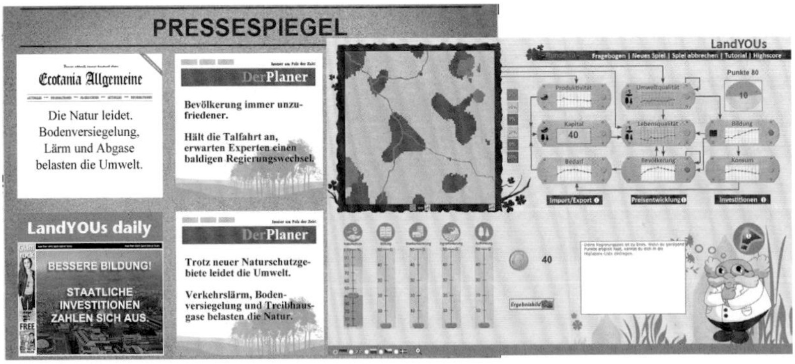

Abb. 8-5: Simulationsspiel *LandYOUs* als Beispiel für den konstruktiven Umgang mit Komplexität und Unsicherheit im Kontext nachhaltiger Entwicklung

Beispiel 2: Das Serious Game *ECO* ist ein simuliertes Ökosystem, das sich auf Zusammenarbeit und Nachhaltigkeit konzentriert. Die Spielenden leben in einer Welt mit begrenzten Ressourcen und einem komplexen Ökosystem und müssen zusammenarbeiten, um eine nachhaltige Gesellschaft aufzubauen, die die natürlichen Ressourcen bewahrt und gleichzeitig die Bedürfnisse ihrer Bewohner erfüllt. Das Spiel bietet eine Vielzahl von Funktionen, mit Blick auf die zentralen Elemente des 3-Säulen-Modells der Nachhaltigkeit (Ökologie – Ökonomie – Soziales):

- Ökologisches Modell: Das Spiel simuliert ein vollständiges Ökosystem, in dem jedes Element eine Rolle spielt. Die Spielenden müssen die natürlichen Ressourcen wie Bäume, Pflanzen und Tiere erhalten, um ihre Bedürfnisse zu erfüllen, aber auch das Ökosystem in Balance halten, um eine nachhaltige Zukunft zu sichern.
- *Wirtschaftssystem:* Die Spielenden müssen ein Wirtschaftssystem aufbauen, um die Bedürfnisse ihrer Gemeinschaft zu erfüllen. Sie müssen Ressourcen abbauen, verarbeiten und handeln, um eine florierende Wirtschaft zu schaffen.
- *Regierung und Gesellschaft:* Die Spielenden müssen auch eine Regierung und Gesellschaft aufbauen, um Entscheidungen zu treffen und das Spiel zu steuern. Sie müssen Gesetze und Verordnungen erlassen, um die natürlichen Ressourcen zu schützen und die Gemeinschaft zu verwalten.

Die Spielenden sollen so die komplexen Beziehungen zwischen Menschen und der Umwelt besser verstehen. Durch die Zusammenarbeit mit anderen sowie durch die Übernahme von Verantwortung für die Umwelt entwickeln sie wichtige Fähigkeiten zur Kooperation, zum kritischen Denken und zum Umgang mit Herausforderungen rund um Nachhaltigkeit (Fjællingsdal/Klöckner 2019). Die aktuelle Studienlage zur Wirksamkeit solcher spielbasierten Ansätze ist jedoch uneinheitlich (de Salas u. a. 2022), und an dieser Stelle kann nur Werbung dafür gemacht werden, solche Ansätze im eigenen Unterricht einmal selbst auszuprobieren (→ Kap. 3.3; Bsp. in Schneider/Papsch/Graskamp 2021).

Beispiel 3: Während die letzten beiden Beispiele vorwiegend an ältere Lernende der Sekundarstufe adressiert sind, bietet der Ansatz zur Förderung kreativer, produktorientierter Prozesse einen Ansatz für jüngere Lernende: Kumpulainen u. a. (2023) befassen sich mit Umwelt- und Ökologie-bezogener Imagination. Grundschulkinder gestalten dabei mithilfe digitaler Technologien Bilder und reale Objekte, die ihnen helfen, ihre Umwelt zu verstehen und sie in ihrem direkten Umfeld zu bewahren. Hierfür orientieren sie sich am Prinzip des Storytellings, um im (digital unterstützten) Kreativprozess die Handlungsfähigkeit zu fördern. Digitale Technologien können dabei helfen, durch kreatives Gestalten digitaler Artefakte auch Zukunftsvisionen zu entwickeln und damit sowohl die Gestaltungskompetenz im Sinne von deHaan (2008) zu entwickeln wie auch durch digitales Storytelling an das Konzept „think-globally, act-locally" anzuknüpfen.

Demokratie- und Sozialbildung mit digitalen Technologien

Demokratische Meinungsbildung und Entscheidungsfindung gründen nicht zuletzt auf fundierten biologischen Kenntnissen – dies hat die COVID19-Pandemie gleichermaßen gezeigt wie die fortwährenden Diskurse um die Rückkehr des Wolfes nach Deutschland oder wie die Abwägung der Folgen des Klimawandels. Gesellschaftliche Entscheidungen sind Aushandlungsprozesse, die ebenfalls bekannt sein und idealerweise auch von Lernenden während ihrer schulischen Bildung eingeübt werden müssen. Die Studie von Kreißel und Team (2018) zeigte deutlich, dass eine strukturiert agierende Minderheit eine hohe mediale Präsenz erreicht und damit auch in der Breite sichtbar wird. Sogenannte „Troll-Fabriken“ fluten konzertiert Soziale Medien und die entsprechenden Kommentarbereiche mit einer bestimmten Meinung und beeinflussen ein gesellschaftliches Meinungsbild (Reismann 2022). Das Verständnis dieser Mechanismen ist Teil der Kultur der Digitalität (Stalder 2016), und anhand biologischer Inhalte können Prinzipien der gesellschaftlichen Entscheidungsfindung sehr gut nachgezeichnet werden. Zudem sollten Heranwachsende frühzeitig in Lernaufgaben eingebunden werden, in denen sie Transformation und Partizipation erleben können.

Bereits vor 14 Jahren konnten Ahlqvist u. a. (2010) das Potenzial von Sozialen Medien zur Einleitung und Aufrechterhaltung gesellschaftlicher Transformation sozialwissenschaftlich modellieren. Daraus leiteten sie vor allem Maßnahmen ab, die vorwiegend im Bereich der nicht-digitalen Inhalts- und Methodenwahl für die Begleitung gesellschaftlicher Transformation liegen. Dies ist insbesondere deswegen beeindruckend, da 2009 die Entwicklung der mobilen Endgeräte im heute bekannten Umfang nicht absehbar war. Heute gilt es nun, die technologischen Möglichkeiten und die notwendigen fachdidaktischen Desiderate gemeinsam zu denken.

Praxisbeispiel

Beispiel 1: Lernende gestalten mit der Open-Source-Software *Minetest* (sehr ähnlich *Minecraft*) (https://www.minetest.net/) eine virtuelle Stadt, sie handeln ökologische, ökonomische und soziale Bedarfe aus und werden als aktive Teilnehmende und Gestaltende ihres eigenen Lernprozesses betrachtet. Diese Aushandlung erfordert naturwissenschaftliche Wissensbestände (Rontos u. a. 2019) und im Biologieunterricht aufgebaute Kompetenzfacetten (z. B. Bewertungskompetenz). Solche digital ermöglichten konstruktiven und produktorientierten Ansätze können als partizipative Werkzeuge genutzt werden. Damit werden für Lernende im Spiel Handlungsräume offenkundig, die einen Übertrag in die Gestaltung der realen Lebenswelt vorbereiten können.

Beispiel 2/3: Ein weiteres Beispiel für die Vorbereitung politischer Entscheidungsfindung bietet der Zugang zu Online-Geoinformationssystemen (Behradfar/Cabezas 2022). So kann beispielsweise auf Grundlage der Verbreitungsdaten von Wolfspopulationen (https://www.wolfsmonitoring.com/) zusammen mit der Erkundung des geografischen Raums abgeschätzt werden, wo vermutlich Konflikte zwischen Naturschutz und Nutzung natürlicher Ressourcen (z. B. Viehbeweidung) auftreten. Ein virtuelles Eintauchen in den Lebensraum des Wolfes sowie die immersive Erkundung seiner Lebensweise (Eckes/Moormann/Büssing 2022) bieten ebenso wichtige Ansatzpunkte für einen demokratischen Entscheidungsprozess wie die Möglichkeit, unmittelbar Betroffene in eigenen Audio- wie Videoproduktionen zu Wort kommen zu lassen. Auch an diesem Beispiel werden die Potenziale digitaler Technologien aufgrund ihrer Möglichkeiten in den Bereichen zur Kommunikation und der Inhaltserschließung (hier über Realdaten) erkennbar. Ganz ähnlich verhält es sich mit der Erkundung regionaler Folgen des Klimawandels, wofür Wankmüller und sein Team (2022) eine orchestrierte Lernumgebung vorschlagen aus (i) ortbezogener Erkundung und Durchdringung regionaler Klimaanpassungen einschließlich lokaler Handlungsmöglichkeiten und (ii) spiel-bezogener Aushandlung verschiedener Interessensgruppen (siehe https://www.klims21.rgeo.de/).

Key Messages

- Digitale Technologien und die Auseinandersetzung damit sind Teil der überfachlichen Bildungsaufgaben des Biologieunterrichts.
- In komplexen Entscheidungssituationen sind biologische Fakten ebenso wichtig wie die Kenntnis über Kommunikation und kulturelle Praktiken in einer Kultur der Digitalität.
- Digitale Informations- und Kommunikationswege unterstützen Entscheidungsprozesse in Gesundheits- und Sexualbildung, in Umweltbildung und BNE sowie in Demokratie- und Sozialbildung.

9 Zukunft des digital gestützten Biologieunterrichts: Visionen und Herausforderungen

Unterricht und individuelle Lernprozesse werden sich verändern: Dies ist durch die zunehmende schulische Verfügbarkeit digitaler Technologien vorhersehbar. Abschätzungen bzgl. etwaiger Details und Konsequenzen dieser Entwicklung sind jedoch schwierig bis unmöglich. Beispielsweise fallen bei der Integration digitaler Technologien stets nebenbei Nutzungsdaten an, die ebenso wie ganz gezielt erhobene Informationen für die Analyse von kollektiven und individuellen Lernprozessen genutzt werden können. Solche Big Data- und Learning Analytics-Ansätze werfen Fragen zum Datenschutz und der sich verändernden Rolle und Aufgaben von Lehrkräften auf. Der Einsatz von KI-Lehrkräften scheint aus technischer Perspektive möglich. In bestimmten Bereichen und für spezifische Aufgaben wird dies ggf. sogar notwendig, sei es um die beim Einsatz zukünftiger Lern-Technologien anfallenden Daten nutzen oder Lernprozesse zeitlich flexibler gestalten zu können. Techniken wie Eye- oder Emotion-Tracking sowie immer schnellere Produktzyklen und Innovationsschritte gehen deshalb zwangsläufig mit sich stark wandelnden Anforderungen an Lehrkräfte einher. Im Hinblick auf kommende Aufgaben und Herausforderungen sollten einige dieser Techniken und Dynamiken bereits vorab beleuchtet und proaktiv hinterfragt werden, um etwaige Prozesse diskutieren oder gezielt mitgestalten zu können (→ Abb. 9-1).

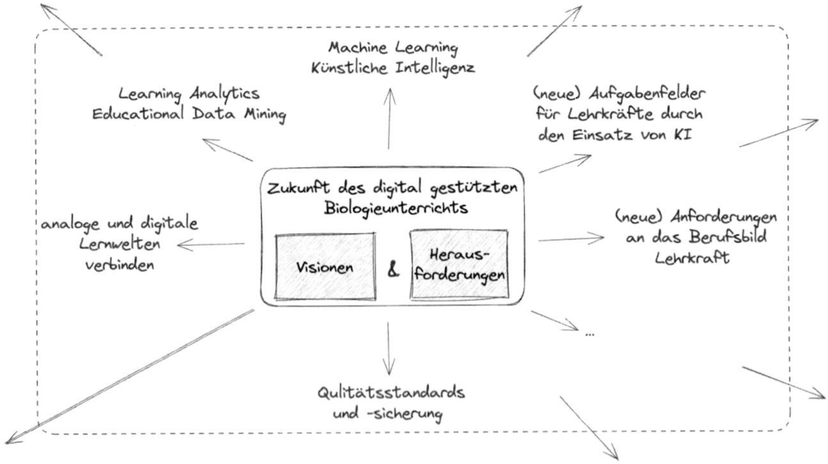

Abb. 9-1: „Zukunft des digital gestützten Biologieunterrichts: Visionen und Herausforderungen"

9.1 Das Bild ist komplexer als das Mosaik aus den Einzelteilen

Durch digitale Technologien, Medien und ihre Einbindung über Plattformen in Lehr-Lernprozesse eröffnen sich Chancen und Risiken gleichermaßen. Die Funktionalitäten und Potenziale solcher Technologien sind wesentlich vom Grad der Vernetzung von Elementen in solchen Systemen, der Integration von automatisierter Datenverarbeitung sowie der Art und Menge der verfügbaren Daten abhängig. Mit der Entscheidung zum Einsatz von derartigen Systemen gehen einerseits steigende Erwartungen verschiedener beteiligter Personen und andererseits die Notwendigkeit der Übernahme von Verantwortung für resultierende Konsequenzen einher. Deshalb sollten Lehrkräfte in diesem Entwicklungsfeld auf Basis des eigenen Wissens und eigener Kompetenzen reflektiert fachdidaktisch sinnvolle Entscheidungen treffen und diese auch transparent kommunizieren. Dies gilt auch oder gerade dann, wenn Konsequenzen der Datenspeicherung und -analyse oder des Einsatzes von Künstlicher Intelligenz (KI) nicht unmittelbar erkenn- bzw. abschätzbar sind.

KI rückt als Begriff nicht nur immer intensiver in den allgemeinen gesellschaftlichen Diskurs, sondern wirft in konkreten Anwendungsfällen immer drängendere Fragen auf, die – wenn überhaupt – nur mit differenziertem Blick auf diese Technologie zu beantworten sind. KI oder im Englischen Artificial Intelligence (AI) ist nicht als ein homogenes und isoliertes in Anwendungen genutztes Konzept zu verstehen. Vielmehr verbergen sich hinter solchen Begriffen und Abkürzungen a) unterschiedlich mächtige informatische Ansätze und b) mannigfaltige Einbindungen in funktionelle Systeme mit ganz unterschiedlichen Zielsetzungen und Fähigkeiten. Diese Spezialisierung resultiert nicht nur aus den jeweils spezifischen Fragestellungen, sondern auch aus der Tatsache, dass es trotz allen Fortschritts noch keine universale künstliche Intelligenz (Artificial General Intelligence, AGI) gibt. Existierende Systeme sind bisher bis zu einem gewissen Grad auf den jeweils vorgesehenen Einsatzbereich beschränkt, d. h. nur dort zeigen sie gute Ergebnisse, auch wenn man das nicht unbedingt auf den ersten Blick erkennt. So scheint *ChatGPT* z. B. auf den ersten Blick fast alles zu können, was sich auf den zweiten Blick durchaus völlig anders darstellt.

Das Ziel dieses Kapitels ist es nicht, ein umfassendes Verständnis für KI im Allgemeinen oder Charakteristika einzelner Technologien in diesem Bereich herauszuarbeiten. Vielmehr sollen für schul- und lehrbezogene KI-Technologien und -Systeme Ansätze für eine kritische Reflexion von aktuellen aber auch zukünftigen Chancen, Risiken und Auswirkungen aufgezeigt werden. Hilfreich dafür ist es, sich den aktuellen Stand in Bezug auf technische Leistungsfähigkeit und Einsatzszenarien von KI (folgend immer mit der deutschen Abkürzung bezeichnet, in anderen Fällen sind Anglizismen zur Benennung der Technologien quasi nicht vermeidbar) zu betrachten. In einer Studie zum Lehren und Lernen in der Schule mit KI-Werkzeugen werden für KI sieben Anwendungsfelder im schulischen Bildungsbereich genannt (Schmid u. a. 2021):

- Learning (Predictive) Analytics und Educational Data Mining (→ Kap. 9.1.1);
- Machine Learning und Deep Learning (→ Kap. 9.1.2);
- Intelligent Tutoring Systems (→ Kap. 9.1.3);
- Natural Language Processing/Understanding und Automatic Speech Recognition (→ K 9-6);
- Chatbots und intelligente multimodale Mensch-Maschine-Interaktion (auch ChatGPT);
- Automated Assessment/Grading;
- Adaptive Learning und Recommendation Systeme.

Daneben werden drei Anwendungs- bzw. Einsatzebenen unterschieden:

- die Mikro-Ebene des individuellen Lernens und Übens (d. h. die Ebene der Lernenden);
- die Meso-Ebene des Lehrens, Unterrichtens und Prüfens in Lerngruppen und Klassen;
- die Makro-Ebene der Steuerung, Evaluation und Planung von Schulen als Organisation und System.

Die Strukturierung der Ebenen mit ihren unterschiedlichen Herausforderungen macht klar, dass sie sich im Hinblick auf mögliche Einsatzszenarien der genannten Anwendungsfelder für KI unterscheiden. Während die Mikro-Ebene Aktivitäten und Ausprägungen des individuellen Wissenserwerbs und des Lernens umfasst, sind es auf der Meso-Ebene Prozesse der Lehre und Prüfung sowie die Organisation und Betreuung von Lernprozessen. Die Makro-Ebene betrifft in Schulen die Schulorganisation mit ihren Planungs- und Steuerungsprozessen. Für die fachdidaktische Perspektive, die das Lehren und Lernen im Blick hat, stehen die Mikro- und Meso-Ebene im Fokus, weshalb hier verortete Anwendungen von KI genauer beleuchtet werden sollen.

9.1.1 Learning Analytics und Educational Data Mining

Herausforderungen und Hintergründe in Bezug auf Learning Analytics (LA) und Educational Data Mining (EDM; folgend immer mit der englischen Abkürzung bezeichnet) werden nur deutlich, wenn deren Einbettung in durch Digitalisierung geschaffene vernetzte Systeme beachtet wird. Initial soll deshalb hier die unlösbare Verschränkung von digitalen Prozessen und dabei anfallenden Daten betrachtet werden.

Genau so, wie bei der Nutzung von Smartphones und Apps im nicht schulischen Bereich Daten „nebenbei anfallen“ (siehe z. B. Unterrichtsmaterial „Datenspuren“ der Heinrich Boell Stiftung 2021: Fasbender u. a. 2021), ist dies auch bei der Nutzung dieser Geräte in Lernprozessen der Fall. Zur Analyse von Lernprozessen sind solche nebenbei anfallenden (Meta-)Daten praktisch, weil dafür z. B. nicht zeitaufwendig Fragebögen ausgefüllt werden müssen. Gleichwohl erfolgt das Datensammeln nicht immer transparent, sodass sowohl „unbemerkt“, aber auch mit Zustimmung der nutzenden Personen zu unklaren Nutzungsbedingungen große Informationsmengen gesammelt werden. Vielfach wären aber auch Daten, die über die quasi standardmäßig erhobenen Daten hinausgehen, von besonderem Interesse. Deshalb werden zur Analyse von Lernprozessen auch mit speziell dafür entwickelter Software ganz gezielt für unterrichtliche Zwecke Daten zu Bearbeitungsschritten, -zeiten, -ergebnissen und auch Persönlichkeitsmerkmalen von Lernenden erfasst. Aus solchen Daten und Datenpools können in der Lernforschung mittels statistischer Verfahren (häufig in Kombination mit KI-Systemen) Lernenden-Profile und Einsichten in Lernprozesse gewonnen werden, die als Grundlage für Vorhersagen und Empfehlungen für das Lernen dienen können (Ebner/Ebner 2018). Wird gezielt versucht, auf Basis solch riesiger Datenpools vieler Individuen durch z. B. das Erkennen von Mustern generelle Erkenntnisse zum Lernen (im Sinne eines angestrebten Produktes aus vorliegenden Datenressourcen) zu gewinnen, spricht man von EDM. Das Konzept von LA fokussiert dagegen sogar einzelne Lernende und deren Lernprozess sowie die Ableitung von Interventionsmöglichkeiten für Lehrende oder passende digitale Lernunterstützungsmöglichkeiten. Unabhängig vom Vorgehen und der Zielsetzung bei den Analysen profitieren solche Ansätze vom Vorliegen sehr gut nutzbarer Informationen zu Bearbeitungszeiten, Zwischen- und Endergebnissen in digitaler Form, die automatisiert direkt im Sinne einer Ergebnisanalyse auswertbar sind. Darüber hinaus können jedoch auch (gezielt) Daten zum Prozess der Ergebnisentstehung, die also z. B. das Arbeitsverhalten und ggf. die Nutzung unterschiedlicher Materialien beschreiben, aufgezeichnet und analysiert werden.

Praxisbeispiel

Das Potenzial und Prinzip von LA in der Nutzung von digitalen Prozessdaten kann anhand eines Beispiels mit einer webbasierten Anwendung zur kollaborativen Texterstellung auch ohne automatisierte LA-Software dargelegt werden. Hierbei wird deutlich, welche Vorteile es bringt, nicht nur das Endprodukt, sondern auch seine Entstehung bei der Analyse von Erarbeitungs- und Lernprozessen zu berücksichtigen:

Stellt man Lernenden die Aufgabe, die Proteinbiosynthese ausgehend von der DNA zu strukturieren und schriftlich als Text in *etherpad* (einem Online-Tool zur kollaborativen Texterstellung) auszuarbeiten, kann sowohl die Genese der Strukturierung als auch der Arbeitsprozess an sich zeitlich und in Bezug auf bearbeitende Personen nachvollzogen werden. *Etherpad* bietet die Funktion, die Entstehung des Textdokuments im Detail als Zeitraffer ablaufen zu lassen. Dadurch wird es möglich, die Reihenfolge der Berücksichtigung und Einbindung einzelner im Prozess der Proteinbiosynthese relevanter Komponenten und Schritte sowie die dazu notierten Details und das generelle Arbeitstempo zu sichten. Bei Bedarf ist dies eine nützliche Dokumentation, die für eine transparente Reflexion und Bewertung des Ergebnisses gemeinsam mit den Lernenden genutzt werden kann. Eventuell kritische, aber für selbstgesteuertes Lernen essenzielle Bereiche wie die freie Zeiteinteilung (da klar wird, ob 90 % aller Arbeit am Vortag der Abgabe geleistet wurde oder eine längerfristige Bearbeitung mit mehreren Stufen der Optimierung erfolgte) und die fachwissenschaftliche Strukturierung des Themenfeldes (da erkennbar wird, welche Sinn- und Prozesseinheiten gemeinsam bzw. zeitnah nochmals bearbeitet werden müssen) können also datenbasiert zur individuellen Förderung eingesetzt werden. Diese Daten fallen bei vielen Online-Anwendungen an, werden den nutzenden Personen aber nicht transparent zur Verfügung gestellt. Mit automatisierten Systemen kann mittels solcher Daten das Arbeitsverhalten ganz ohne die Notwendigkeit einer tatsächlichen Sichtung des Ablaufs als Zeitraffer der Entstehung detailliert analysiert und dargestellt werden (→ Abb. 9-2), da die Auswertung und Darstellung keinerlei Beteiligung der Lehrkraft erfordert.

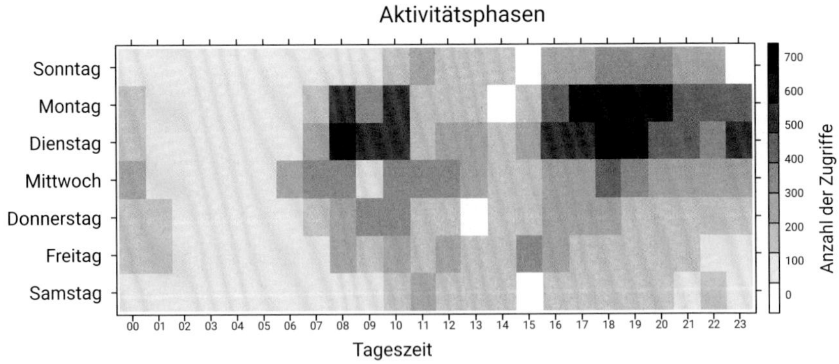

Abb. 9-2: Lernaktivitäten in digital bereitgestelltem Material über Wochentage (y- Achse) und Tageszeit (x-Achse), nach Vázquez u.a. 2020

Die Nutzung von Daten aus dem Lernprozess selbst und dabei entstandene Ergebnisse ermöglichen es, Lernen als Vorgang sowie dabei entstehende und favorisierte Fachkonzepte sichtbar zu machen (→ K 9-1). Damit wird ein präziserer Abgleich mit den eigentlich intendierten Zielen und Lernwegen möglich.

Ein solcher Abgleich macht es möglich, Entscheidungen dahingehend zu treffen, ob das eingesetzte Lehrkonzept und darin integrierte Medien und

K 9-1: Automatisierte Analyse von Lernendendaten

Die automatisierte Analyse von Vorgehensweisen und Ergebnissen von Lernenden bei der Erstellung von Modellen, die Wechselwirkungen von Organismen in einem Ökosystem beschreiben, kann

a) die Identifikation von noch nicht angemessen berücksichtigten Wechselwirkungen und -beziehungen, also unterrepräsentierten Modellaspekten (→ Abb. 9-3) und
b) eine Zuordnung individueller Bearbeitungsstrategien bei der Modellerstellung zu gruppentypischen Vorgehensweisen ermöglichen.

So konnten Quigley u. a. (2017) einerseits anhand von Logdaten zum individuellen Bearbeitungsprozess und darin enthaltenen Ablaufschritten 85 % der teilnehmenden Schülerinnen und Schüler ihren jeweiligen Lerngruppen zuordnen, also gruppenspezifisches Vorgehen identifizieren, und andererseits automatisiert unterrepräsentierte Modellaspekte im Sinne von Wechselwirkungstypen identifizieren (→ Abb. 9-3, Version 1), um nachfolgend entsprechende Empfehlungen zur Vertiefung und digitale Unterstützungsmöglichkeiten für eine inhaltlich ausgewogene Modellierung abzuleiten. Beim Einsatz von für eine zweite Version überarbeitetem Material dominierten Räuber-Beute-Beziehungen als Konzept nicht mehr, sondern machten nur noch ca. 29 % der angegebenen Wechselwirkungen aus. Die Lernenden bildeten auch Konzepte bisher nicht formulierter Beziehungen aus (z. B. wechselseitiges Profitieren voneinander, 8,5 %; → Abb. 9.2, Version 2).

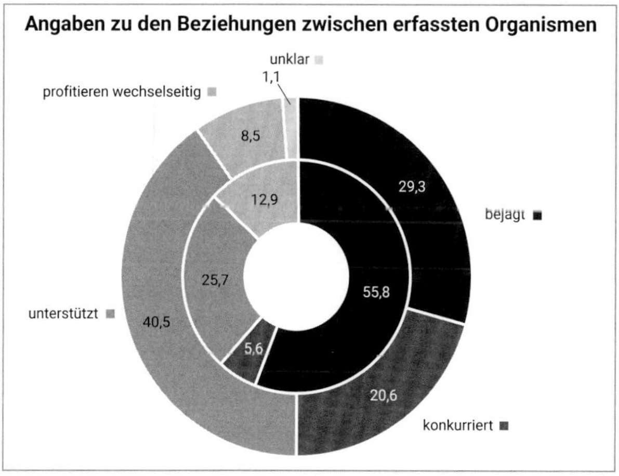

Abb. 9-3: Von Lernenden angegebene Wechselwirkungen in zwei unterschiedlichen Versionen (innen: Version 1, außen: Version 2) einer digital gestützten Erfassung eines Ökosystems (eigene Darstellung nach Quigley u. a. 2017)

Ressourcen sowie deren Funktionen zielführend sind oder angepasst werden müssen. Digitale und von automatisierten Systemen aufbereitete oder auch ausgewertete Daten würden Lehrkräften diese Reflexion erleichtern.

Eine Erfassung von Vorstellungen Lernender ist mit EDM und LA sehr gut möglich und kann zu Optimierung von Lehr-Lernkonzepten und -prozessen beitragen. Abhängig von dabei verwendeten Algorithmen und Softwaretypen kann dies auch live erfolgen und Lernprozesse in Kombination mit künstlichen Intelligenzen *on-the-fly* gezielt beeinflussen. Digitale Lernumgebungen erleichtern die Erfassung von dafür notwendigen Daten und die anschließende automatisierte Aufbereitung für den Lernenden oder die Lehrkraft. Dadurch wird direktes Feedback oder eine schnelle, reflektierte Intervention der menschlichen oder einer KI-Lehrkraft möglich (→ Kap. 9.1.3).

Mit EDM und LA untrennbar verbunden ist aber auch die Frage des verantwortungsvollen Umgangs mit den Daten. Hierbei ist es z. B. zumindest diskussionswürdig, Lernende automatisiert als Problemfall zu kennzeichnen, um diese adäquat zu fördern (Lipp 2021). Der Einsatz von LA setzt klare Regeln voraus (Lipp 2021), z. B. im Hinblick auf den Zugriff auf Daten (Voraussetzungen eines Datenzugriffs; Notwendigkeit einer Zustimmung; Zugriffsberechtigungen) sowie die Zweckgebundenheit, Aufzeichnung, Analyse, Gewährleistung der Datensicherheit. Daraus leiten sich technische Implikationen für solche Systeme sowie deren Aufbau und Funktion ab. Für das Fach Biologie, das Inhalte thematisiert, die z. B. mit Sexualität, Drogen etc. sehr sensible Bereiche umfassen, ergeben sich weitere besondere Herausforderungen, für die Lösungen gefunden werden müssen. Ebenso gibt es auch aus didaktisch pädagogischer Sicht Aspekte zu diskutieren, wie Schwartz (2021) im Rahmen einer Auseinandersetzung mit dem Forschungsfeld des Einsatzes von KI und LA in der Bildung konkret am Beispiel eines antizipierenden Schulbuchs im Projekt *Hypermind* (Ishimaru u. a. 2018) thematisiert. *Hypermind* kann sensorbasiert antizipierende Lehrtexte bereitstellen, d. h. das interaktive Buch richtet sich hinsichtlich einzubindender Repräsentationsformen und Hilfestellungen automatisiert nach detektierten Bedürfnissen und Interessen von Lernenden. Hierzu erfassen verschiedene Sensoren (z. B. Eye-Tracker zur Blickverfolgung und Thermalkameras zur Messung der Belastung) einzelne Parameter während des Lernprozesses und liefern in Echtzeit Daten für die KI, die damit individuelle Lernfortschritte oder -probleme erfasst und Interventionsmaßnahmen einleiten kann (Bracke u. a. 2021).

Basierend auf *Eye-Tracking*-Daten, die z. B. erfassen, wo auf einer Buchseite das Auge verweilt oder wiederholt fokussiert, und Sensordaten, die mit Stress einhergehende Änderungen der Körpertemperatur während des Lernprozesses widerspiegeln, können bei identifizierten Schwierigkeiten automatisiert Zusatzinformationen zu diesem Text- bzw. Buchbereich in Form alternativer Medien oder Repräsentationsformen angeboten werden. Stellt man sich nun die Nutzung eines solchen Tracking-Systems im Kontext des Sexualkundeunterrichts vor, wird klar, dass ein „intensiver Blick" auf bestimmte Abbildungen und deren Teilbereiche im Schulbuch hier äußerst private Vorlieben von den Lernenden enthüllen kann. Unabhängig davon ist für einen zielführenden Einsatz solcher Systeme vorab unbedingt eine „didaktische Justierung des Systems" dahingehend notwendig, dass die Gewichtung des Förderns und Forderns stimmig ist.

Das im Projekt *Hypermind* realisierte Konzept vereint LA mit einer Anbindung von KI in Echtzeit, um den Lernprozess von Lernenden individuell auf Basis der erhaltenen Daten mit alternativen Repräsentationsformen oder auch Erläuterungen live anzupassen. In einer entsprechenden Vision von Unterricht werden damit in Einzelarbeitsphasen umgesetzte Aufgaben/Funktionen der Lehrkraft zur Steuerung von Lehr-Lernprozessen übernommen. Aus dieser Perspektive heraus erscheint der Einsatz von KI offensichtlich auch in Kerndomänen schulischer Praxis, dem Monitoring und individuellen Anpassen von Lernprozessen möglich. Wie groß der (technische) Schritt und damit die noch verbleibende Zeitspanne bis zur Entwicklung einer KI ist, die z. B. auch unterschiedliche Aktionsformen des Frontalunterrichts orchestrieren kann, ist noch nicht abzusehen. Abzusehen ist allerdings, dass nur dieses Zeitfenster zur Klärung von Leitlinien und Perspektiven zum Einsatz von KI als etablierte Technologie in größerem Stil in Schulen bleibt. Daraus resultiert die Notwendigkeit, Einsatzfelder zu identifizieren und dahingehend zu bewerten, ob und unter welchen Kriterien, Umständen sowie Regulierungen ein KI-Einsatz sinnvoll sein kann. Eine Auseinandersetzung mit KI, den Rollen einer Lehrkraft und weiteren Einsatzfeldern ist wesentlich und für einige Beispiele hier bereits angestoßen.

9.1.2 Machine Learning und Künstliche Intelligenz

Unter KI wird meist die Fähigkeit eines Computers oder computergesteuerten Roboters verstanden, Aufgaben zu lösen, die normalerweise von intelligenten Wesen erledigt werden, er sich also ähnlich wie ein Mensch intelligent verhalten und lernen kann (Paaß/Hecker 2020). Im Einklang mit dieser Auffassung hat Alan Turing bereits in der Mitte des 20. Jahrhunderts vorgeschlagen, einen Computer bzgl. seines Verhaltens dann als intelligent zu bezeichnen, wenn ein Mensch, der mittelbar, d. h. ohne Sichtkontakt, mit der Maschine in Dialog steht, diese nicht sicher von einer menschlichen, mittelbaren kommunizierenden Person unterscheiden kann (→ K 9-2). Um eine solche Täuschung zu erzielen, sind starre, nach festen Algorithmen handelnde Maschinen weniger geeignet als solche, die lernen. Gerade diese Differenzierungen führen unter

Berücksichtigung der im Vergleich zu einem Menschen vorhandenen Limitierungen der KIs in Bezug auf ihre Einsatzgebiete dazu, dass eine auf den ersten Blick klare Eingrenzung und Beschreibung von KI komplexer wird.

K 9-2: Maschinelles Lernen und Turing Test

Alan Turing war Mathematiker, der bereits in den 1940er- und 1950er-Jahren im Bereich theoretischer Grundlagen für die moderne Informations- und Computertechnologie bis hin zum maschinellen Lernen Pionierarbeit leistete. Er beschäftigte sich schon damals mit der Frage, wie festgestellt werden kann, ob ein Computer intelligent und in der Lage ist, wie ein Mensch zu denken oder nicht. Turing (1950) entwickelte ausgehend von einem „Imitation Game" einen Test, in dem ein Interviewer mit zwei Personen in einem anderen Raum kommuniziert, um herauszufinden, wer von beiden die Frau ist, wobei der Mann versucht, vorzugeben, die Frau zu sein. Die Intelligenz des Menschen (beim Täuschen) äußerte sich in diesem Test dadurch, dass es dem Interviewer nur in der Hälfte der Testdurchläufe oder seltener gelingen sollte, bei der Zuordnung die richtige Entscheidung zu treffen. Turing ersetzte in diesem Ansatz einen Probanden durch einen Computer und modifizierte die Aufgabe dahingehend, dass der Interviewer anhand der Kommunikation per Konsole (d. h. mit Prompts wie bei *ChatGPT*) herausfinden sollte, ob „Person" A oder B der Mensch ist (→ Abb. 9-4). Turing sagte voraus, dass eines Tages eine Maschine diesen Test bestehen würde. Dieser Test auf „Menschlichkeit", d. h. eine gewisse scheinbare Intelligenz, hat den Vorteil, von äußeren Attributen wie z. B. von Aussehen oder Bewegung weitgehend unabhängig und flexibel zu sein. Turing beschreibt z. B. folgenden Dialog, der das Prinzip erläutert (aus Turing 1950, übersetzt):

Q: Bitte schreiben Sie mir ein Sonett über die Forth Bridge.
A: Da kann ich nicht mitreden. Ich konnte noch nie Gedichte schreiben.
Q: Addiere 34957 zu 70764.
A: (Macht eine Pause von etwa 30 Sekunden und gibt dann die Antwort) 105621.
Q: Spielen Sie Schach?
A: Ja.
Q: Ich habe K auf meinem K1, und keine anderen Figuren. Sie haben nur K auf K6 und R auf R1. Sie sind am Zug. Was spielen Sie?
A: (Nach einer Pause von 15 Sekunden) R-R8 mate.

Trotz oder gerade wegen dieses Settings und damit verbundenen Vorteilen hat der Test Schwächen. So konnte ein Chatbot namens Eugene Goostmann im Rahmen einer Veranstaltung der Royal Society in London 2014 die Aufgabe meistern und wurde als erste Software von einer Prüfergruppe für einen Menschen gehalten. Für Diskussionen sorgte allerdings, dass Eugene Goostman sich den Prüfern als 13-jähriger Junge aus der Ukraine vorstellte, wodurch Antworten von diesen anders gewichtet und bewertet wurden. Das Beispiel macht klar, wie unscharf dieser Test im Hinblick auf die Identifikation von Intelligenz tatsächlich ist. Wenn *ChatGPT* sich wie bisher selbst im Gespräch freiwillig als KI outet, kann dieser Test z. B. nicht bestanden werden.

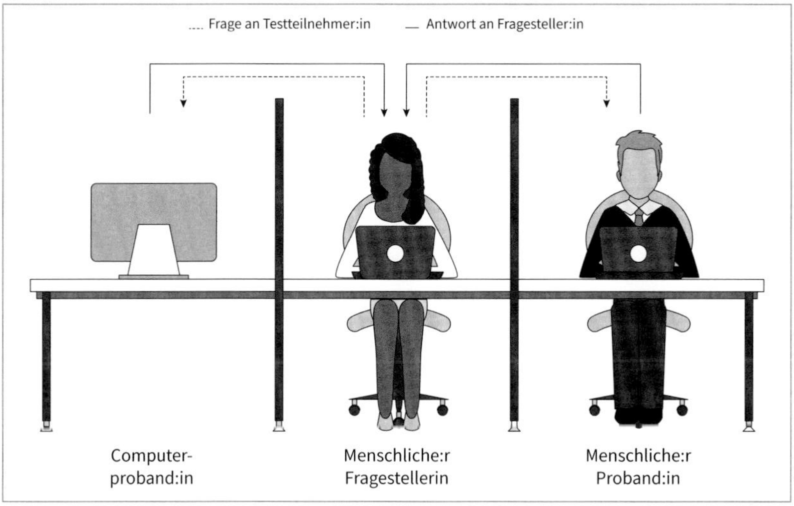

Abb. 9-4: Aufbau des Turing-Tests

Weiter gedacht wird zukünftig auch problematisch, dass, wenn uns schon solch simple und de facto nicht wirklich intelligenten Systeme intelligent erscheinen, wir nicht so einfach in der Lage sein werden „echte" Intelligenz klar zu erkennen. Wir legen bei der Beurteilung solcher Systeme im Hinblick auf Intelligenz oder gar Bewusstsein ggf. die falschen, aus dem menschlichen Bereich abgeleiteten Maßstäbe an. Die bei *ChatGPT* wahrgenommene „eloquente" Ausdrucksweise korreliert bei Menschen sehr häufig mit Intelligenz und setzt eine Menge Wissen und Verständnis voraus, um dieses zu solchen Antworten zusammenzusetzen. *ChatGPT* produziert die Antwort „nur" auf Basis erkannter Muster (Podbregar 2023), dem Bot fehlt jedoch ein eigentliches Verständnis (→ K 9-6) und damit ggf. die Intelligenz. Ergebnisse, die Menschen nur mit Intelligenz erreichen, können Maschinen ggf. durch rein statistische Methoden erzielen. Gerade diesbezüglich, ob also Intelligenz aus rein statistischen Modellen entstehen kann, ist sich aber auch die Fachwissenschaft nicht einig (Biever 2023).

Bei KIs realisiertes Lernen basiert, ähnlich wie beim menschlichen Lernen z. B. im Falle der Identifikation von Objekten anhand von Abbildungen, auf der Identifikation wesentlicher Merkmale einer Kategorie von Objekten, sodass Objekte später anhand ihrer Merkmale bestimmten Kategorien zugeordnet werden können. Dafür ist eine große Menge an Abbildungen von Objekten dieser Kategorie notwendig, um wesentliche von unwesentlichen Merkmalen zu trennen. Zwangsläufig sind der Erfolg und die Richtigkeit von Merkmalsidentifikationen deshalb von der Auswahl und der Art der Bilder abhängig, die im Lernprozess genutzt werden. Aufgrund der fachdidaktisch biologischen Zielsetzung dieses Buches ist eine persönliche Anekdote passend, die diese Problematik und die Bedeutung des Lernmaterials anhand eines menschlichen Beispiels beschreibt. Die Nichte eines Mitglieds des Autorenteams blieb im Alter von ca. anderthalb Jahren während eines Spaziergangs in der Stadt plötzlich neben einem Beet stehen, zeigte auf einen toten Regenwurm auf dem Gehweg und sagte „Schau mal, eine Schlange". Die Ursache scheint in einer nicht korrekten Merkmalskombination zur Identifikation von Schlangen zu liegen. Deren präzise Beschreibung ist in Kinderbüchern mit entsprechenden Abbildungen auch nur selten im Detail erkennbar oder gar explizit zusammengefasst, sodass Kinder hier selbst lernen und kategorisieren. Die für Schlangen typische lange, dünne, gewundene Form, die in Kinderbüchern gut erkennbar ist, wurde irrtümlich auf den Regenwurm sehr kompliziert „übertragen", wesentliche Eigenschaften wie die Größe oder die schuppige, trockene Haut konnten auf Basis der beim Lernprozess genutzten Vorlagen im Zuge des Betrachtens eines Bilderbuches und Vorlesens wohl nicht klar wahrgenommen und extrahiert werden.

Das intelligente Lernen bei Computern wird durch (tiefe) neuronale Netze ermöglicht, die strukturelle Ähnlichkeiten zur Informationsverarbeitung im Gehirn aufweisen. Beim Lernen werden hier Merkmale auf zunehmenden Komplexitätsebenen extrahiert, kombiniert und letztlich für die Objekterkennung genutzt (→ Abb. 9-5). Aber nicht alle Formen von KI sind gleich lernfähig. Hier bringen unterschiedliche Stufen und Techniken auch unterschiedliche Potenziale mit sich, die man abhängig von ihrer Lernfähigkeit reihen kann: *Künstliche Intelligenz < Maschinelles Lernen < Tiefes Lernen.* Obgleich häufig also nur von KI als Sammelbegriff gesprochen wird, ist eine differenzierte Antwort auf die Frage, was KI ist und kann, aufgrund genau dieser Unterschiede nicht einfach.

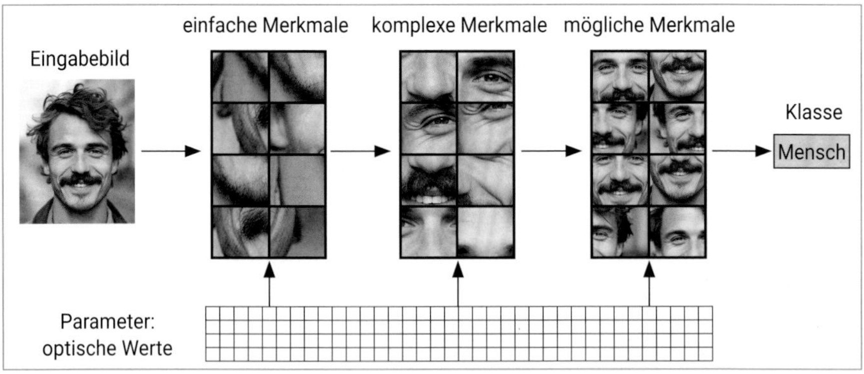

Abb. 9-5: Prinzip der Objekterkennung durch neuronale Netze anhand selbstgewählter Merkmale unterschiedlicher Komplexitätsstufen (nach Paaß/Hecker 2020)

KI-Systeme sind bereits durchaus in der Lage, individuelle Lernprozesse zu analysieren und zu unterstützen (→ Kap. 9.1). Die Potenziale des Einsatzes in Bildungs- und Schulprozessen gehen jedoch darüber hinaus. Auf Basis der bisherigen, begrenzten Datenlage zum Forschungs- und Entwicklungstand in Bezug auf Machine Learning und KI-Systeme ist jedoch noch keine empirisch fundierte, fachspezifische Bewertung zukünftig möglicher Szenarien zu leisten. Aufgrund der Notwendigkeit, aus fachdidaktischer Perspektive in Zukunft Stellung beziehen zu müssen, lohnt sich dennoch eine Sichtung des Status quo anhand einzelner Beispiele sowie aktueller Entwicklungen (→ K 9-3).

K 9-3: Marktanalyse zu KI-Anwendungen im Schulbereich

Im Projekt „KI@Bildung: Lehren und Lernen in der Schule mit Werkzeugen Künstlicher Intelligenz" (Schmid u. a. 2021) erfasste eine Marktanalyse mit einer Recherche auf deutsch- und englischsprachigen Websites 99 KI-Anwendungen aus unterschiedlichen Herkunftsländern (→ Abb. 9-6). Aufgrund der sprachlichen Einschränkung bei der Analyse ist davon auszugehen, dass dieses Ergebnis nicht repräsentativ ist. Gleichwohl wird erkennbar, dass knapp zwei Drittel der Software aus China und den USA stammen. Als mögliche Gründe hierfür werden u. a. staatliche Förderungen und die Bedeutung bzw. Nutzung im außerunterrichtlichen Einsatz am Nachmittag im Rahmen von z. B. Nachhilfe mit Programmen zum Üben und selbstregulierten Lernen (siehe Anwendungsfelder von KI und Einsatzebenen, → Kap. 9.1) genannt, die mit 73 Anwendungen fast 75 % der recherchierten Ergebnisse ausmachen. Für den Unterrichtseinsatz (17) und die Schulorganisation (9) ist weit weniger KI-Software verfügbar (Schmid u. a. 2021).

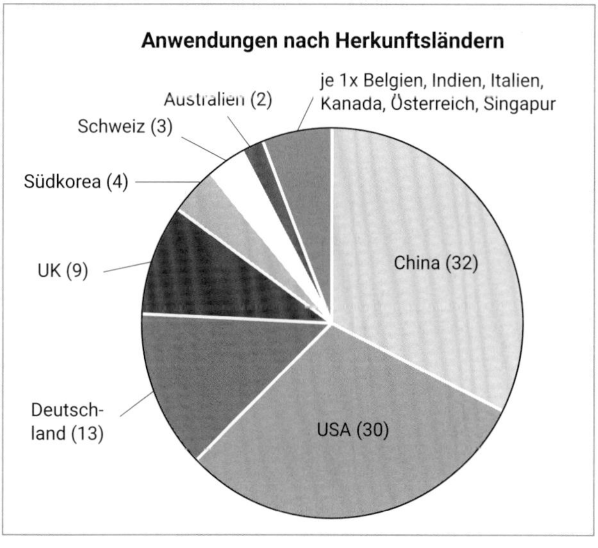

Abb. 9-6: Auf dem Markt verfügbare KI-Anwendungen für den Schulbereich (nach Schmid u. a. 2021)

Eine strukturierte Analyse möglicher Potenziale von KI in der Schule und die Diskussion diesbezüglicher Beurteilungs- bzw. Bewertungskriterien insbesondere aus der Fachperspektive ist proaktiv zielführend. Nur so können z. B. fachdidaktische Anforderungen und zu setzende Rahmenbedingungen, die existierende Bedenken berücksichtigen, einfließen oder gar rote Linien erarbeitet werden, die allen Beteiligten gerecht werden. Dabei generierte und gereifte Perspektiven, Fragestellungen und Positionen müssen als Leitlinien präventiv erstellt werden, um als Grundlage für eine schnelle Positionierung genau dann zu dienen, wenn solche Fragen bildungspolitisch entschieden werden. Schlussendlich müssen diesbezügliche Positionen auch konkret vor Ort im Kollegium an der eigenen Schule diskutiert und entschieden werden.

9.1.3 Einsatz von KI in Aufgabenfeldern von Lehrkräften

Schmid u. a. (2021) nennen virtuelle Assistenten als eine der KI-Visionen für die schulische Bildung, die in Befragungen auf Zustimmung stoßen. Sie schlagen als Empfehlung vor, „KI-Co-Teaching“ und „Assisted Learning“ als Leitbilder zu etablieren (z. B. als ITS). Die Möglichkeit, Lehrkräfte damit in Zukunft zu entlasten, gewinnt insbesondere bei zunehmendem Lehrkräftemangel an Attraktivität. Dies ergibt sich aus der zentralen aktuellen Rolle und den Aufgaben von Lehrkräften im Schulsystem, die in Mangelsituationen nicht mehr umfänglich wahrgenommen werden können.

Lehrkräfte sind für Lehr-Lernprozesse im Unterricht (= Meso-Ebene, → Kap. 9.1) nicht nur planerisch, sondern auch als moderierende und meist auch als zentrale personale Medien und Feedback-Gebende von Bedeutung. Aufgrund der organisatorischen Anbindung an zeitliche und räumliche Strukturen der etablierten Schulpraxis (z. B. fester Unterrichtsbeginn und -ort) findet der Kontakt zwischen Lernenden und der Lehrkraft größtenteils innerhalb dieser Strukturen statt. Die Ausübung bzw. die Verfügbarkeit damit verknüpfter Funktionen bei der Interaktion mit Lernenden ist deshalb z. B. in zeitlicher Hinsicht gleichfalls an diese Rahmenbedingungen gebunden. Zwar haben sich über Distanzunterricht und die generelle Einbindung von Lernplattformen Ansätze des ortsunabhängigen Lehrens und Lernens etabliert, gleichwohl ist die dabei ggf. wünschenswerte oder gar notwendige Unterstützung seitens der Lehrkräfte durch die Dienst- bzw. Unterrichtszeiten zeitlich eingeschränkt. KI-Lehrkräfte würden neben ortsunabhängigem Lernen auch zeitunabhängiges, betreutes Lernen inklusive Moderation und ggf. notwendigem Feedback ermöglichen. Dies würde zu einer deutlichen Intensivierung der Individualisierung des Lehr-Lernprozesses führen, da KIs, die nicht zwingend kapazitätslimitiert sind, jedem Lernenden oder Kleingruppen die Begleitung durch „individuelle“ Lehrkräfte ermöglichen könnten. Voraussetzung bei Lernenden wäre jedoch eine grundlegende Kompetenz zur initialen Strukturierung des Lernens, da offensichtlich aktuell noch für viele Lernende ein über den Unterrichtsbeginn um 8:00 Uhr strukturierter Tagesablauf wesentlich ist: Knapp 50 % der befragten Lernenden gaben in einer Studie an, im Fernunterricht während der coronabedingten Schulschließungen ein bis zwei Stunden Arbeitszeit pro Tag aufgewendet zu haben (Wacker u. a. 2020) und die durchschnittliche Zeit für schulische Aktivitäten lag mit 3,6 bis 4,3 Stunden mehr als 3 Stunden unter den Werten für die Vor-Coronazeit (Wößmann u. a. 2021). KIs, die mit Lernenden interagieren, müssten abhängig von der Zielgruppe folglich z. T. Kinder auch zum Aufstehen und Lernen bewegen und nicht nur Fragen beantworten, wie im Falle von KI unterstützen Büchern (→ K 9-4).

K 9-4: KI enhanced Textbook

E-Books mit integrierter KI können interaktive Funktionen (im Sinne eines ITS) bieten, die es Lernenden erlauben, Fragen zu stellen und gleichzeitig auch Fragen an Lernende stellen, die das Verständnis von biologischen Konzepten unterstützen (Koć-Januchta u. a. 2020). Die KI-Integration stellt algorithmische Methoden bereit, die über eine reine Wissenspräsentation hinaus Techniken zur Beantwortung und Verarbeitung von Fragen, auch in natürlicher Sprache bieten, um eingegebene Fragen zu interpretieren und Antworten generieren zu können (Chaudhri u. a. 2013). In den bisherigen Systemen kann erstens eine Frage in ein Dialogfeld eingegeben werden, auf deren Basis die integrierte KI die inhaltlich nächstliegenden Fragen berechnet, welche sie beantworten kann und aus denen dann die am besten passende Antwort ausgewählt wird. Zweitens kann die KI nach Textmarkierungen inhaltlich korrespondierende Fragen zur Vertiefung anzeigen und drittens schlägt die KI zu jeder Seite des Buches Fragen zur weiteren Erkundung vor. Ein wesentlicher Unterschied zum *Hypermind*-Konzept (→ Kap. 9.1) ist, dass die KI nicht automatisch, sondern erst auf eine über unwillentliche Handlungen hinausgehende Aktion der Lernenden (wie das tatsächliche Arbeiten im Text) hin aktiv wird, da keine LAs oder Sensoren integriert sind.

Zwar liegen zum Einsatz von KI in Lehr-Lernumgebungen einige Forschungsergebnisse vor (z. B. zu KI-Büchern, → K 9-4), die einen positiven Effekt in Bezug auf das Lernen zeigen, insgesamt fehlen dazu aber Feldstudien (Schmid u. a. 2021) ebenso wie Klarheit im Hinblick auf lerntheoretische Aspekte. Unstrittig ist jedoch, dass solche Systeme, deren integrierte KI über automatisierte Testgenerierung und -bewertung lernbegleitendes Üben und auch Assessments erlauben, neue Formate der Leistungsbeurteilung und des Lernens und der Motivation außerhalb der eigentlichen Unterrichtszeit ermöglichen.

Die Lernzeit mit Hausaufgaben etc. geht bereits jetzt schon, im aktuell etablierten Schulsystem, über die in direktem Kontakt zur Lehrkraft stattfindende Unterrichtszeit hinaus. Eine digitale Unterstützung bei solchen Aktivitäten wäre deshalb unter den Aspekten der Förderung von Lernenden durch Feedback und Kontrolle prinzipiell sinnvoll. In solchen Settings, wie betreuten Hausaufgaben, würden KI-Lehrkräfte jedoch nicht nur assistieren, sondern vielmehr alleine agieren und Lehrkräfte in ihrer Rolle als Lernbegleitende in gewissem Sinne funktional ersetzen. Es bleibt deshalb abzuwarten, inwiefern Systeme, die in der Lage sind, Derartiges zu leisten, Lehrkräfte nicht auch im Unterricht phasenweise oder irgendwann vollständig ersetzen könnten. Schmid u. a. (2021) berichten von einem breiten Konsens, „KI-gestützte Systeme nicht ersetzend, sondern vielmehr ergänzend-begleitend zu Präsenz-Lernsettings einzusetzen". Dieser Konsens wird jedoch bereits mit dem direkt dazu ergänzten Verweis auf Flipped Classroom-Settings als Einsatzfelder (die aber ja gerade in der nicht-Präsenzphase von solcher Betreuung profitieren) relativiert. Ein tatsächlicher Ersatz der Lehrkraft liegt im Flipped Classrom-Setting ja nur deshalb nicht vor, da in diesen Phasen bisher ohne Lehrkraft agiert wird und deshalb keine ersetzt werden kann. Damit werden Lernphasen zur Vermittlung kognitiven Wissens, die abseits des Flipped Classroom-Settings klassische Einsatzfelder von Lehrkräften waren, nun in alleiniger Betreuung durch KI (z. B. als ITS) umgesetzt. Letztlich muss hier ein gesellschaftlicher Konsens gefunden werden, der nicht nur die Dimension der Lehrtauglichkeit, sondern auch die Kompatibilität solcher Ansätze zum Bereich der sozialen und moralischen Entwicklung und damit verbundenen Erziehungszielen berücksichtigt. Generell können digitale Technologien jedoch nicht nur über ortsunabhängig nutzbare Materialpools und Kollaborationstools, sondern auch durch KI-gestützte Betreuung die Lernzeit erweitern. Die hierbei maßgeblichen Grenzen sollten über die rein technische Realisierbarkeit hinaus auch durch gesellschaftlichen Diskurs bestimmt werden. Ein solcher Diskurs entwickelt sich gerade im Hinblick auf ein nicht primär die Gestaltung und Strukturierung von Lernprozessen betreffendes Feld, dem Emotion Tracking. Hierbei beschäftigt sich die KI nicht mit kognitiven Aspekten, sondern mit eher affektiven Beobachtungen von Personen zu bestimmten Zwecken (→ K 9-5).

K 9-5: Zoom Emotion Tracking

Für das virtuelle Konferenztool „Zoom" wird die Erweiterung um eine neue Funktion diskutiert, die an einem wahrscheinlich schon selbst erlebten Problem ansetzt: In langen Meetings stellt sich oft die Frage, wer in der Runde gedanklich eigentlich noch aktiv dabei ist. Gerade im Falle virtueller Distanzlehre ist es wichtig zu wissen, ob man das Publikum (noch) erreicht. Um diese Fragen beantworten zu können, soll in Zoom ein Emotion-Scanner oder sog. Emotion-Tracking integriert werden. Unter Einsatz einer KI soll anhand der Video- und Audiodaten durch Auswertung von Gestik, Mimik und Stimmlage die Stimmung von Personen analysiert werden, die an der Konferenz teilnehmen (→ Abb. 9-7).

Abb. 9-7: Emotion Tracking

Schwindende Aufmerksamkeit, Unverständnis und Ähnliches wären so zugänglich und es könnten geeignete Maßnahmen von der Nutzung anderer Beispiele bis hin zu einer Pause integriert werden. Zoom als Unternehmen selbst hat damit explizit geworben (mittlerweile sind entsprechende Seiten nicht mehr abrufbar), dass mit dieser neuen Funktion Personen hinsichtlich ihrer Leistung bewertet werden können, wobei auch die Gesprächstechnik berücksichtigt wird (Spiegel Online 2022). Einige Unternehmen setzen derartige Funktionen bereits ein, um in Callcentern den Gesprächsverlauf zu bewerten, ihre Arbeitskräfte zu kontrollieren und unter Nutzung dieser Daten auch weiterzubilden.

Apps für Smartphones mit ähnlichen Funktionen existieren bereits. Vor diesem Hintergrund wirkt die Gesichtserkennung in Kameras und Smartphones, die automatisch dann auslöst, wenn ein Lächeln erkannt wird, fast schon altertümlich. Gleichwohl macht dieses Beispiel deutlich, wie die Evolution von Software und KI perspektivisch gedacht und in nicht direkt naheliegende andere Anwendungsbereiche transferiert werden kann.

Lehr-Lernprozesse werden maßgeblich von der Aufmerksamkeit von Lernenden und Dynamiken in Lerngruppen beeinflusst. Auch Emotionen spielen eine Rolle. Beides kann über Videoauswertung anhand von Bild- und Audioanalysen theoretisch für KIs zugänglich gemacht (→ K 9-5), von diesen ausgewertet und pädagogisch genutzt werden. Bereits das Andenken entsprechender Szenarien macht klar, dass hierzu intensive bildungspolitische und gesellschaftliche Diskurse notwendig sind, die sich sogar abhängig vom konkreten Einzelfall im Hinblick auf Bewertungsaspekte unterscheiden werden. So ist davon auszugehen, dass ein engmaschiges KI-Tracking zur Unterstützung von Lernenden mit kognitivem, sensorischem oder körperlichem Förderungsbedarf intuitiv anders bewertet wird, als bei Lernenden ohne Förderbedarf. Dies ist dahingehend problematisch, da die z. B. datenschutzrechtlichen Fragen hierbei völlig identisch sind. Die ggf. divergierende Einschätzung in diesen beiden „Szenarien", die aus den jeweils unterschiedlichen Ausgangsbedingungen und Anforderungen resultieren, machen auch deutlich, dass eine fachspezifische und fachdidaktische Perspektive für überlegte Entscheidungen in Bezug auf unterrichtliche Regelung unabdingbar ist, da der Zweck nicht unbedingt die Mittel heiligt.

9.1.4 Universale KIs – Brücke, Konkurrenz oder Partner

Die Diskussionen um das zum Jahreswechsel 2022/23 der Öffentlichkeit zugänglich gemachte System *ChatGPT* zeigt, dass KIs abhängig von der Perspektive und dem Grad ihrer bewussten Berücksichtigung in Lehr-Lernprozessen unterschiedlich zu bewerten sind. Das Potenzial reicht von einer gezielt zugewiesenen Rolle beim begleiteten und dennoch individuellen Lernen bis hin zu einer Störgröße in klassischen Unterrichts- und Prüfungskonzepten. Diese Problematik wird sich mit einer zu erwartenden Entwicklung von AGIs noch intensivieren. Die Herausforderung besteht z. B. darin, Konzepte für eine strukturierte und reflektierte Einbindung im Sinne des Seamless Learnings zu entwickeln (→ Kap. 7.5 & 9.2), die Lernenden die Möglichkeit geben, an jedem Ort und zu jeder Zeit Fragen zu stellen und Unterstützung zu bekommen. Eine Anbindung solcher Systeme an klassisch analogen Präsenzunterricht kann sowohl Lehrkräfte als auch Lernende unterstützen. Gleichzeitig stellt sich dann aber auch die Frage, ob und wie Lehrkräfte Antworten des Systems a) gegenprüfen müssten und/oder b) die Nutzung durch Lernende generell zur Entwicklung individueller Förderkonzepte oder bei der Notengebung berücksichtigt werden müsste/sollte. Im ersten Fall ist ein prinzipielles Problemfeld des Einsatzes von KI berührt, die Frage der Haftung für Fehler des Systems und daraus resultierenden Folgen. Sollte z. B. einer Lehrkraft bei einem Tafelanschrieb ein Fehler unterlaufen, so wäre vergleichsweise klar, wie mit einem daraus resultierenden Fehler in einer Klassenarbeit umgegangen werden müsste. Der Einsatz von sich weiterentwickelnden KI-Systemen, die eine Lehrkraft auch niemals vollumfänglich im Hinblick auf Korrektheit sichten kann, wirft hier neue Fragen auf. Trotz der beeindruckenden Leistungen von *ChatGPT* ist das System und sind wahrscheinlich auch vergleichbare Systeme aufgrund ihrer Funktionsweise nie fehlerfrei (→ K 9-6). Auch variable und nicht genau bestimmbare Informationsgrundlagen dieser Systeme werden eine Herausforderung bleiben, denn auch dadurch verbesserte Antworten sind – ebenso wie bei Menschen – nicht garantiert richtig (weshalb auch die Frage der Verantwortlichkeit für Fehler bleibt). Gleichwohl werden diese KI-Systeme auch in Bezug auf auswertbare Informationen Fortschritte machen. So ist *GPT4* (ein nicht kostenlos zugängliches System) bereits in der Lage, auch Bilder auszuwerten und daraus abgeleitete Antworten zu geben.

K 9-6: *ChatGPT*

Eine Eingrenzung zu dem, was *ChatGPT* ist, ist schwierig, da *ChatGPT* letztlich das Ergebnis eines Zusammenwirkens verschiedener Systeme ist, basierend auf einem sog. *Large Language-Modell* (*LLM*) in *GPT3*, um Texte zu erzeugen, die möglichst „menschenähnlich" sind (→ K 9-2).

Das Vor-Training („pre-trained") des *LLM* für *GPT3* sieht so aus, dass aus Textabschnitten ein Wort entfernt wird und diese Lücke auf Basis von anderen Texten und abgeleiteten Statistiken gefüllt werden muss, mit dem Ziel, menschliche Sprache statistisch möglichst treffend zu imitieren. Das Modell *GPT3* lernt so, statistisch passende Worte in Textlücken bzw. an Textenden zu ergänzen. Systeme, die ihre Antwort derart auf Basis vorhandener Informationen erzeugen, sind „generative" Systeme. Werden dabei alle Eingaben gleichzeitig in die Analysen einbezogen und mittels komplexer Vektorelemente bewertet, handelt es sich um sog. „Transformer"-Modelle. Diese Systeme erzielen statistisch bessere Passungen durch die Gewichtung einzelner Begriffe im Vergleich zu Systemen, die das nicht können. Es ergeben sich bei solchen ***G**enerative-**P**retrained-**Tr**ansformer-Systemen* (*GPT*) dennoch Einschränkungen bzw. limitierende Charakteristiken: Es sind bisher „nur" Anfragen bzw. Antworten in Sprache möglich, und das System kann auf Inhaltsbasis nichts verstehen und somit nicht zwischen wahr oder falsch unterscheiden. Da inhaltlich nicht alle statistisch besten Passungen sinnvoll und faktisch korrekt sind, erfinden solche Systeme also mit zwar statistisch guten Lösungen, aber inhaltlich nicht existierenden Zusammenhängen und Beziehungen Aussagen, Zusammenhänge oder Fakten, sie halluzinieren. *ChatGPT* ist in Bezug auf verwertbare Informationen zur Generierung von Antworten auf dem Stand von 2021 und hat deshalb vorhersehbare „Wissenslücken". Gleichwohl ist ein solches Sprachmodell mit seinen Antworten im Gegensatz zu eng trainierten Logik-Systemen aber nicht auf einzelne Inhaltsbereiche beschränkt.

Für das eigentliche Chat-Training wurden dem *GPT3-Modell* Datensätze von jeweils einer Anfrage und passenden sowie stimmigen, aber von verschiedenen Menschen verfassten Antworten zum Lernen bereitgestellt. Daraus entstand das *GPT3.5-Modell*, das mit einem Belohnungsmodell („Reinforcement Learning") weiter trainiert wurde. Hierfür wurde ein zweites KI-System, das als Belohnungssystem automatisiert Antworten auf ihre Qualität bewerten soll, mit verschiedenen Antworten, die von *GPT3.5* auf eine einzige Anfrage gegeben und von Menschen hinsichtlich ihrer Qualität gereiht wurden, trainiert. Das System lernt dabei, gute von schlechten Antworten zu unterscheiden. Antworten auf an das *GPT3.5-Modell* gerichtete Anfragen werden nun immer automatisiert dem Belohnungssystem zur Bewertung übergeben, welches dann ein entsprechendes Feedback im Sinne von Lob oder Tadel an das *GPT-System* zurückgibt. An diesem Lob orientiert sich das *GPT-Modell* und modifiziert seine Antwortstrategien, was Prinzipien ähnelt, die auch im Kontext menschlichen Lernens wirken. *ChatGPT* optimiert sich dadurch bei Nutzung stetig weiter, insbesondere dann, wenn nutzende Personen Antworten bewerten. Eine weitere Art der Optimierung wird durch sogenannte *ChatGPT-Plugins* ermöglicht, mit denen der KI z. B. zusätzliche und aktuellere Informationen, d. h. Wissensstände, zur Formulierung von Antworten bereitgestellt werden können.

9.2 Analoge und digitale Lernwelten verbinden

Übergänge zwischen Analogem mit starker Verankerung in der realen Welt und Digitalem als häufig stärker von virtuellen Elementen geprägter Domäne müssen im Idealfall gezielt, transparent und kompetent gestaltet bzw. strukturiert werden. Solche Übergänge finden sich im Biologieunterricht an vielen wesentlichen Punkten, sind mit jeweils eigenen An- bzw. Herausforderungen verbunden und müssen deshalb unterschiedlich gestaltet werden.

Technische Perspektive: Analog/Digital-Wandlung

Erstens treten Übergänge vom Analogen ins Digitale auf der rein technischen Ebene z. B. bei der digitalen Messwerterfassung auf, bei der analoge Größen digitalisiert und gespeichert werden. Die dabei zugrundeliegenden Abläufe inkludieren zwangsweise gewisse Nebeneffekte, die nutzenden Personen im Allgemeinen und Lernenden im Rahmen des naturwissenschaftlichen Unterrichts im Besonderen verdeutlicht werden müssen (Schanze/Thyssen/Becker 2022; → Kap. 2.5).

Wahrnehmungen und Handlungen in realer und virtueller Welt

In einem zweiten, der Messwerterfassung nahestehenden Fall, der Nutzung von Remote-Labs (→ Kap. 6.2.4), muss dieser Wechsel zwischen Analogem und Digitalem zweimal erfolgen. Hier führen Lernende z. B. durch Fernsteuerung über das Internet Experimente an einem anderen Ort in der Realität durch. Aufgrund der Tatsache, dass die dafür genutzte Software in beide Richtungen nur vorab definierte Daten verarbeitet und überträgt, sind Einschränkungen hinsichtlich der zugänglichen Erfahrungen und Daten systembedingt unumgänglich und abhängig von der Konzeption des jeweiligen Systems. Haptische Eindrücke könn(t)en prinzipiell in Teilen per Force-Feedback-Systeme zugänglich gemacht werden, meist ist dies jedoch nicht der Fall. Der optische Zugang beschränkt sich auf die jeweils festgelegte oder teilweise steuerbare Kameraperspektive. Größen und Parameter, die von im System integrierten Sensoren nicht erfasst werden, bleiben der nutzenden Person verborgen. Dies muss dieser jedoch eventuell aufgrund einer dennoch vorhandenen Immersion nicht unbedingt bewusst sein. Ähnliche Limitierungen ergeben sich auch für Virtual Reality-Anwendungen (› Kap. 6.2.2).

Kreatives Schaffen in zwei Welten

Ein dritter und zukünftig ggf. immer relevanter werdender Fall, in dem solche Übergänge prinzipbedingt eine integrale Funktion darstellen, ist der 3D-Druck. Hierbei werden ganz gezielt virtuelle Informationen und Formen in die reale Welt als Modelle ins Virtuelle überführt (→ Kap. 6.3.2). In ähnlicher Art und Weise müssen beim Einsatz von Aktoren (z. B. in der Robotik) die in der Realität gewünschten Prozesse virtuell repräsentiert und gestaltet werden. Dafür notwendige Programmierung kann zwar mit Hilfsmitteln wie z. B. durch Blockprogrammierungsanwendungen vereinfacht werden, gleichwohl müssen Handlungen und Objekte virtuell gestaltet werden.

Wünschenswert wäre es auch, für andere Inhalte und Medien klare Konzepte für eine Verbindung bzw. Überbrückung von realem und virtuellem Raum zu haben.

Lernräume in zwei Welten

Ein Problemfeld, in dem ein strukturierter Wechsel vom Digitalen ins Analoge und umgekehrt bisher weniger gut verankert ist, ergibt sich aus dem aktuell vorherrschenden Einsatz von digitalen und analogen Technologien im Fachunterricht als vierte Kategorie. In der aktuellen Praxis finden (abseits von z. B. volldigitalem Distanzunterricht) Lernprozesse sehr selten in rein digitalen Umgebungen statt. Dies hat zur Folge, dass Inhalte analog und digital gespeichert verteilt vorliegen und/oder zur Erkenntnisgewinnung separiert genutzt werden. Damit liegen auch wesentliche Schritte und Elemente des Lernprozesses fragmentiert und in beiden Welten verteilt vor. Die Rekapitulation oder Vertiefung eines Erkenntnis- und Lernweges in einer Stunde oder gar am Nachmittag im Rahmen einer Hausaufgabe wird dadurch herausfordernd. Es ist nicht mehr ausreichend, das Biologiebuch und das Heft mit eingeklebten/-gehefteten Arbeitsblättern für die Nachbereitung zu nutzen. Vielmehr müssen zusätzlich digitale Geräte und Ressourcen herangezogen werden, weshalb entweder alle Daten und Medien ins Analoge migriert werden müssen oder die Verfügbarkeit aller Geräte, Daten und Plattformen auch zuhause sichergestellt werden muss. Setzt man eine reflektierte und fachdidaktisch fundierte Medien- und Methodenwahl voraus, die dazu geführt hat, digitale Elemente im Unterricht einzusetzen, so wird in den meisten Fällen eine Migration aller relevanten Daten und Medien ins Analoge als eher nicht zielführend ausscheiden. Eine stimmige Vision zum naturwissenschaftlichen Unterricht der Zukunft setzt deshalb voraus, dass Lernende eigene Geräte mit sicherem Zugriff auf alle unterrichtsrelevanten Dienste haben, die Geräte nicht durch kurze Akkulaufzeiten und schlecht lesbare Displays limitiert sind und Eingaben per Handschrift ebenso gut verarbeiten wie etablierte Schnittstellen (z. B. Tastatur, Maus). Nur so können zusätzliche und vermeidbare Belastungen im Lernprozess (Cognitive Load Theorie, → Kap. 3.4.1) vermieden werden. Die Frage, was nun wo und wie jeweils im Buch bzw. Heft und was im Computer oder Tablet steht, sollte gar nicht erst auftreten. Prinzipiell bieten digitale Systeme in diesem Spannungsfeld die Möglichkeit, mit geeigneten Verlinkungen auch die Organisation und den Zugriff auf Materialien zu erleichtern. Von solchen infrastrukturellen Voraussetzungen würde auch die Vision des (mobile) Seamless-Learnings (Schön/Ebner 2018) profitieren. Dieses Konzept hat die Überbrückung von formalen und informellen Lernsettings und eine stärkere Verknüpfung des formalen Lerngeschehens mit Erfahrungen der Lernenden im Alltag zum Ziel. Eine gute und gesicherte Verfügbarkeit von mobilen Endgeräten und Diensten sowie der damit realisierbaren zeitlichen und örtlichen Unabhängigkeit ermöglicht die Verbindung bisher getrennter Kontexte, neuer Methoden und eine Vernetzung mit anderen, sowohl Lernenden wie auch Lehrenden. Reale Umgebungen können somit leicht und flexibel, sogar nach individuellen Präferenzen in Lernprozesse eingebunden werden.

9.3 Neue Anforderungen an das Berufsbild Lehrkraft

Die mit der digitalen Transformation erwachsenden Möglichkeiten der Datenerfassung, -verarbeitung, -analyse, -vervielfältigung und -speicherung werden unter rechtlichen Aspekten aktuell meist unter den Perspektiven von Datenschutz, Urheberrecht, Wettbewerbsregularien sowie Cybercrime und Datensicherheit diskutiert, wie sich z. B. auch aus europäischem Recht ableiten lässt (z. B. Frenz 2021). Für den schulischen Bereich existieren bisher vergleichsweise wenige konkrete Regelungen bzw. keine engmaschigen Kontrollen seitens der Exekutive. Zwar gibt es Vorgaben zur Speicherung von schülerbezogenen Daten (wie z. B. Noten) und dafür notwendige Voraussetzungen im Hinblick auf die Gerätesicherheit, den Einsatz von Anti-Virenprogrammen, die Löschung dieser Daten und die Nutzung sowie Löschung von digitalen Medien (aus Urheberrechtsperspektive), jedoch werden diese selten überprüft. Vielfach werden aus bildungspolitischen Zwängen heraus auch Ausnahmen geschaffen oder Verstöße mit Übergangsfristen geduldet, z. B. in Bezug auf die Nutzung von Cloudanwendungen. Noch weitaus weniger klar geregelt ist der Umgang mit digitalen Daten in Bezug auf Leistungsbewertungen oder gar Richtlinien zur Nutzung von Prozessdaten für die Gestaltung von Lehr-Lernprozessen durch Lehrkräfte. Über Konzepte wie LA und EDM (→ Kap. 9.1.1) bieten digitale Daten und Medien enormes Potenzial zur Optimierung von Lehrkonzepten allgemein und von individuellen Lernprozessen. Definiert man diese Optimierung als einen zentralen Bestandteil der Aufgabe von Lehrkräften, stellt sich zumindest zukünftig die Frage, inwiefern Lehrkräfte diese Daten rechtlich sogar nutzen müss(t)en um Lernende optimal zu fördern. Aus dieser Perspektive würden Lehrkräfte, die diese Daten nicht strukturiert nutzen, eine Pflichtverletzung begehen. Hieraus würden sich massive Änderungen in Bezug auf die Anforderungen an Lehrkräfte und das resultierende Berufsbild ergeben, wie es für andere Berufsfelder im Kontext der Strafverfolgung aufgrund der klareren Rechtslage bereits zu beobachten ist (→ K 9-7).

K 9-7: Smart Police: Digital verfügbare Massendaten „erdrücken" die Polizei

Die Arbeit von Polizei und Staatsanwaltschaften stößt vermehrt an praktische Grenzen und Probleme. An Tatorten und auf beschlagnahmten Datenträgern werden Datenmengen gesichert, die sich „von Hand" nicht mehr analysieren lassen (Heise 2021). Die notwendigen Untersuchungen von IT-Systemen und Geräten mit tausenden Dokumenten und Fotos im Rahmen der Beweissicherung werden, falls die Auswertung nicht durch entsprechende gesetzliche Regelungen sinnvoll beschränkt wird, die Ermittler „erschlagen". Aktuell müssen aufgrund der Rechtslage all diese Daten ausgewertet werden. Automatisierte algorithmische Analysen liefern jedoch nicht unbedingt neutrale Ergebnisse. Da die Datenbestände aufgrund von z. B. „Racial Profiling" bestimmte Bevölkerungsgruppen überrepräsentieren, besteht die Gefahr, dass Algorithmen diese Gruppen z. B. als gefährlicher einstufen. Hier stellt sich die Frage, ob KIs im Bildungsbereich bei Lernbegleitung oder gar Benotung ähnliche Probleme aufweisen werden und Minderheiten nicht abbilden, was z. B. effektive Lernunterstützung angeht.

Aus zu großen Datenmengen resultierende Probleme der Exekutive und Judikative (→ K 9-7) stellen sich als Herausforderungen durchaus auch im Unterricht ein. So z. B. bei der Sichtung von digitalen Erklärvideos, die Lernende angefertigt haben. Ohne Zweifel profitieren diese von dieser Art der Restrukturierung von Wissen bei der Erstellung eines solchen Videos (→ Kap. 6.3.1). Gleichwohl ist eine intensive Sichtung der Ergebnisse durch die Lehrkraft ein wesentlicher Faktor, um die Potenziale mit entsprechendem Feedback voll auszuschöpfen. Nimmt man nun an, dass in einer Schulklasse mit 30 Lernenden in Zweiergruppen 15 Erklärvideos mit einer Dauer von 5 Minuten gedreht werden, erfordert alleine eine einmalige Sichtung aller Videos 75 Minuten. Geht man nun davon aus, dass ein Video für eine Analyse und gutes Feedback ein zweites Mal angeschaut werden muss und 10 Minuten für das Verfassen des Feedbacks aufgewendet werden müssen, ergeben sich 15 mal 20 Minuten Bearbeitungszeit für die Lehrkraft, was dann insgesamt einem Zeitaufwand von 5 Stunden entspricht. Bisher ist unklar, ob im Falle einer im Nachgang schlecht absolvierten Leistungsüberprüfung von Seiten der Eltern oder Lernenden darauf Bezug genommen werden kann, dass relevante Details bzw. Fehler im Video nicht kommentiert und rückgemeldet wurden, weshalb es in der Leistungsüberprüfung zu einem daraus resultierenden „Folgefehler“ kam. Im bisherigen auf etablierten Lernprodukten und Formen der Leistungskontrolle ausgerichteten System sind zusätzliche Zeitfenster für solche digitalen Formate und deren Sichtung zwangsläufig noch nicht berücksichtigt. Auch in anderen digitalen Formaten stellen sich Fragen in Bezug auf die Pflicht von Lehrkräften, verfügbare Daten zumindest im Hinblick auf eine Lernunterstützung auszuwerten. So werden Mitarbeitsnoten als etablierte Rückmeldungen zum Engagement im analogen Raum eingesetzt und fehlende Benachrichtigungen an die Eltern in Bezug auf nachlassende Leistungen führen zu schulrechtlichen Problemen. Hieraus kann zukünftig die Frage erwachsen, welche rechtliche Einschätzung ein Richter vornehmen wird, wenn kollaborative Tools zwar die Beiträge einzelner Lernender im Lernprozess und die zeitliche Entstehungsgeschichte im Detail aufzeichnen (und dadurch eine individuelle Rückmeldung ermöglichen), Lehrkräfte diese Informationen aber nicht adäquat in Bezug auf Mitarbeit analysieren, auswerten und für Feedback bzw. Entwicklungsgespräche nutzen.

9.4 Qualitätsstandards und -sicherung

Die digitale Transformation von Unterricht vollzog sich bisher in weiten Teilen getrieben (oder gebremst) von einzelnen Akteuren auf verschiedenen

Ebenen. Die von Schulträgern, Schulleitungen und Lehrkräften bis hin zu Lernenden initiierten Transformationsprozesse werden parallel von Hard- und Softwareherstellern sowie Lehrmittelverlagen beeinflusst. Es gab dabei bisher in der Regel keine zwischen den verschiedenen Beteiligten ausgehandelte oder seitens der Bildungspolitik ausgearbeitete und abgestimmte Strategie. Vergleicht man dies mit dem Prozess der Einführung von Taschenrechnern, bei der früh nach Auswahl- und Anschaffungskriterien unter fachdidaktischen Gesichtspunkten bis hin zum Tasten- und Displaydesign argumentiert und diskutiert wurde (Wynands/Wynands 1978), so scheint im aktuellen Fall die Dynamik und Steuerung der digitalen Transformation weit weniger fachdidaktisch geprägt zu sein. Im Falle des Taschenrechners standen also klare Überlegungen im Vordergrund, die noch bis heute dahingehend ausstrahlen, dass zu Prüfungen nur jeweils bestimmte, vorgegebene Modelle zugelassen sind. Eine vergleichbare Diskussion fand in Bezug auf die Tablet- oder PC-Ausstattung an Schulen nach unserer Meinung aus den Fächern heraus bisher nicht statt. Die Diskussion verblieb und verbleibt tendenziell auf einer eher allgemein didaktisch bzw. medienpädagogischen Ebene. Auch *ChatGPT* ist ein diesem Muster entsprechendes Beispiel. Die KI-Anwendung entstand ohne gezielten Bezug zu einem Einsatz im Bildungssektor, gleichwohl wird das Tool genau dort nun vergleichsweise schnell eingesetzt, ohne dass klare Richtlinien, Regeln und Konzepte verhandelt wurden. Aufgrund der Tragweite möglicher Seiteneffekte entwickelt sich eine bisher in dieser Intensität nicht dagewesene Diskussion, die jedoch bisher einen zentralen Aspekt noch eher selten thematisiert: Welche Rolle kann man *ChatGPT* und vergleichbaren Systemen in strukturierten Lehr-Lernkonzepten zuweisen, ohne Informationen zum System bezüglich der Verfügbarkeit, Weiterentwicklung sowie damit verbundenen Kosten- bzw. Rechtsfragen fokussiert und geklärt zu haben? An dieser Stelle sind alle Fachlehrkräfte aufgefordert, den Bedarf und die didaktischen Anforderungen an digitale Technologien aus dem Fach heraus zu artikulieren und über Verbände oder Kooperationen mit Fachdidaktiken klar zu kommunizieren und zur Grundlage weiterer Planungen zu machen.

Die beschriebene, weitgehend unreglementierte Situation ist insbesondere deshalb verwunderlich, da im Bildungssektor in anderen Bereichen sehr viel stärkere Reglementierungen und Setzungen fester Bestandteil bei der Prüfung, Zulassung und Gestaltung von Lehrmitteln sind. So sind Lehrbücher für Bundesländer individuell nach klaren Vorgaben gestaltet, deren Einhaltung von Kommissionen überwacht werden. Neben bestimmten Vorgaben im Hinblick auf Qualität und Inhalt der Lehrwerke existiert auch der klare Anspruch, dass z. B. Schulbücher eine Mindestzeit auf dem Markt angeboten werden müssen. Dies stellt sicher, dass die Anschaffung selbst und passend zum Lehrmaterial entwickelte Unterrichtskonzepte im Hinblick auf Investitionen in Form von Zeit bzw. Geld planbar sind. Dies ist eine Grundvoraussetzung dafür, das Material und die Konzepte mit Lernenden dann auch gemeinsam einsetzen und ein zumindest abgesichertes Kosten-Nutzenverhältnis gewährleisten zu können. In Bezug auf Hard- und Software, die im schulischen Kontext zum Einsatz kommt bzw. kommen darf, fehlen bisher vergleichbare Vorgaben. So gibt es (nach unserem Kenntnisstand) keine verpflichtenden Regelungen zum Vorhalten von Software oder gar bestimmter Versionen vergleichbar mit Ausgaben von Lehrbüchern. Insgesamt scheint es so, als würden von bildungspolitischer Seite selbst und auch mit Unterstützung von Partnern zwar Informationsoffensiven initiiert und umgesetzt (z. B. der KI-Campus mit einer Sektion zum KI-Einsatz in der Bildung; https://ki-campus.org), hingegen aber eher selten ein Einsatz von KI klar reglementiert und kontrolliert.

K 9-8: Über den Tellerrand schauen

In Österreich konnte bereits ein staatliches Gütesiegel für Lern-Apps eingeführt werden. Damit genügen zertifizierte Apps festgelegten Kriterien im Hinblick darauf, dass sie „Lernen im Rahmen des schulischen Unterrichts und eigenverantwortliches, interessengeleitetes Lernen unterstützen" (Bundesministerium für Bildung, Wissenschaft und Forschung, Österreich 2023). Zusätzlich ist auch sichergestellt, dass die Software sowohl im App Store für iOS als auch im Play Store für Android verfügbar, DSGVO-konform und werbefrei ist. Aus der Perspektive der Unterrichtsentwicklung müsste geklärt werden, ob digitale Lehrmittel ohne ein solches Siegel gar nicht oder auf eigenes Risiko eingesetzt werden können. Letzteres würde progressiven Lehrkräften das Testen und Ausprobieren neuer Entwicklungen erlauben, ohne die mit dem Siegel für alle anderen verbundene Planungssicherheit zu unterlaufen.

Eine Vision bzgl. digitaler Elemente des Unterrichts der Zukunft wäre, dass entsprechend der Regelungen für den analogen Lehrmittelbereich auch im Digitalen solche klaren Rahmenbedingungen geschaffen werden (→ K 9-8). Aus unserer Perspektive soll damit weder der Fortschritt noch eine agile und dynamische Entwicklung neuer Technologien gebremst werden. Vielmehr würde über solche Maßnahmen sichergestellt, dass sich für Produkte, die eine solche Zertifizierung durchlaufen, die Anschaffung und die Entwicklungszeit für abgestimmte Unterrichtskonzepte lohnen, weil die dafür benötigte Hard- bzw. Software eine definierte Mindestzeit verfüg- und nutzbar bleibt. Letztlich muss bei immer schnelleren Produktzyklen und technischem Fortschritt die Kompetenzentwicklung aller Beteiligten mit dem Tempo der Veränderung von Soft- und Hardware Schritt halten können. Für einen produktiven unterrichtlichen Einsatz ist der kompetente Umgang mit den digitalen Technologien im Lernprozess eine Grundvoraussetzung, die bei zu schnellen und nicht klar dokumentierten Veränderungen an den Systemen nicht garantiert werden kann. Als leicht nachvollziehbares Beispiel sei hier das Szenario einer Lehrprobe im Rahmen des zweiten Staatsexamens betrachtet, in deren Zuge das Unterrichtskonzept aufgrund verschiedener Faktoren scheitert – etwa wegen einer neuen Benutzeroberfläche, eines reduzierten Funktionsumfangs aufgrund geänderter Lizenzbedingungen oder aufgrund von seitens des Anbieters nicht kommunizierten Wartungsarbeiten bzw. gar der tagesaktuellen Diensteinstellung und dem resultierenden Ausfall des benötigten Dienstes.

Key Messages

- Für digitale Technologien zeichnen sich verschiedene, schulische Einsatzfelder ab, die beim individuellen Lernen, beim Lehren und Lernen im Klassenverband sowie bei der Schulverwaltung wirksam sind.
- Die Erfassung von Daten von Lernenden erlaubt KI-basierte Live-Analysen von Lernprozessen, ermöglicht KI-gestütztes, adaptives Lernen (auch ohne die Notwendigkeit einer Betreuung durch Lehrkräfte) und verschiebt somit ggf. zukünftige Aufgabenfelder von Lehrkräften.
- Digitale Technologien führen bei kombiniertem Einsatz im unterrichtlichen Bereich zu größeren Auswirkungen und Veränderungen als ein isolierter Einsatz nahelegen würde.
- KI-Systeme sind in ihren Fähigkeiten durch die bei ihrem Training verwendeten Daten begrenzt und somit ggf. dahingehend fehlbar, dass nicht dazu passende Szenarien falsch beurteilt werden.
- Die Verknüpfung von analogen sowie digitalen Lernräumen und -ergebnissen ist eine zentrale Herausforderung, da bisher noch nicht etablierte Strategien Planungsarbeit der Lehrkräfte erfordern.
- Digitale Qualitätssiegel und Supportgarantien sollten von Lehrkräften eingefordert werden.

Literatur

Ahlqvist, T./Bäck, A./Heinonen, S./Halonen, M. (2010). Road-mapping the societal transformation potential of social media. In: foresight, 12(5), S. 3–26.

Affeldt, F./Eilks, I. (2018). Using Internet and social media designs to contextualize science inquiry learning. In: School Science Review, 99(369), S. 90–95.

Álvarez Vázquez, M. P./Álvarez-Méndez, A. M./Angulo Carrere, M. T./Cristóbal Barrios, J./ Bravo-Llatas, M. C. (2020). Learning Analytics In Human Histology Reveals Different Student Clusters and Different Academic Performance. In: L. Gómez Chova/A. López Martínez/I. Candel Torres (Hrsg.). INTED Proceedings, INTED2020 Proceedings (S. 66–72). IATED. https://doi.org/10.21125/inted.2020.0038

Anderson, J. R. (2013). Kognitive Psychologie. Berlin: Springer.

Aristeidou, M./Lorke, J./Ismail, N. (2022). Citizen Science: Schoolteachers' Motivation, Experiences, and Recommendations. In: International Journal of Science and Mathematics Education (2022). https://doi.org/10.1007/s10763-022-10340-z.

Aristeidou, M./Herodotou, C. (2020). Online citizen science: A systematic review of effects on learning and scientific literacy. In: Citizen Science: Theory and Practice, 5 (1), S. 1–12.

Arndt, H. (2017). Systemisches Denken im Fachunterricht. In: H. Arndt (Hrsg.). Systemisches Denken im Fachunterricht (= FAU Lehren und Lernen 2). Erlangen: FAU University Press, S. 9–24.

Arnold, J./Kremer, K./Mayer, J. (2017). Scaffolding beim Forschenden Lernen. In: Zeitschrift für Didaktik der Naturwissenschaften, 23, S. 21–37. https://doi.org/10.1007/s40573-016-0053-0.

Asshoff, R./Jördens, J. (2022). Beziehungsreiche Nahrungsnetze. Systemdenken durch digitales Modellieren fördern. In: Digital unterrichten BIOLOGIE, 2, S. 10–11.

Autenrieth, D./Nickel, S. (2023). Transformationsprozesse und der Aufbau von (medialer) Gestaltungskompetenz zur nachhaltigen Entwicklung in Bildungsprozessen. In: MedienPädagogik: Zeitschrift für Theorie und Praxis der Medienbildung, 52, S. 108–128.

Axmacher, N./Lenz, S./Haupt, S./Elger, C. E./Fell, J. (2010). Electrophysiological signature of working and long-term memory interaction in the human hippocampus. In: European Journal of Neuroscience, 31, S. 177–188.

Azuma, R. T. (1997). A Survey of Augmented Reality. In: Teleoperators and Virtual Environments 6 (4), S. 355–385.

Baar, R./Schönknecht, G. (2018). Außerschulische Lernorte: didaktische und methodische Grundlagen. Weinheim: Beltz Verlagsgruppe.

Balanoff, A. M./Norell, M. A./Grellet-Tinner, G./Lewin, M. R. (2008). Digital preparation of a probable neoceratopsian preserved within an egg, with comments on microstructural anatomy of ornithischian eggshells. In: Naturwissenschaften. 95(6), S. 493–500.

Baltes, J./Steinwachs, J./Martens, H. (2023). Die Computersimulation Lake. Förderung systemischen Denkens durch digitales Experimentieren. In: Unterricht Biologie, 481, S. 46–47.

Baumert, J./Kunter, M. (2006). Stichwort: Professionelle Kompetenz von Lehrkräften. In: Zeitschrift für Erziehungswissenschaft. 9(4), S. 469–520.

Basu, S. (2022). Three Decades of Social Construction of Technology: Dynamic Yet Fuzzy? The Methodological Conundrum. In: Social Epistemology, S. 1–17. https://doi.org/10.1080/02691728.2022.2120783.

Baur, A. (2018). Fehler, Fehlkonzepte und spezifische Vorgehensweisen von Schülerinnen und Schülern beim Experimentieren: Ergebnisse einer videogestützten Beobachtung. In: Zeitschrift für Didaktik der Naturwissenschaften, 24(1), S. 115–129.

Becker, S./Bruckermann, T./Finger, A./Huwer, J./Kremser, E./Meier, M./Thoms, L.-J./Thyssen, C./von Kotzebue, L. (2020). Orientierungsrahmen Digitale Kompetenzen für das Lehramt in den Naturwissenschaften – DiKoLAN. In: S. Becker/J. Meßinger-Koppelt/C. Thyssen (Hrsg.), Digitale Basiskompetenzen – Orientierungshilfe und Praxisbeispiele für die uni-

versitäre Lehramtsausbildung in den Naturwissenschaften (S. 14–43). Hamburg: Joachim Herz Stiftung.
Behradfar, A./Cabezas, J. (2022). The Role of the Geospatial Information System (GIS) in Achieving the Sustainable Development Goals (SDGs): A Spatial Framework for Sustainable Planning Processes. In: Handbook of Research on Sustainable Development Goals, Climate Change, and Digitalization (S. 451–481). IGI Global.
Beisch, N./Koch, W. (2022). ARD/ZDF-Onlinestudie: Vier von fünf Personen in Deutschland nutzen täglich das Internet. In: Media Perspektiven, 10, S. 460–470.
Belova, N./Krause, M. (2023). Inoculating students against science-based manipulation strategies in social media: debunking the concept of 'water with conductivity extract'. In: Chemistry Education Research and Practice, 24(1), S. 192–202.
BMBF (2020). Digital Pakt Schule. Das sollten Sie jetzt wissen. Wissenswertes zum DigitalPakt Schule. https://www.bmbf.de/bmbf/de/home/_documents/das-sollten-sie-jetzt-wissen (13.01.2022).
Bergmann, A./Braun, B. (2022). Bewerbung mit Hindernissen. Eine Lerngeschichte zum Reflexbogen mit Twine erzählen. In: digital unterrichten BIOLOGIE, 6, S. 7–8.
Bergsma, L. (2011). Media literacy and health promotion for adolescents. Journal of media literacy education, 3(1), S. 10.
Bertschi, I./Levin-Zamir, D. (2020). Der Umgang mit Gesundheitsbotschaften aus traditionellen und digitalen Medien – Media Health Literacy und digitale Gesundheitskompetenz. In: T. Bollweg/J. Bröder/P. Pinheiro (eds.). Health Literacy im Kindes- und Jugendalter. Gesundheit und Gesellschaft. Wiesbaden: Springer VS, https://doi.org/10.1007/978-3-658-29816-6_13.
Beyer, L./Gorr, C./Kather, C./Komorek, M./Röben, P./Selle, S. (2021). Außerschulische Lernorte und die Weiterentwicklung der Bildungslandschaft. In: L. Beyer/C. Gorr/C. Kather/M. Komorek/P. Röben/S. Selle (Hrsg.). Orte und Prozesse außerschulischen Lernens erforschen und weiterentwickeln (Außerschulische Lernorte – Beiträge zur Didaktik, Bd. 6, S. 11–24). Münster: Lit.
Biever, C. (2023). ChatGPT broke the Turing test - the race is on for new ways to assess AI. In: Nature, 619(7971), S. 686–689. https://doi.org/10.1038/d41586-023-02361-7.
Bitkom Research (2022). Kinder- & Jugendstudie 2022. https://www.bitkom.org/sites/main/files/2022-06/Bitkom-Charts_Kinder_Jugendliche_09.06.2022_0.pdf (09.05.2023).
Bloom, B. S./Engelhart, M. D./Furst, E. J./Hill, W. H./Krathwohl, D. R. (Hrsg.) (1956). Taxonomy of Educational Objectives. The Classification of Educational Goals, Handbook I: Cognitive Domain. New York: David McKay Company, Inc.
BMBF (2006). Bestandsaufnahme 2006 und Entwicklung 2001 bis 2006: IT-Ausstattung der allgemeinbildenden und berufsbildenden Schulen in Deutschland, http://www.bmbf.de/pub/it-ausstattung_der_schulen_2006.pdf (06.06.2022).
BMBF (2020). Digital Pakt Schule. Das sollten Sie jetzt wissen. Wissenswertes zum DigitalPakt Schule. https://www.bmbf.de/bmbf/de/home/_documents/das-sollten-sie-jetzt-wissen (13.01.2022)
Bollmann, M. (2009). Kreative Videoproduktionen in der Schule. Innsbruck: Studienverlag.
Bracke, M./Gómez Tutor, C./Kuhn, J./Rutzika, S. (2021). Unified Education: Medienbildung entlang der Lehrerbildungskette. Ein kurzer Rückblick. In: R. Arnold/C. Gòmez Tutor/R. Ulber (Hrsg.). Professionalisierungsprozesse in der Lehrkräftebildung: Rückblicke – Einblick – Ausblicke (1. Aufl., S. 207–218). Hohengehren: Schneider.
Brandhofer, G./Kohl, A./Miglbauer, M./Nárosy, T. (2016). Die Medienkompetenz der Lehrenden im Zeitalter der Digitalität – das Modell digi.kompP. In: R&E-SOURCE. 6. Abgerufen von https://journal.ph-noe.ac.at/index.php/resource/article/view/305 (06.06.2022).
Brandhofer, G./Miglbauer, M./Fikisz, W./Höfler, E./Kayali, F./Steiner, M./Prohaska, J./Riepl, A. (2019). Das digi.kompP Kompetenzmodell. Version Dezember 2019. https://www.virtu-

elle-ph.at/wp-content/uploads/2021/04/Grafik-und-Deskriptoren_Langfassung_adapt-2021.pdf (06.06.2022).
Brovelli, D./Niederhäusern, R. von/Wilhelm, M. (2011). Ausserschulische Lernorte in der Lehrpersonenbildung – Theorie, Empirie und Umsetzung an der PHZ Luzern. Ausserschulische Lernorte in der Lehrpersonenbildung. – Theorie, Empirie und Umsetzung an der PHZ Luzern – In: Beiträge zur Lehrerbildung, 29(3), S. 342–352 https://doi.org/10.25656/01:13789 (06.06.2022).
Brown, T. (2009). Change by Design: How Design Thinking Transforms Organizations and Inspires Innovation. New York: HarperCollins.
Bruckermann, T./Mahler, D./Rotermund, A. M. (2020). Erklärvideos in der naturwissenschaftlichen Hochschullehre: Potenziale, Kriterien und Hinweise zur praktischen Umsetzung. In: Neues Handbuch Hochschullehre, 97, S. 23–38.
Brush, T. A./Saye, J. W. (2002). A Summary of Research Exploring Hard- and Soft-Scaffolding for Teachers and Students Using a Multimedia Supported Learning Environment. In: The Journal of Interactive Online Learning, 1(2), S. 1–12.
Buehler, K./Kohne, A. (2020). Besser Lernen mit VR/AR Anwendungen. In Virtual Reality und Augmented Reality in der Digitalen Produktion, herausgegeben von Horst Orsolits, und Maximilian Lackner, S. 75–97. Wiesbaden: Springer Gabler.
Caruso, C./Müller, K./Schössow, M./Wagener, M. (2020). Entwicklung digitaler Lernangebote für Außerschulische Lernorte. In: L. Beyer/C. Gorr/C. Kather/M. Komorek/P. Röben/S. Selle (Hrsg.). Außerschulische Lernorte – Beiträge zur Didaktik: Band 6. Orte und Prozesse außerschulischen Lernens erforschen und weiterentwickeln: Tagungsband zur 6. Tagung Außerschulische Lernorte an der Carl von Ossietzky Universität Oldenburg vom 29.–31. August 2018 (S. 183–194). Münster: LIT.
Castro-Alonso, J. C./de Koning, B. B./Fiorella, L./Paas, F. (2021). Five strategies for optimizing instructional materials: Instructor-and learner-managed cognitive load. In: Educational Psychology Review, S. 1–29.
Chan, T.-W./Roschelle, J./his, S./Kinshuk, Sharples, M. and 16 others (2006). One-to-one Technology Enhanced Learning: An Opportunity for Global Research Collaboration. In: Research and Practice in Technology Enhanced Learning, 1(1), S. 3–29.
Chandler, P./Sweller, J. (1991). Cognitive Load Theory and the format of instruction. In: Cognition and Instruction, 8(4), S. 293–332.
Chaudhri, V. K./Cheng, B. H./Overholtzer, A./Roschelle, J./Spaulding, A./Clark, P./Greaves, M. /Gunning, D. (2013). Inquire Biology: A Textbook that Answers Questions. In: AI Magazine, 34(3), S. 55–72. https://doi.org/10.1609/aimag.v34i3.2486.
Chi, M. T. H./Wylie, R. (2014). The ICAP framework: linking cognitive engagement to active learning outcomes. In: Educational Psychologist, 49(4), S. 219–243.
Clark, J. M./Paivio, A. (1991). Dual coding theory and education. In: Educational Psychology Review, 3(3), S. 149–170.
Couldry, N./Hepp, A. (2020). Media and the Social Construction of Reality. In: D. Rohlinger/S. Sobieraj (eds.). The Oxford Handbook of Digital Media Sociology (S. 27–39). Oxford: Oxford University Press.
Dadaczynski, K./Rathmann, K./Schricker, J./Bilz, L./Sudeck, G./Fischer, S. M./Janiczek, O./ Quilling, E. (2022). Digitale Gesundheitskompetenz von Schülerinnen und Schülern. Ausprägung und Assoziationen mit dem Bewegungs- und Ernährungsverhalten. In: Bundesgesundheitsblatt – Gesundheitsforschung – Gesundheitsschutz, 65(7), S. 784–794. https://doi.org/10.1007/s00103-022-03548-5.
Davis, J. (2020). Game Framework Analysis and Cognitive Learning Theory Providing a Theoretical Foundation for Efficacy in Learning in Educational Gaming. In: International Journal of Learning, Teaching and Educational Research, 19(7), S. 159–175.
DeCharms, R. C. (1968). Personal causation: The internal affective determinants of behavior. New York: Academic Press.

Deci, E. L./Ryan, R. M. (1993). Die Selbstbestimmungstheorie der Motivation und ihre Bedeutung für die Pädagogik. In: Zeitschrift für Pädagogik, 39(2), S. 223–238.

Deci, E. L./Ryan, R. M. (2012). Self-determination theory. In: P. A. M. Van Lange/A. W. Kruglanski/E. T. Higgins (Eds.). Handbook of theories of social psychology (S. 416–436). London: Sage Publications.

Degenhard, A. (2001). „Bedenken, die zu überwinden sind ...“ Das neue Medium Film im Spannungsfeld reformpädagogischer Erziehungsziele, von der Kinoreformbewegung bis zur handlungsorientierten Filmarbeit Adolf Reichweins. München: KoPäd-Verlag.

de Haan, G. (2008). Gestaltungskompetenz als Kompetenzkonzept der Bildung für nachhaltige Entwicklung. In: I. Bormann /G. de Haan (Hrsg.). Kompetenzen der Bildung für nachhaltige Entwicklung (S. 23–43). Wiesbaden: VS Verlag für Sozialwissenschaften. https://doi.org/10.1007/978-3-531-90832-8_4.

Demmler, K./Rösch, E. (2014). Aktive Medienarbeit in einem mediatisierten Umfeld. In: R. Kammer/A. Unger/P. Grell/T. Hug (eds). Jahrbuch Medienpädagogik 11. Jahrbuch Medienpädagogik. Wiesbaden: Springer VS. https://doi.org/10.1007/978-3-658-06462-4_11.

de Salas, K./Ashbarry, L./Seabourne, M./Lewis, I./Wells, L./Dermoudy, J., ... & Scott, J. (2022). Improving Environmental Outcomes With Games: An Exploration of Behavioural and Technological Design and Evaluation Approaches. In: Simulation & Gaming, 53(5), S. 470–512.

Deutsche UNESCO-Kommission (Hrsg.) (2013): Was sind Open Educational Resources? Und andere häufig gestellte Fragen zu OER. Bonn: UNESCO. Online verfügbar unter https://www. unesco.de/sites/default/files/2018-04/Was_ sind_OER__cc.pdf (06.06.2022).

Diefenbach, D./Slatton, A. (2019). Video Production Techniques: Theory and Practice from Concept to Screen (2nd ed.). Routledge. https://doi.org/10.4324/9781351051705.

DIVSI – Deutsches Institut für Vertrauen und Sicherheit im Internet (Hrsg.) 2018: DIVSI U25-Studie. Euphorie war gestern. Die „Generation Internet“ zwischen Glück und Abhängigkeit. In: https://www.divsi.de/wp content/uploads/2018/11/DIVSI-U25-Studie-euphorie.pdf (09.05.2023).

Döbeli Honegger, B. (2017). Mehr als 0 und 1 – Schule in einer digitalisierten Welt. Bern: hep.

Domagk, S./Schwartz, R. N./Plass, J. L. (2010). Interactivity in multimedia learning: An integrated model. In: Computers in Human Behavior, 26, S. 1024–1033.

Döring, N. (2003). Sozialpsychologie des Internets. Die Bedeutung des Internets für Kommunikationsprozesse, Identitäten, soziale Beziehungen und Gruppen (2. vollständig überarbeitete Aufl.). Göttingen: Hogrefe.

Döring, N. (2008). Reduced Social Cues/Cues Filtered Out Approach. In: N. Krämer/S. Schwan, D. Unz/M. Suckfüll (Hrsg.). Medienpsychologie Schlüsselbegriffe und Konzepte (1. Aufl., S. 290–297). Stuttgart: Kohlhammer.

Drews, G. (Hrsg.) (2015). Bakterien – ihre Entdeckung und Bedeutung für Natur und Mensch. Berlin u. a.: Springer. https://doi.org/10.1007/978-3-662-45327-8.

Drossel, K./Eickelmann, B./Schaumburg, H./Labusch, A. (2019). Nutzung digitaler Medien und Prädiktoren aus der Perspektive der Lehrerinnen und Lehrer im internationalen Vergleich. In: B. Eickelmann/W. Bos/J. Gerick/F. Goldhammer/H. Schaumburg/K. Schwippert/M. Senkbeil/J. Vahrenhold. ICILS 2018 #Deutschland. Computer- und informationsbezogene Kompetenzen von Schülerinnen und Schülern im zweiten internationalen Vergleich und Kompetenzen im Bereich Computational Thinking (S. 205–240). Münster; New York: Waxmann.

Ebner, M./Ebner, M. (2018). Learning Analytics an Schulen – Hintergrund und Beispiele. In: Medienimpulse, 56(1). https://doi.org/10.21243/mi-01-18-06.

Ebner, M./Schön, M. (2013). Das Gesammelte interpretieren – Educational Data Mining und Learning Analytics, in: L3T – Lehrbuch für Lernen und Lehren mit Technologien (S. 413–419). Berlin: epubli GmbH.

Eckes, A./Moormann, A./Büssing, A. G. (2022). Natur 2.0 – Erlebnisse in immersiver virtueller Realität als Möglichkeit für Naturerfahrungen? In: U. Gebhard/A. Lude/A. Möller/A. Moormann (Hrsg.). Naturerfahrung und Bildung (S. 361–377). Wiesbaden: Springer.

Eickelmann, B./Lorenz, R./Endberg, M. (2017). Lernaktivitäten mit digitalen Medien im Fachunterricht der Sekundarstufe I im Bundesländervergleich mit besonderem Fokus auf MINT-Fächer. In: R. Lorenz/W. Bos/M. Endberg/B. Eickelmann/S. Grafe/J. Vahrenhold (Hrsg.). Schule digital – der Länderindikator 2017: Schulische Medienbildung in der Sekundarstufe I mit besonderem Fokus auf MINT-Fächer im Bundesländervergleich und Trends von 2015 bis 2017 (S. 231–260). Münster, New York: Waxmann.

Eidenhardt, Z./Ritsert, A./Shankar-Subramanian, S. et al. (2021). Tooth brushing performance in adolescents as compared to the best-practice demonstrated in group prophylaxis programs: an observational study. In: BMC Oral Health 21, S. 359. https://doi.org/10.1186/s12903-021-01692-z.

Einspänner-Pflock, J. (2017). Privatheit im Netz. Medien • Kultur • Kommunikation. Wiesbaden: Springer VS. https://doi.org/10.1007/978-3-658-13679-6_5.

Ene, E./Upton, T. A. (2018). Synchronous and asynchronous teacher electronic feedback and learner uptake in ESL composition. In: Journal of Second Language Writing, 41(3), S. 1–13.

Europäische Union 2017: Digitale Kompetenz Lehrender. In: https://joint-research-centre.ec.europa.eu/system/files/2018-09/digcompedu_leaflet_de_2018-01.pdf (09.05.2023).

Fasbender, S./Stövhase, S./Yazdani, N./Antony, P./Hartleb, J. (2021). Datenspuren: Lernreise aus der Unterrichtsreihe „Selbstbestimmt im Netz“. Heinrich-Böll-Stiftung e. V. https://www.boell.de/de/selbstbestimmt-im-netz.

Faßler, M.(1997): Was ist Kommunikation? München: Wilhelm Fink Verlag.

Fauth, B./Leuders, T. (2018). Kognitive Aktivierung im Unterricht. Landesinstitut für Schulentwicklung Stuttgart (LS).

Fey, C.-C./Matthes, E. (2017). Das Augsburger Analyse- und Evaluationsraster für analoge und digitale Bildungsmedien (AAER). Grundlegung und Anwendungsbeispiele in interdisziplinärer Perspektive. Bad Heilbrunn: Verlag Julius Klinkhardt

Fjællingsdal, K. S./Klöckner, C. A. (2019). Gaming green: the educational potential of eco–a digital simulated ecosystem. In: Frontiers in Psychology, 10, 2846.

Flegr, S./Kuhn, J./Scheiter, K. (2023b). When the whole is greater than the sum of its parts: Combining real and virtual experiments in science education. In: Computers & Education, 197, 104745. https://doi.org/10.1016/j.compedu.2023.104745.

Forschungsgruppe Lehrerbildung Digitaler Campus Bayern: Schultz-Pernice, F./von Kotzebue, L./Franke, U./Ascherl, C./Hirner, C./Neuhaus, B. J./Ballis, A./Hauck-Thum, U./Aufleger, M./Romeike, R./Frederking, V./Krommer, A./Haider, M./Schworm, A./Kuhbander, C./Fischer, F. (2017). Kernkompetenzen von Lehrkräften für das Unterrichten in einer digitalisierten Welt. In: merz – medien + erziehung. In: Zeitschrift für Medienpädagogik, 61(4), S. 65–74.

Förtsch, C./Förtsch, S. (2021). Digitale Messwerterfassung mit SPARKvue. In: digital unterrichten BIOLOGIE, 10, S. 12.

Fowler, L. R./Schoen, L./Smith, H. S./Morain, S. R. (2022). Sex education on TikTok: a content analysis of themes. In: Health promotion practice, 23(5), S. 739–742.

Frenz, W. (2021). Europarecht. Berlin/Heidelberg: Springer. https://doi.org/10.1007/978-3-662-63584-1.

Friedrichs-Liesenkötter, H./Karsch, P. (2018). Smartphones im Unterricht – Wollen das Schülerinnen und Schüler überhaupt?! Eine explorative Studie zum Smartphone-Einsatz an weiterführenden Schulen aus der Sicht von Schülerinnen und Schülern. In: MedienPädagogik, 31, S. 107–124.

Füting-Lippert, A./Pohlmann-Rother, S. (2019): Wie stehen angehende Lehrkräfte dem Smartphone-Einsatz im Grundschulunterricht gegenüber? In: Ludwigsburger Beiträge zur Medienpädagogik, 20, S. 1–14.

Fütterer, T./Scheiter, K./Cheng, X./Stürmer, K. (2022). Quality beats frequency? Investigating students' effort in learning when introducing technology in classrooms. In: Contemporary Educational Psychology, 69, 102042. https://doi.org/10.1016/j.cedpsych.2022.102042.

Gerl, T. (2020). Was wächst denn da? Mit Flora Incognita die einheimische Pflanzenwelt im Freiland entdecken. In: digital unterrichten BIOLOGIE, 6, S. 6–7.

Gesing, H. (1997). Pädagogik und Didaktik der Grundschule. Neuwied [u. a.]: Luchterhand

Ginsparg, P. (2021). Lessons from arXiv's 30 years of information sharing. In: Nature Reviews Physics, 3(9), S. 602–603.

Gökmen, A. (2021). Preservice Teachers' Views Regarding Out-of-Class Teaching Processes: A Case Study. In: International Education Studies, 14(5), 74. https://doi.org/10.5539/ies.v14n5p74

Goh, D./Ling, R./Huang, L./Liew, D. (2017). News sharing as reciprocal exchanges in social cohesion maintenance. Information, Communication & Society, 22, S. 1–17. https://doi.org/10.1080/1369118X.2017.1406973.

Goodyear, V. A./Kerner, C./Quennerstedt, M. (2019). Young people's uses of wearable healthy lifestyle technologies; surveillance, self-surveillance and resistance. In: Sport, Education and Society, 24, S. 212–225.

Götz, C./Walter, A. (2017). „Smartphone Nutzung unter SchülerInnen. Wer nutzt, wie lange, welche Apps?" Friedrich-Alexander-Universität Erlangen-Nürnberg, Dept. of Computer Science, In Technical Reports, CS-2017-04, November 2017.

Graulich, N./Groos, L./Maaß, K. (2021). Interaktive Videoexperimente – von der Idee zur Umsetzung. In: CHEMKON 2021, 28, S. 260.

Greinert, L./Weßnik, S. (2020). Unsichtbares sichtbar machen! Interpretation von Wärmebildern mithilfe eines WBK-Führerscheins. In: digital unterrichten BIOLOGIE, 4, S. 8–9.

Greving, H./Bruckermann, T./Schumann, A./Straka, T./Lewanzik, D./Voigt-Heucke, S./Marggraf, L./Lorenz, J./Brandt, M./Voigt, C. C./Harms, U./Kimmerle, J. (2022). Improving attitudes and knowledge in a citizen science project about urban bat ecology. In: Ecology and Society, 27(2), 24.

Grover, S./Pea, R. (2013). Computational Thinking in K–12. In: Educational Researcher, 42(1), S. 38–43.

Grüner, G. (1967). Die didaktische Reduktion als Kernstück der Didaktik. In: DDS, 7/8, S. 414–430.

Haines-Saah, R. J./Kelly, M. T./Oliffe, J. L./Bottorff, J. L. (2015). Picture Me Smokefree: a qualitative study using social media and digital photography to engage young adults in tobacco reduction and cessation. In: Journal of medical Internet research, 17(1), 27.

Hajok, D. (2020). Alles anders? Wie sich Jugend in der digitalen Welt gewandelt hat. In: Deutsche Jugend, 68(1), S. 11–18.

Hammer, M./Göllner, R./Scheiter, K./Fauth, B./Stürmer, K. (2021). For whom do tablets make a difference? Examining student profiles and perceptions of instruction with tablets. In: Computers & Education, 166, 104147. https://doi.org/10.1016/j.compedu.2021.104147.

Harlow, H. F. (1958). The nature of love. In: American Psychologist, 13(12), S. 673–685. https://doi.org/10.1037/h0047884.

Härtig, H./Ostermann, A./Ropohl, M./Schwanewedel, J./Kampschulte, L./Lindmeier, A. (2021). Gibt es einen fachspezifischen Medieneinsatz im naturwissenschaftlichen Fachunterricht? Ergebnisse einer Fragebogenerhebung. In: Zeitschrift für Didaktik der Naturwissenschaften, 27, S. 139–154.

Hatherly, P. A./Jordan, S. E./Cayless, A. (2009). Interactive screen experiments: innovative virtual laboratories for distance learners. In: European Journal of Physics, 30(4), S. 751–762.

Heiland, T./Meier, M. (2021). „OER" für und im Unterricht. Begriffsklärung, Nutzung und Qualitätsbeurteilung. In: Unterricht Biologie, 467, S. 44–47.

Heise (2021). Problemfeld: https://www.heise.de/news/Smart-Police-Digital-verfuegbare-Massendaten-erdruecken-die-Polizei-6065819.html.

Heise (2022). AlphaFold: Deepmind-KI ermittelt 3D-Struktur fast aller bekannter Proteine. In: https://www.heise.de/news/AlphaFold-Deepmind-KI-ermittelt-3D-Struktur-fast-aller-bekannter-Proteine-7193356.html (17.03.2023).

Helmke, A. (2009). Unterrichtsqualität und Lehrerprofessionalität. Seelze: Klett Kallmeyer.

Henne, A./Beuter, A./Hachfeld, A./Schumann, S./Möhrke, P. (2021). Naturwissenschaftlicher Unterricht während der Corona-Pandemie. In: S. Habig (Hrsg.), Naturwissenschaftlicher Unterricht und Lehrerbildung im Umbruch? In: Gesellschaft für Didaktik der Chemie und Physik, 47. Jahrestagung (virtuell) 2020 (S. 669–672). Duisburg: Universität Duisburg-Essen.

Henze, L./Meier, M. (2024, im Druck). Pflanzen in Bewegung. Darstellung einer interaktiven, multimedialen und differenzierten Lerneinheit zur Thematik Bewegungsphysiologie von Pflanzen. In: BU praktisch.

Hepp, A. (2019). Deep mediatization. Abingdon: Routledge.

Herzig, B. (2017). Medien im Unterricht. In: M. Schweer (Hrsg.), Lehrer-Schüler-Interaktion. Schule und Gesellschaft (vol 24). Wiesbaden: Springer VS. https://doi.org/10.1007/978-3-658-15083-9_22.

Hilfert-Rüppel, D. (2021). Blitzschneller Beuteschlag – Zeitlupenanalysen vom Fangverhalten der Libellenlarven. In: digital unterrichten BIOLOGIE, 6, S. 6–7.

Hilken, T./Ruyter, Ko de/Chylinski, M./Mahr, D./Keeling, D. I. (2017). Augmenting the eye of the beholder: exploring the strategic potential of augmented reality to enhance online service experiences. In: Journal of the Academy of Marketing Science, 45(6), S. 884–905. https://doi.org/10.1007/s11747-017-0541-x.

Hoffmann, R. (2016). Virtuelle Paläontologie. In: Scriptum Online 2, S. 2–19.

Höttecke, D./Allchin, D. (2020). Reconceptualizing nature-of-science education in the age of social media. In: Science Education, 104, S. 641– 666. https://doi.org/10.1002/sce.21575.

Howell, E. L./Brossard, D. (2021). (Mis)informed about what? What it means to be a science-literate citizen in a digital world. In: Proceedings of the National Academy of Sciences, 118(15), e1912436117. https://doi.org/10.1073/pnas.1912436117.

Huber, S. G./Günther, P. S./Schneider, N./Helm, C./Schwader, M./Schneider, J. A./Pruitt, J. (2020). COVID-19 und aktuelle Herausforderungen in Schule und Bildung. Erste Befunde des Schul-Barometers in Deutschland, Österreich und der Schweiz. Münster u.a.: Waxmann. https://doi.org/10.31244/9783830942160.

Hughes, J./Thomas, R./Scharber, C. (2006). Assessing technology integration: the RAT – replacement, amplification, and transformation – framework. In: SITE 2006 – proceedings of the society for information technology and teacher education conference (S. 1616–1620). Orlando.

Humbert, L. (2006). Didaktik der Informatik: Mit praxiserprobtem Unterrichtsmaterial. Berlin: Springer DE.

Ishimaru, S./Großmann, N./Dengel, A./Watanabe, K./Arakawa, Y./Heisel, C./Klein, P./Kuhn, J. (2018). HyperMind Builder. In: Proceedings of the 2018 ACM International Joint Conference and 2018 International Symposium on Pervasive and Ubiquitous Computing and Wearable Computers (S. 357–360). ACM. https://doi.org/10.1145/3267305.3267667.

Jensen, L./Konradsen, F. (2018). A review of the use of virtual reality head-mounted displays in education and training. In: Education and Information Technologies, 23, S. 1515–1529. https://doi.org/10.1007/s10639-017-9676-0.

Johnson, L./Levine, A./Smith, R./Stone, S. (2010). The 2010 Horizon Report. The New Media Consortium; Boulder, CO; EDUCAUSE Learning Initiative.

Johnson, L./Adams Becker, S./Cummins, M./Estrada, V./Freeman, A./Hall, C. (2016). NMC Horizon Report: 2016 Higher Education Edition: Deutsche Ausgabe (Übersetzung: Helga Bechmann, Multimedia Kontor Hamburg). Austin, Texas: The New Media Consortium.

Johnson-Laird, P. N. (1983). Mental models: Towards a cognitive science of language, inference, and consciousness (No. 6). Cambridge: Harvard University Press.

Jonassen, D. H. (1995). Computers as cognitive tools: Learning with technology, not from technology. In: Journal of Computing in Higher Education, 6, S. 40–73. https://doi.org/10.1007/BF02941038.

Jumper, J./Evans, R./Pritzel, A./Green, T./Figurnov, M./Ronneberger, O./Tunyasuvunakool, K./Bates, R./Žídek, A./Potapenko, A./Bridgland, A./Meyer, C./Kohl, S. A. A./Ballard, A. J./Cowie, A./Romera-Paredes, B./Nikolov, S./Jain, R./Adler, J./ . . . Hassabis, D. (2021). Highly accurate protein structure prediction with AlphaFold. In: Nature, 596(7873), S. 583–589.

Kastaun, M./Meier, M. (2021). Digitale Messwerterfassung in der Umweltanalyse. In: J. Meßinger-Koppelt/J. Maxton-Küchenmeister (Hrsg.). Naturwissenschaften digital. Toolbox für den Unterricht (Band 2, S. 64–67). Hamburg: Joachim Herz Stiftung Verlag.

Kattmann, U./Duit, R./Gropengießer, H./Komorek, M. (1997). Das Modell der Didaktischen Rekonstruktion – Ein Rahmen für naturwissenschaftsdidaktische Forschung und Entwicklung. In: Zeitschrift für Didaktik der Naturwissenschaften, 3(3), S. 3–18.

Keller, J. M. (2010). Motivational Design for Learning and Performance. Springer, Boston, MA. https://doi.org/10.1007/978-1-4419-1250-3.

Kerres, M. (2020). Bildung in der digitalen Welt. Eine Positionsbestimmung für die Lehrerbildung. In: M. Rothland/S. Herrlinger (Hrsg.). Digital?! Perspektiven der Digitalisierung für den Lehrerberuf und die Lehrerbildung (S. 17–34). Münster: Waxmann.

Kerres, M./de Witt, C. (2004). Pragmatismus als theoretische Grundlage für die Konzeption von eLearning. In: D. Treichel/H. O. Meyer (Hrsg.). Handlungsorientiertes Lernen und eLearning. Grundlagen und Beispiele. München: Oldenbourg Verlag.

Kerres, M./Preußler, A. (2012). Mediendidaktik. In: D. Meister/F. von Gross/U. Sander (Hrsg.). Enzyklopädie Erziehungswissenschaft Online (S. 1–17). Weinheim, Basel: Beltz Juventa. https://www.beltz.de/fachmedien/erziehungswissenschaft/enzyklopaedie_erziehungswissenschaft_online_eeo/artikel/11935-mediendidaktik.html (03.09.2022).

KMK, Kultusministerkonferenz (Hrsg.) (2016). Strategie der Kultusministerkonferenz. Bildung in der digitalen Welt. In: https://www.kmk.org/fileadmin/Dateien/veroeffentlichungen_beschluesse/2016/2016_12_08-Bildung-in-der-digitalen-Welt.pdf (08.01.2023).

KMK, Kultusministerkonferenz (Hrsg.) (2019). Empfehlungen zur schulischen Bildung, Beratung und Unterstützung von Kindern und Jugendlichen im sonderpädagogischen Schwerpunkt LERNEN. In: https://www.kmk.org/fileadmin/veroeffentlichungen_beschluesse/2019/2019_03_14-FS-Lernen.pdf (13.05.2023).

KMK, Kultusministerkonferenz (2020). Bildungsstandards im Fach Biologie für die Allgemeine Hochschulreife. In: https://www.kmk.org/fileadmin/veroeffentlichungen_beschluesse/2020/2020_06_18-BildungsstandardsAHR_Biologie.pdf (13.05.2023).

KMK, Kultusministerkonferenz (Hrsg.) (2021). Lehren und Lernen in der digitalen Welt. Ergänzung zur Strategie der Kultusministerkonferenz „Bildung in der digitalen Welt". In: https://www.kmk.org/fileadmin/veroeffentlichungen_beschluesse/2021/2021_12_09-Lehren-und-Lernen-Digi.pdf (13.05.2023).

Koć-Januchta, M. M./Schönborn, K. J./Tibell, L. A./Chaudhri, V. K./Heller, H. C. (2020). Engaging with biology by asking questions: Investigating students' interaction and learning with an artificial intelligence-enriched textbook. In: Journal of Educational Computing Research, 58(6), S. 1190–1224. https://doi.org/10.1177/0735633120921581.

Königs, J./Kronewald, E. (2021). Lernt doch, wie ihr wollt! Wünsche und Bedürfnisse von Schülerinnen und Schülern bezüglich des Einsatzes digitaler Medien im Unterricht. In: M. Seifert/S. Jöckel (Hrsg.). Bildung, Wissen und Kompetenz(-en) in digitalen Medien: Was können, wollen und sollen wir über digital vernetzte Kommunikation wissen? (S. 71–86). Freie Universität Berlin.

Könneker, C. (2020). Wissenschaftskommunikation und Social Media: Neue Akteure, Polarisierung und Vertrauen. In: J. Schnurr/A. Mäder (Hrsg.). Wissenschaft und Gesellschaft: Ein vertrauensvoller Dialog. Berlin, Heidelberg: Springer.

Kramer, M./Förtsch, C./Aufleger, M./Neuhaus, B. J. (2019). Der Einsatz digitaler Medien im gymnasialen Biologieunterricht. In: Zeitschrift für Didaktik der Naturwissenschaften, 25, S. 131–160.

Krause, M./Thyssen, C. (2021). Eine Fotometrie mit dem Smartphone durchführen. In: J. Meßinger-Koppelt/J. Maxton-Küchenmeister (Eds.). Naturwissenschaften digital (Band 2, S. 40–43). Hamburg: Joachim Herz Stiftung. In: https://www.mint-digital.de/experimente/naturwissenschaften-digital:-toolbox-fuer-den-unterricht-band-2/ (06.06.2023).

Kreißel, P./Ebner, J./Urban, A./Guhl, J. (2018). Hass auf Knopfdruck: Rechtsextreme Trollfabriken und das Ökosystem koordinierter Hasskampagnen im Netz, Institute for Strategic Dialogue (ISD) & #ichbinhier, London 2019, u.a.: https://www.isdglobal.org/wp-content/uploads/2018/07/ISD_Ich_Bin_Hier_2.pdf ISD_Ich_Bin_Hier_2.pdf (28.07.2023).

Kreutzberg, K./Dahmen, R./Schmidt, B./Bohrmann, J. (2011). Wie wirken Neurotoxine? In: Unterricht Biologie, 362, S. 36–41.

Krey, O./Schwanewedel, J. (2018). Lernen mit externen Repräsentationen. In: D. Krüger/I. Parchmann/ H. Schecker (Hrsg.). Theorien in der naturwissenschaftsdidaktischen Forschung (S. 159–175). Berlin: Springer-Verlag.

Krotz, F. (2007). Mediatisierung. Fallstudien zum Wandel von Kommunikation. Wiesbaden.

Krüger, K. (2021). Die Ära der Datafizierung. Medieninnovation als Wandel der Medientypologien. Wiesbaden: Springer Gabler.

Kulgemeyer, C. A (2020). Framework of Effective Science Explanation Videos Informed by Criteria for Instructional Explanations. Research in Science Education, 50, S. 2441–2462. https://doi.org/10.1007/s11165-018-9787-7.

Kullenberg, C./Kasperowski, D. (2016). What is citizen science? – A scientometric meta-analysis. In: PloS one, 11(1), e0147152.

Kumpulainen, K./Wong, C.-C./Byman, J./Renlund, J./Vadeboncoeur, J. (2023). Fostering children's ecological imagination with augmented storying. In: The Journal of Environmental Education, 54:1, S. 33–45.

Kuschel, J./Richter, D./Lazarides, R. (2020). Wie relevant ist die gesetzliche Fortbildungsverpflichtung für Lehrkräfte? Eine empirische Untersuchung zur Fortbildungsteilnahme in verschiedenen deutschen Bundesländern. In: Zeitschrift für Bildungsforschung 10, S. 211–229. https://doi.org/10.1007/s35834-020-00274-3.

Lachner, A./Scheiter, K./Stürmer, K. (2020). Digitalisierung und Lernen mit digitalen Medien als Gegenstand der Lehrerinnen- und Lehrerbildung. In: C. Cramer/J. König/M. Rothland/S. Blömeke (Hrsg.), Handbuch Lehrerinnen- und Lehrerbildung (S. 67–75). Bad Heilbrunn: Klinkhardt. https://doi.org/10.35468/hblb2020-007.

Lameiras-Fernández, M./Martínez-Román, R./Carrera-Fernández, M. V./Rodríguez-Castro, Y. (2021). Sex education in the spotlight: what is working? Systematic review. In: International Journal of Environmental Research and Public Health, 18(5), S. 2555.

Lehner, Martin (2012): Didaktische Reduktion. 1. Auflage. Bern, Stuttgart, Wien: Haupt Verlag.

Lengen, C. (2016). Places: Orte mit Bedeutung. Landschaft, Identität und Gesundheit: Zum Konzept der Therapeutischen Landschaften (S. 19–29.). Wiesbaden: Springer Fachmedien. https://doi.org/10.1007/978-3-531-19723-4_2.

Lewers, E. (2022). Durch Raum und Zeit? Medienkritische Auseinandersetzung mit Virtual Reality im Geschichtsunterricht. In: Medienimpulse 60, 2, S. 1–41.

Lipp, S. (2021). Learning Analytics – Datenschutzrechtliche Bestimmungen als Ausgangspunkt einer verantwortungsvollen Nutzung von Bildungsdaten. In: M. Bachor,/T. Hug/G. Pallaver (Hrsg.). Data-Politics. Zum Umgang mit Daten im digitalen Zeitalter (S. 121–133). Innsbruck: Innsbruck University Press.

Lobet, G./Draye, X./Périlleux, C. (2013): An online database for plant image analysis software tools. In: Plant methods, 9(1), S. 38.

Lombardi, D./Shipley, T. F./Astronomy Team, Biology Team, Chemistry Team, Engineering Team, Geography Team, Geoscience Team and Physics Team (2021). The curious construct of active learning. In: Psychological Science in the Public Interest, 22(1), S. 8–43.

Lorenz, R./Yotyodying, S./Eickelmann, B./Endberg, M. (2021). Schule digital – der Länderindikator 2021. Erste Ergebnisse und Analysen im Bundesländervergleich. Verfügbar unter https://www.telekom-stiftung.de/aktivitaeten/schule-digital-der-laender-indikator (06.06.2023).

Lowan-Trudeau, G. (2023). Digital technologies and environmental education. In: The Journal of Environmental Education, 54:1, S. 1–7, https://doi.org/10.1080/00958964.2022.2152413.

Lude, A./Schaal, S./Bullinger, M./Bleck, S. (2013). Mobiles, ortsbezogenes Lernen in der Umweltbildung und Bildung für nachhaltige Entwicklung. Baltmannsweiler: Schneider Hohengehren.

Luo, H./Li, G./Feng, Q./Yang, Y./Zuo, M. (2021). Virtual reality in K-12 and higher education: A systematic review of the literature from 2000 to 2019. In: Journal of Computer Assisted Learning, 37, 3, S. 887–901.

Maas, M. J./ Hughes, J. M. (2020). «Virtual, augmented and mixed reality in K–12 education: a review of the literature». In: Technology, Pedagogy and Education, 29(2), S. 231–249. https://doi.org/10.1080/1475939X.2020.1737210.

Martin S. (2015). The maker movement: A learning revolution. In: Tech & Learning. https://www.iste.org/explore/In-the-classroom/The-maker-movement-A-learning-revolution (18.08.2023).

Mattern F. (1996). Modellbildung und Simulation. In: R. Wilhelm (Hrsg.). Informatik: Grundlagen, Anwendungen, Perspektiven (S. 56–64). München: Beck.

Mayer, R. E. (2001). Multimedia learning. Cambridge, U.K.: Cambridge University Press.

Mayer, R. E. (2005). Cognitive Theory of Multimedia Learning. In: Mayer, R. E.: The Cambridge Handbook of Multimedia Learning (S. 31–48). Cambridge, U.K.: Cambridge University Press.

Mayer, R. E. (2009). Multimedia Learning (2nd ed.). New York: Cambridge University Press.

Meier, M. (2016). Entwicklung und Prüfung eines Instrumentes zur Diagnose der Experimentierkompetenz von Schülerinnen und Schülern. Berlin: Logos.

Meier, M. (2020). Blütenpflanzen in Szene setzen! Mit Fotos die Morphologie von Blütenpflanzen erarbeiten und visualisieren. In: digital unterrichten BIOLOGIE, 2, S. 4–5.

Meier, M. (2021). Differenzieren mit Stop Motion Videos. In: digital unterrichten BIOLOGIE, 5, S. 4–5.

Meier, M./Horn, D./Kastaun, M./Wulff, C. (2021). Erleben, Umsetzen, Nutzen & Forschen – praxisnahe und anwendungsbezogene Lehramtsausbildung am Beispiel von Lehr-Lern-Laboren in der Biologiedidaktik. In: D. Bosse/R. Wodzinski/C. Griesel (Hrsg.). Lehr-Lern-Labore der Universität Kassel. Forschungsbasierte Verknüpfung von Theorie und Praxis unter dem Aspekt der kognitiven Aktivierung (S. 26–47). Kassel: kassel university press. In: https://kobra.uni-kassel.de/handle/123456789/13291 (18.07.2023).

Meier, M./Kastaun, M. (2018). Kommunizieren mit Videos – Produktion von Stop-Motion-Filmen zum Erklären biologischer Phänomene. In: Unterricht Biologie Kompakt, 438, S. 27–31.

Meier, M./Kastaun, M./Stinken-Rösner, L. (2022). Experimentiervideos im naturwissenschaftlichen Unterricht – Lehren und Lernen mit und durch VidEX. In: E. M. Watts/C. Hoffmann (eds.). Digitale NAWIgation von Inklusion. Edition Fachdidaktiken. Wiesbaden: Springer VS.

Meier, M./Schubatzky, T./Obczovsky, M./Thoms, L.-J./Thyssen, C. (2022). Fachdidaktische Perspektiven und Szenarien des 3D-Drucks im naturwissenschaftlichen Unterricht. In: MNU-Journal, 1, S. 79–84.

Meier, M./Stinken-Rösner, L./Zeller, D. (2022). Interaktive Videoformate für den naturwissenschaftlichen Unterricht: Vom Rezipieren zum Interagieren. In: Unterricht Biologie, (475), S. 44–47. In: https://elibrary.utb.de/doi/10.5555/ub-475-2022_09 (18.07.2023).

Meier, M./Thoms, L.-J./Becker, S./Finger, A./Kremser, E./Huwer, J./Kotzebue, L. von/Bruckermann, T./Thyssen, C. (2021). Digitale Transformation von Unterrichtseinheiten – DiKoLAN als Orientierungs- und Strukturierungshilfe am Beispiel Low-Cost-Photometrie mit dem Smartphone. In: N. Graulich/J. Huwer/A. Banerji (Hrsg.). Digitalisation in Chemistry Education. Digitales Lehren und Lernen an Hochschule und Schule im Fach Chemie (S. 13–27). Münster: Waxmann Verlag GmbH. https://doi.org/10.31244/9783830994183.

Meier, M./Zeller, D. (2023). Step by Step zum Video. Unterricht Biologie – Kompakt, 490.

Meier, M. (2023). Experimentiervideo. In: Unterricht Biologie Kompakt, 490, S. 15–18.

Meixner, B. (2017). Hypervideos and Interactive Multimedia Presentations. ACM Computing Surveys, 50, 1. https://doi.org/10.1145/3038925.

Miguélez, F., Planas, J. & Benítez, P. (2021). Digital Revolution and Sociocultural Change. In: P. López-Roldán & S. Fachelli (Hrsg.), Towards a Comparative Analysis of Social Inequalities between Europe and Latin America (S. 141–167). Springer International Publishing. https://doi.org/10.1007/978-3-030-48442-2_5.

Mishra, P./Koehler, M. J. (2006): Technological pedagogical content knowledge: A framework for teacher knowledge. In: Teachers College Record, 108(6), S. 1017–1054.

Moreno, R./Mayer, R. (2007). Interactive multimodal learning environments: Special issue on interactive learning environments: Contemporary issues and trends. In: Educational psychology review, 19, S. 309–326.

mpfs – Medienpädagogischer Forschungsverbund Südwest (Hrsg.) (2020). JIM-Studie 2019. Jugend, Information, Medien. Basisuntersuchung zum Medienumgang 12- bis 19-Jähriger. In: https://www.mpfs.de/fileadmin/files/Studien/JIM/2019/JIM_2019.pdf (09.05.2023).

mpfs – Medienpädagogischer Forschungsverbund Südwest (Hrsg.) 2021: KIM-Studie 2020. Kindheit, Internet, Medien. Basisuntersuchung zum Medienumgang 6- bis 13-Jähriger. In: https://www.mpfs.de/fileadmin/files/Studien/KIM/2020/KIM-Studie2020_WEB_final.pdf (09.05.2023).

mpfs – Medienpädagogischer Forschungsverbund Südwest (Hrsg.) (2022). JIM-Studie 2022. Jugend, Information, Medien. Basisuntersuchung zum Medienumgang 12- bis 19-Jähriger. In: https://www.mpfs.de/fileadmin/files/Studien/JIM/2022/JIM_2022_Web_final.pdf (09.05.2023).

Münz, T./Schaal, S./Groß, J./Paul, J. (2023). Elements of a digital educational game that promote learning about sustainability. Science Education International, *under review.*

Muuß-Merholz, J. (2015). Zur Definition von „Open" in Open Educational Resources – die 5R-Freiheiten nach David Wileyauf Deutsch als die 5 V-Freiheiten. In: https://open-educational-resources.de/5rs-auf-deutsch (17.04.2023); vgl. auch David Wiley, Defining the "Open" in Open Content and Open Educational Resources. In: http://www.opencontent.org/definition/ (17.04.2023).

Narciss, S. (2018). Feedbackstrategien für interaktive Lernaufgaben. In: H. Niegemann/A. Weinberger (Hrsg.). Lernen mit Bildungstechnologien. Springer Reference Psychologie. Berlin/Heidelberg: Springer. https://doi.org/10.1007/978-3-662-54373-3_35-1.

Navarro, F. C. P./Mohsen, H./Yan, C./Li, S./Gu, M./Meyerson, W./Gerstein, M. (2019). Genomics and data science: an application within an umbrella. In: Genome Biology, 20(109), S. 1–11.

Nelson, G./Ellis, S. (2018). The history and impact of digitization and digital data mobilization on biodiversity research. In: Philosophical transactions of the Royal Society of London. Series B, Biological sciences, 374 (1763), S. 1–9.

Niegemann, H. M./Heidig, S. (2019). Interaktivität und Adaptivität in multimedialen Lernumgebungen. In: H. Niegemann/A. Weinberger (Hrsg.). Lernen mit Bildungstechnologien. Springer Reference Psychologie. Berlin/Heidelberg: Springer. https://doi.org/10.1007/978-3-662-54373-3_33-1.

Nieß, C./Hornung, G. (2020). Einflussfaktoren für die unterrichtliche Einbindung digitaler Medien: Was bewegt Lehrkräfte dazu, digitale Medien in den naturwissenschaftlichen Unterricht einzubinden? In: S. Habig (Hrsg.). Naturwissenschaftliche Kompetenzen in der Gesellschaft von morgen. Gesellschaft für Didaktik der Chemie und Physik, Jahrestagung in Wien 2019. (S. 609). Universität Duisburg-Essen.

Nishiyama, Y./Henmi, C./Iwanaga, S./Nakagawa, H./Yamaguchi, K./Akita, K./Mochizuki, S./ Takiura, K./Nakamura, M. (2008). Ink Jet Three-Dimensional Digital Fabrication for Biological Tissue Manufacturing: Analysis of Alginate Microgel Beads Produced by Ink Jet Droplets for Three Dimensional Tissue Fabrication. In: Journal of Imaging Science and Technology, 52(6), S. 1–6.

Nitz, S./Fechner, S. (2018). Mentale Modelle. In: D. Krüger/I. Parchmann/H. Schecker (Hrsg.). Theorien in der naturwissenschaftsdidaktischen Forschung (S. 69–86). Berlin: Springer-Verlag.

Nikolaidis. A. (2022). What Is Significant in Modern Augmented Reality: A Systematic Analysis of Existing Reviews. In: Journal of imaging, 8(5). https://doi.org/10.3390/jimaging8050145.

Noah, N./Das, S. (2021). Exploring evolution of augmented and virtual reality education space in 2020 through systematic literature review. In: Computer Animation and Virtual Worlds, 32, S. 3–4.

Oggenfuss, C./Wolter, S. C. (2021). Monitoring der Digitalisierung der Bildung aus der Sicht der Schülerinnen und Schüler. Aarau: SKBF. https://doi.org/10.25656/01:23176.

Olbrisch Miriam (2023). Nur Top-Absolventen?, In: Spiegel, 16/23, S. 44–45.

Orion, N. (1993). A Model for the Development and Implementation of Field Trips as an Integral Part of the Science Curriculum. School Science and Mathematics, 93(6), S. 325–331. https://doi.org/10.1111/j.1949-8594.1993.tb12254.x

Orion, N./Hofstein, A. (1994). Factors that influence Learning during a Scientific Field Trip in a Natural Environment. In: Journal of Research in Science Teaching, 31(10), S. 1097–1119.

Paaß, G./Hecker, D. (2020). Künstliche Intelligenz. Wiesbaden: Springer Fachmedien. https://doi.org/10.1007/978-3-658-30211-5.

Papsch, F. (2020). Looping Lactose! Konstruktion und Visualisierung eines dynamischen Prozesses mit dem Online-Tool LOOPY. In: digital unterrichten BIOLOGIE, 4, S. 10–11.

Park, C. J. (2010). Digital video in science education. In: G. L. Bull/L. Bell (Eds.). Teaching with digital video: watch, analyze, create (S. 81–106). International Society for Technology in Education.

Perkel, J. M. (2021): Ten computer codes that transformed science. In: Nature, 589 (7842), S. 344–348.

Pfafferodt, L./Meier, M./Kastaun, M. (2023). Unterschiedliche Messmethoden und deren Anwendung. Experimentiervideos am Beispiel der Fotosynthese. In: MNU Journal, 4, S. 302–307.

Podbregar, N. (2023). Ist ChatGPT intelligent? Leistungen und Grenzen der Sprachmodelle. https://www.scinexx.de/dossierartikel/ist-chatgpt-intelligent/ zuletzt abgerufen am 03.08.2023.

Pospiech, G./Niethammer, M./Wieser, D./Kuhlemann, F.-M. (Hrsg.) (2020). Begegnungen mit der Wirklichkeit (E-Book): Chancen für fächerübergreifendes Lernen an außerschulischen Lernorten (1st ed.). Bern: hep verlag.

Prensky, M. (2001). Digital Natives, Digital Immigrants Part 1. In: On the Horizon, 9 (5), S. 1–6.

Prieto, L. P./Holenko Dlab, M./Gutiérrez, I./Abdulwahed, M./Balid, W. (2011). Orchestrating technology enhanced learning: A literature review and a conceptual framework. In: International Journal of Technology Enhanced Learning, 3, S. 583–598.

Pross, H. (1972). Medienforschung. Film, Funk, Presse, Fernsehen. Darmstadt: Habel.

Puentedura, R. (2006). Transformation, technology, and education. In: http://hippasus.com/resources/tte/ (18.07.2023).

Punie, Y./Redecker, C. (Hrsg.) (2017). European Framework for the Digital Competence of Educators: DigCompEdu, EUR 28775 EN, Publications Office of the European Union, Luxembourg.

Qlik (2018): https://www.qlik.com/us/-/media/files/resource-library/global-us/register/analyst-reports/ar-how-to-drive-data-literacy-within-the-enterprise-en.pdf?rev=036d058518c44db7ac3c3d1e47642959 (18.07.2023).

Quigley, D./McNamara, C./Ostwald, J./Sumner, T. (2017). Using Learning Analytics to Understand Scientific Modeling in the Classroom. In: Frontiers in ICT, 4, Artikel 24. https://doi.org/10.3389/fict.2017.00024.

Raithofer, D./Pichler, H./Hintermann, C. (2022). Ich in meiner Medienwelt – Schulpraktische Zugänge zur Verdeutlichung der Rolle sozialer Medien bei der Aushandlung von Identität(en). In: GW-Unterricht, 1, S. 42–61. https://doi.org/10.1553/gw-unterricht166s42.

Redecker, C. (2017). EUR, Scientific and technical research series: Bd. 28775. European framework for the digital competence of educators: DigCompEdu (Y. Punie, Hrsg.). Publications Office.

Reinfried, S./Mathis, C./Kattmann, U. (2009). Das Modell der Didaktischen Rekonstruktion. Eine innovative Methode zur fachdidaktischen Erforschung und Entwicklung von Unterricht. In: Beiträge zur Lehrerbildung, 27, 3, S. 404–414.

Reismann, S. (2022). Russische Trollfabriken – Wie der Kreml Meinung macht. In: Netzpiloten Magazin. https://www.netzpiloten.de/russische-trollfabriken-wie-der-kreml-meinung-macht/ (28.07.2023).

Remmele, M./Scherb, A. (2022). Biodiversität auf dem Schulhof – Erfassen und Dokumentieren von Pflanzen und Tieren in der Umgebung. Unterricht Biologie, 473, S. 15–19.

Rey, G. D. (2009). E-Learning: Theorien, Gestaltungsempfehlungen und Forschung. Hogrefe.

Ridsdale, C./Rothwell, J./Smit, M./Ali-Hassan, H./Bliemel, M./Irvine, D./Kelley, D./Matwin, S./Wuetherick, B. (2015): Strategies and best practices for data literacy education: Knowledge synthesis report. URL: https://dalspace. library.dal.ca/bitstream/handle/10222/64578/Strategies%20and%20Best%20Practices%20 for%20Data%20Literacy%20Education.pdf.

Rohs, M. (2010). Zur Neudimensionierung des Lernortes. In: REPORT Zeitschrift für Weiterbildungsforschung, 02, S. 34–45, https://doi.org/10.3278/REP1002W034.

Rontos, K./Vavouras, I./Ciommi, M. T./Salvati, L. (2019). Two faces of the same coin? A comparative, global approach to corruption and socioeconomic development. In: Quality & Quantity, 53, S. 1875–1894.

Rösch, E. (2017). Aktive Medienarbeit. In: B. Schorb/A. Hartung-Griemberg/C. Dallmann (Hrsg.). Grundbegriffe Medienpädagogik (S. 9–14, 6. Aufl.). München: kopaed.

Saferinternet.at (2019). Studie: Immer mehr Jugendliche im digitalen Zeitstress. In: https://www.saferinternet.at/presse-detail/studie-immer-mehr-jugendliche-im-digitalen-zeitstress/ (09.05.2023).

Salzmann, C. (2007). Lehren und Lernen in außerschulischen Lernorten. In: J. Kahlert/M. Fölling-Albers/M. Götz/A. Hartiner/D. von Reeken/S. Wittkowske (Hrsg.). Handbuch Didaktik des Sachunterrichts (S. 433–438). Bad Heilbrunn.

Sams, A./Bergmann, J. (2012). Flip Your Classroom: Reach Every Student in Every Class Every Day (n.p.). International Society for Tech in Ed.

Sannert, R./Hendel, B. (2021). Plastik in Tieren – Plastik in uns? Einflüsse von Mikrostoffen auf Daphnien mit Counter-App messen. In: digital unterrichten BIOLOGIE, 1, S. 10–11.

Schaal, S. (2020). Eine Unterrichtseinheit planen. In: H. Weitzel/S. Schaal (Hrsg.). Biologie unterrichten: planen, durchführen, reflektieren (S. 16–30). Berlin: Cornelsen.

Schaal, S. (2020). Location-based games for geography and environmental education. In: Geography Education in the Digital World (S. 168–178). Routledge.

Schaal, S. (2021). Medienkonsum – wenn Alltagsaktivitäten problematisch werden. In: Unterricht Biologie, 461, S. 22–26.

Schaal, S./Crossley, A. 2013: Draußen ist die Natur – oder vielleicht doch auch ein bisschen am Computer?! Grundbildung (digitale) Medien für Lehrkräfte aus der Sicht der Naturwissenschaftsdidaktik. In: P. Imort/H. Niesyto (Hrsg.). Grundbildung Medien in pädagogischen Studiengängen (S. 271–288). München: kopaed.

Schaal, S./Jäger, M. (2013). Schöner als die Natur erlaubt? In: Unterricht Biologie, 382, S. 26–32.

Schaal, S./Otto, S./Schaal, S./Lude, A. (2018). Game-related enjoyment or personal pre-requisites–which is the crucial factor when using geogames to encourage adolescents to value local biodiversity. In: International Journal of Science Education, Part B, 8(3), S. 213–226.

Schaal, S./Schlör, K. (2019). Medienproduktion im Biologieunterricht. Ästhetisch gestalten mit Schülerinnen und Schülern. In: Unterricht Biologie, 449, S. 44–47.

Schaal, S./Spannagel, C./Vogel, M. (2013). Mehr als eine Rechenmaschine – Computer im mathematisch-naturwissenschaftlichen Unterricht. http://l3t.tugraz.at/index.php/LehrbuchEbner10/issue/view/9/showToc.

Schäfer, C./Rohse, D./Gittinger, M./Wiesche, D. (2023). Virtual Reality in der Schule. Bedenken und Potenziale aus Sicht der Akteur:innen in interdisziplinären Ratingkonferenzen. In: Medien Pädagogik, 51 (AR/VR – Part 2), S. 1–24.

Schaldach P./Schiedek, S. (2023). Das Gegenspielerprinzip – Über Videoannotationen anatomische Bewegungsabläufe annalysieren. In: Unterricht Biologie, 489, S. 8–12.

Schanze, S./Thyssen, C./Becker, S. (2022). Naturwissenschaftliche Bildung in der digitalen Welt. In: V. Frederking/R. Romeike (Hrsg.). Fachliche Bildung in der digitalen Welt: Digitalisierung, Big Data und KI im Forschungsfokus von 15 Fachdidaktiken (S. 290–309, Allgemeine Fachidaktik Band 3). Münster: Waxmann Verlag.

Scheuch, M./Panhuber, T./Winter, S./Kelemen-Finan, J./Bardy-Durchhalter, M./Kapelari, S. (2018). Butterflies & wild bees: biology teachers' PCK development through citizen science. In: Journal of Biological Education, 52(1), S. 79–88.

Schorn, S./Schaal, S. (2024). Humanevolution 3D modellieren. Schädelmodelle herstellen und für die experimentelle Arbeit nutzen. In: Unterricht Biologie, 491.

Sharples, M. (2013). Shared orchestration within and beyond the classroom. In: Computers & education, 69, S. 504–506. https://doi.org/10.1016/j.compedu.2013.04.014.

Schaumburg, H./Issing, L. J. (2002). Lernen mit Laptops. Ergebnisse einer Evaluationsstudie. Gütersloh: Bertelsmann.

Schaumburg, H./Prasse, D. (2019). Medien und Schule. Theorie – Forschung – Praxis. Bad Heilbrunn: Verlag Julius Klinkhardt.

Scheuch, M./Panhuber, T./Winter, S./Kelemen-Finan, J./Bardy-Durchhalter, M./Kapelari, S. (2018). Butterflies & wild bees: Biology teachers' PCK development through citizen science. In: Journal of Biological Education, 52, S. 79–88. https://doi.org/10.1080/00219266.2017.1405530.

Schilling, R./Jastram, B./Wings, O./Schwarz-Wings, D./Issever, A. S. (2014). Reviving the dinosaur: virtual reconstruction and three-dimensional printing of a dinosaur vertebra. In: Radiology. 270(3), S. 864–871.

Schluer, J. (2022). Digital feedback methods. Narr Studienbücher. Tübingen: Narr Francke Attempto.

Schmechtig, N./Puderbach, R./Schellhammer, S./Gehrmann, A. (2019). Einsatz von und Umgang mit digitalen Medien und Inhalten in Unterricht und Schule. Befunde einer Lehrkräftebefragung zu beruflichen Erfahrungen und Überzeugungen von Lehrerinnen und Lehrern in Sachsen 2019. Dresden.

Schmidt, J. (2022). Implementierung eines Makerspaces an der Pädagogischen Hochschule Ludwigsburg. In: Ludwigsburger Beiträge zur Medienpädagogik, 22, S. 1–10. https://doi.org/10.21240/lbzm/22/23.

Schmid, U./Goertz, L./Radomski, S./Thom, S./Behrens, J. (2017). Monitor Digitale Bildung. Die Hochschulen im digitalen Zeitalter. Gütersloh. https://www.bertelsmann-stiftung.de/fileadmin/files/BSt/Publikationen/GrauePublikationen/DigiMonitor_Hochschulen_final.pdf (09.05.2023).

Schmid, U./Blanc, B./Toepel, M./Pinkwart, N./Drachsler, H. (2021). KI@Bildung: Lehren und Lernen in der Schule mit Werkzeugen Künstlicher Intelligenz. Essen: Deutsche Telekom Stiftung.

Schmidt, A./Neifer, T./Haag, B. (2021). Data Literacy als ein essenzieller Skill für das 21. Jahrhundert. In: D. Frick/A. Gadatsch/J. Kaufmann/B. Lankes/C. Quix/A. Schmidt/U. Schmitz (Hrsg.). Data Science. Konzepte, Erfahrungen, Fallstudien und Praxis (S. 27–40). Wiesbaden: Springer Vieweg.

Schmid, M./Petko, D. (2020). ‹Technological Pedagogical Content Knowledge› als Leitmodell medienpädagogischer Kompetenz. In: Jahrbuch MedienPädagogik, 17, S. 121–140. https://doi.org /10.21240/mpaed/jb17/2020.04.28.X.

Schneider, J./Papsch, F./Graskamp, L. (2021). Spielerisch nachhaltig. Die Open-World-Simulation Eco im projektorientierten Unterricht. In: digital unterrichten BIOLOGIE, 9, S. 10–11.

Schnotz, W. (2005). An integrated model of text and picture comprehension. In: R. E. Mayer (Hrsg.). The Cambridge Handbook of Multimedia Learning (S. 49–69). Cambridge, MA: Cambridge University Press.

Schnotz, W./Bannert, M. (2003). Construction and interference in learning from multiple representation. In: Learning and instruction, 13(2), S. 141–156.

Schön, S./Ebner, M. (2018). Mobile Seamless Learning. In: C. de Witt/C. Gloerfeld (Hrsg.), Handbuch Mobile Learning (S. 283–302). Wiesbaden: Springer Fachmedien. https://doi.org/10.1007/978-3-658-19123-8_15.

Schubatzky, T./Prüll, C. (2021). Klimaanalysen leicht gemacht. data Literacy trainiern mit realen Klimadaten. In: digital unterrichten BIOLOGIE, 8, S. 10–11.

Schüller, K./Busch, P./Hindinger, C. (2019). Future Skills: Ein Framework für Data Literacy. https://doi.org/10.5281/zenodo.3349865.

Schulmeister, R. (2002). Taxononomie der Interaktivität von Multimedia – Ein Beitrag zur aktuellen Metadaten-Diskussion. it – Information Technology, 44 (4), S. 193–199. https://doi.org/10.1524/itit.2002.44.4.193.

Schulmeister, R. (2009). Intelligente Tutorielle Systeme. In: R. Schulmeister: Grundlagen hypermedialer Lernsysteme: Theorie – Didaktik – Design (S. 171–218). München: Oldenbourg Wissenschaftsverlag. https://doi.org/10.1524/9783486594096.171.

Schultheis, E. H./Kjelvik, M. K. (2020). Using Messy, Authentic Data to Promote Data Literacy & Reveal the Nature of Science. In: The American Biology Teacher, 82(7), S. 439–446. https://doi.org/10.1525/abt.2020.82.7.439.

Schulze, J./Martin, R./Finger, A./Henzen, C./Lindner, M./Pietzsch, K. … /Seppelt, R. (2015). Design, implementation and test of a serious online game for exploring complex relationships of sustainable land management and human well-being. In: Environmental Modelling & Software, 65, S. 58–66.

Schwaber K./Sutherland, J. (2017). The Scrum Guide: The Definitive Guide to Scrum: The Rules of the Game. Scrum.org.

Schwartz, C. (2021). Forschungsfeld „Künstliche Intelligenz in der Bildung“: Antizipierende Schulbücher – ein Albtraum! In: Blick ins Gymnasium (342), S. 1–2, https://www.philologenverband.de/diverses/texte/news/forschungsfeld-kuenstliche-intelligenz-in-der-bildung-antizipierende-schulbuecher-ein-albtraum.html?tx_news_pi1%5Bcontroller%5D=News&tx_news_pi1%5Baction%5D=detail&cHash=efc21dcfc63ea6e12536769f174fbedd.

Segarra, V. A./Natalizio, B./Falkenberg, C. V./Pulford, S./Holmes, R. M. (2018). STEAM: Using the Arts to Train Well-Rounded and Creative Scientists. In: Journal of microbiology & biology education, 19(1), https://doi.org/10.1128/jmbe.v19i1.1360.

Senckenberg Gesellschaft für Naturforschung (o. J.). Abenteuer Boden. VR-Anwendung. https://vr-bodenleben.senckenberg.de/vr-anwendung/ (11.05.2023).

Senkbeil, M./Ihme, J. M./Schöber, C. (2020). Empirische Arbeit: Schulische Medienkompetenzförderung in einer digitalen Welt: Über welche digitalen Kompetenzen verfügen angehende Lehrkräfte? In: Psychologie in Erziehung und Unterricht, 68 (1), S. 4–22. https://doi.org/10.2378/peu2020.art12d.

Sherafati, N./Largani, F. M./Amini, S. (2020). Exploring the effect of computer-mediated teacher feedback on the writing achievement of Iranian EFL learners: Does motivation count? In: Education and Information Technologies, 25, S. 4591–4613.

Siever, C. M. (2015). Multimodale Kommunikation im Social Web: Forschungsansätze und Analysen zu Text–Bild-Relationen. Peter Lang International Academic Publishers. https://library.oapen.org/bitstream/id/c952367d-3090-4431-9d4a-6ef17029c6ba/1002726.pdf.

Slater, M./Gonzalez-Liencres, C./Haggard, P./Vinkers, C./Gregory-Clarke, R./Jelley, S./Watson, Z./Breen, G./Schwarz, R./Steptoe, W./Szostak, D./Halan, S./Fox, D./Silver, J. (2020). The Ethics of Realism in Virtual and Augmented Reality. In: Frontiers in Virtual Reality, 1. https://doi.org/10.3389/frvir.2020.00001.

Slater, M./Sanchez-Vives, M. V. (2016). Enhancing Our Lives with Im-mersive Virtual Reality. In: Frontiers in Robotics and AI, 3 (Dezember). https://doi.org/10.3389/frobt.2016.00074.

Spiegel (2022). Sollte diese Maschine den Nobelpreis bekommen? In: https://www.spiegel.de/wissenschaft/natur/alphafold-sollte-diese-maschine-den-nobelpreis-bekommen-a-04a5b4a2-5c79-4c1c-aeb9-690f9a1999ef (17.03.2023).

Spörhase, U. (2021). Biologie-Didaktik: Praxishandbuch für die Sekundarstufe I und II (8., überarb. Neuaufl.). Berlin: Cornelsen.

Stalder, F. (2016). Kultur der Digitalität. Berlin: Suhrkamp Verlag.

Stegmann, K./Wecker, C./Mandl, H./Fischer, F. (2018). Lehren und Lernen mit digitalen Medien. In: Handbuch Bildungsforschung (S. 967–988). Wiesbaden: Springer VS.

Stinken-Rösner, L. (2020). Simulations in Science Education – Status Quo. In: Progress in Science Education (PriSE), 3(1), S. 26–34. https://doi.org/10.25321/PRISE.2020.996.

Stinken-Rösner. L./Rodenhauser, A. (2021). Auf die Temperatur kommt es an! Untersuchung der Temperaturtoleranz mit der Wärmebildkamera. In: digital unterrichten BIOLOGIE, 7, S. 6–7.

Stührenberg, L. (2022). Immer mehr Einser-Schüler: Inflation bei den Abiturnoten? In: https://www.mdr.de/nachrichten/sachsen/abitur-noten-inflation-entwertung-102.html (15.04.2023).

Southgate, E. (2018). Immersive virtual reality, children and school education: A literature review for teachers. Newcastle: DICE Research. DICE Report Series Number 6.

Sweller, J./Chandler, P. (1991). Evidence for cognitive load theory. In: Cognition and instruction, 8(4), S. 351–362.

Teichert, J. (Hrsg.) (2023). Medienbildung und Gesellschaft. Digital occupants – Wie digitale Medien die kommunikative Aushandlung von Freundschaften verändern. Wiesbaden: Springer Fachmedien. https://doi.org/10.1007/978-3-658-40623-3.

Teig, N./Scherer, R./Nilsen, T. (2019). I know I can, but do I have the time? The role of teachers' self-efficacy and perceived time constraints in implementing cognitive-activation strategies in science. In: Frontiers in Psychology, 10, 1697.

Thiersch, S./Wolf, E. (2023). Orientierungen im Wandel. Schüler*innenperspektiven auf Unterricht mit digitalen Technologien. M. Proske/K. Rabenstein/A. Moldenhauer/S. Thiersch/A. Bock/M. Herrle/M. Hoffmann/A. Langer/F. Macgilchrist/N. Wagener-Böck/E. Wolf (Hrsg.). Schule und Unterricht im digitalen Wandel. Ansätze und Erträge rekonstruktiver Forschung (S. 90–111). Bad Heilbrunn: Verlag Julius Klinkhardt.

Thoms, L.-J. (2019). Spektrometrie im Fernlabor. Wirkung von Informationsdarbietungen beim forschenden Lernen. Wiesbaden: Springer Spektrum. https://doi.org/10.1007/978-3-658-25708-8.

Thoms, L. J./Pawels, P./Thyssen, C. (2023). Wer nicht hören kann ... Digital mit dem Smartphone oder Tablet Audiogramme erstellen. In: Unterricht Biologie, 483, S. 44–45.

Thyssen, C./Finger, A./Becker, S./Huwer, J./Bruckermann, T./Kremser, E./Meier, M./Thoms, L.-J. & Kotzebue, L. von. (2023). Die Lehrkräftebildung im Wandel – über welche digitalen

Kompetenzen sollten angehende Lehrkräfte (in den Naturwissenschaften) verfügen? In: J. Aufenanger/M. Bigos (Hrsg.), Digitalisierung in der Lehrer:innenbildung: Corona als Katalysator?! (1. Auflage, S. 75–88). Beltz Juventa.

Thyssen, C./Klaeger, K. (2023). Licht- und Schattenblätter: Size matters. Apps aus der Forschung für den Unterricht. In: Unterricht Biologie, 47(486), S. 44–45.

Thyssen, C./Meier, M. (2023). 3D Printing as an Element of Teaching – Perceptions and Perspectives of Teachers at German Schools. In: Frontiers in Education, 8:1233337. https://doi.org/10.3389/feduc.2023.1233337.

Thyssen, C./Hoffmann, C./Frey, L./Schmoll, I./Huwer, J. (2020). Ich sehe was, was du nicht siehst. In: Unterricht Biologie, 459, S. 44–47.

Thyssen, C./Hoffmann, C./Probst, C./Huwer, J. (2020). Augmented Reality – Unterrichten mit erweiterter Realität. In: Unterricht Biologie, 451, S. 41–44.

Thyssen, C./Jerger, D.-S. (2023). Atmen Pflanzen in der Nacht? Messwerterfassung mit CO_2-Sensoren und Blockprogrammierung bringt Licht ins Dunkel. In: Unterricht Biologie, 489.

Thyssen C./Pielage J./Goy, M./Thyssen, A. (2023). Einsatz von VR in der Tierpräparation – Ein geeignetes Best-Practice Beispiel zur Reflexion von Potenzialen und Grenzen eines digitalen Mediums? In: J. Aufenanger/M. Bigos (Hrsg.), Digitalisierung in der Lehrer:innenbildung – Corona als Katalysator?! (S. 182–193). Weinheim: Beltz-Juventa.

Thyssen, C./Tolou, A./Bednarz, M.-C. (2021). Ich sah und kommentierte ... Kollaborative Videoanalysen mit smallPART. In: digital unterrichten BIOLOGIE, 5, S. 10–11.

Travkina, N. M. (2022). Digitization of Society: Alternative Projections of the Future. In: Herald of the Russian Academy of Sciences, 92(S6), S. 483–491. https://doi.org/10.1134/S1019331622120115.

Tulodziecki, G./Herzig, B./Grafe, S. (2021). Medienbildung in Schule und Unterricht (3. Aufl.). Bad Heilbrunn: Klinkhardt/UTB.

Turing, A. M. (1950). I. Computing Machinery and Intelligence. In: Mind, LIX(236), S. 433–460. https://doi.org/10.1093/mind/LIX.236.433.

Ullrich, A./Sauer, K. E./Jaeger, P. (2020). Medien- und Kulturpädagogik. In: T. Meyer/R. Patjens, (Hrsg.). Studienbuch Kinder- und Jugendarbeit. Wiesbaden: Springer VS. https://doi.org/10.1007/978-3-658-24203-9_18.

Ullrich, A./Sauer, K. E./Jäger, P. (2020). Medienpädagogik. In: T. Meyer/R. Patjens (Hrsg.). Studienbuch Kinder- und Jugendarbeit (S. 593–614). Wiesbaden: Springer VS.

Unterberg Swantje (2023). 40 Kinder schaffen die erste Klasse wohl nicht – was ist da los?, Spiegel Online, 21.04.2023. In: https://www.spiegel.de/panorama/bildung/grundschule-in-ludwigshafen-40-kinder-schaffen-wohl-die-erste-klasse-nicht-was-ist-da-los-a-84b8517c-a299-48db-9c37-1de3f4024d44 (15.05.2023).

Urhahne, D./Kremer, K./Mayer, J. (2008). Welches Verständnis haben Jugendliche von der Natur der Naturwissenschaften? Entwicklung und erste Schritte zur Validierung eines Fragebogens. In: Unterrichtswissenschaft, 36, S. 72–94.

Vandercruysse, S./Vandewaetere, M./Clarebout, G. (2012). Game-based learning: A review on the effectiveness of educational games. In: Handbook of research on serious games as educational, business and research tools (S. 628–647). Pennsylvania: IGI Global. https://doi.org/10.4018/978-1-4666-0149-9.ch032.

Villena-Taranilla, R./Tirado-Olivares, S./Cózar-Gutiérrez, R./González-Calero, J. A. (2022). Effects of virtual reality on learning outcomes in K-6 education: A meta-analysis. In: Educational Research Review 35, 100434, https://doi.org/10.1016/j.edurev.2022.100434.

Vlachopoulos, D./Makri, A. (2017). The effect of games and simulations on higher education: a systematic literature review. In: International Journal of Educational Technology in Higher Education, 14, 22.

von Kotzebue, L./Franke, U./Schultz-Pernice, F./Aufleger, M./Neuhaus, B. J./Fischer, F. (2020). Kernkompetenzen von Lehrkräften für das Unterrichten in einer digitalisierten Welt: Veranschaulichung des Rahmenmodells am Beispiel einer Unterrichtseinheit aus der Biologie. In: Zeitschrift für Didaktik Der Biologie (ZDB) – Biologie Lehren Und Lernen, 24, S. 29–47. https://doi.org/10.4119/zdb-1735.

von Kotzebue, L./Meier, M./Finger, A./Kremser, E./Huwer, J./Thoms, L.-J./Becker, S./Bruckermann, T./Thyssen, C. (2021). The Framework DiKoLAN (Digital Competencies for Teaching in Science Education) as Basis for the Self-Assessment Tool DiKoLAN-Grid. In: Education Sciences, 11(12), 775. https://doi.org/10.3390/educsci11120775.

von Martial, I. (2005). Unterrichtsmedien. In: I. von Martial/V. Ladenthin (Hrsg.). Medien im Unterricht. Grundlagen und Praxis der Mediendidaktik (S. 15–26). Baltmannsweiler: Schneider Verlag Hohengehren.

Voogt, J., et al. (2015). Computational thinking in compulsory education: Towards an agenda for research and practice. In: Education and Information Technologies, 20(4), S. 715–728.

Vorderer, P. (2015). Der mediatisierte Lebenswandel. In: Publizistik, 60, S. 259–276. https://doi.org/10.1007/s11616-015-0239-3.

Wacker, A./Unger, V./Rey, T. (2020). „Sind doch Corona-Ferien, oder nicht?“. Befunde einer Schüler*innenbefragung zum „Fernunterricht“ – In: D. Fickermann/B. Edelstein (Hrsg.). „Langsam vermisse ich die Schule ...“. Schule während und nach der Corona-Pandemie (S. 79–94). Münster/New York: Waxmann. https://doi.org/10.25656/01:20230.

Wada, A./Kidokoro, S./Endo, S. (1989). Expanding roles of computers and robotics in biological macromolecular research. In: Annual review of biophysics and biophysical chemistry, 18, S. 1–24. https://doi.org/10.1146/annurev.bb.18.060189.000245.

Waffner, B. (2020). Unterrichtspraktiken, Erfahrungen und Einstellungen von Lehrpersonen zu digitalen Medien in der Schule. In: A. Wilmers/C. Anda/C. Keller/M. Rittberger (Hrsg.). Bildung im digitalen Wandel. Die Bedeutung für das pädagogische Personal und für die Aus- und Fortbildung (S. 57–102). Münster/New York: Waxmann. https://doi.org/10.25656/01:20766.

Wagner, U. (2022). Kompetenzen für soziale Medien. In: J. H. Schmidt/M. Taddicken (Hrsg.). Handbuch Soziale Medien. Wiesbaden: Springer VS. https://doi.org/10.1007/978-3-658-25995-2_15.

Wahl, D. (2002). Mit Training vom trägen Wissen zum kompetenten Handeln? In: Zeitschrift für Pädagogik, 48, 2, S. 227–241. https://doi.org/10.25656/01:3831.

Wankmüller, F./Graulich, D./Rochholz, F./Fiene, C./Siegmund, A. (2022). Klimaanpassung innovativ vermitteln – Potenziale von mobilen Apps und Serious Games für den Schulunterricht. In: Digitale Bildung für nachhaltige Entwicklung: Anwendung und Praxis in der Hochschulbildung (S. 75–89). Berlin, Heidelberg: Springer.

Weidenhiller, P./Fritzke, S./Nerdel, C. (2022). Das Apfelexperiment. Enzymkinetik der Apfelbräunung mit digitalen Tools messen. In: digital unterrichten BIOLOGIE, 5, S. 10–11.

Weidenhiller, P./Witzke, S./Nerdel, C. (2020). Laborjournal digital! Das Laborjournal als Wiki-Eintrag in Moodle am Beispiel der Enzymkinetik. In: digital unterrichten BIOLOGIE, 6, S. 10–11.

White, R. W. (1959). Motivation reconsidered: The concept of competence. In: Psychological Review, 66, S. 297–333.

Wing, J. (2006). Computational thinking. Commun. In: ACM 49, 3, S. 33–35.

Wolf, K. D. (2015b). Video-Tutorials und Erklärvideos als Gegenstand, Methode und Ziel der Medien- und Filmbildung. In: A. Hartung/T. Ballhausen/C. Trültzsch-Wijnen/A. Barberi/K. Kaiser-Müller (Hrsg.). Filmbildung im Wandel (Bd. 2, S. 121–131). Wien: New Academic Press.

Wolowski, J./Scherb, C. A. (2022). Digital mikroskopisch Zeichnen. Digitale Dokumentation mikroskopischer Präparate. In: digital unterrichten BIOLOGIE, 4, S. 8–9.

Wong, L. H./C. K. Looi (2011). What seams do we remove in mobile-assisted seamless learning? A critical review of the literature. In: Computers & Education, 57(4), S. 2364–2381.

Wößmann, L./Freundl, V./Grewenig, E./Lergetporer, P./Werner, K./Zierow, L. (2021). Bildung erneut im Lockdown: Wie verbrachten Schulkinder die Schulschließungen Anfang 2021? In: ifo Schnelldienst, 74(5), S. 36–52.

Wu, H. L./Pedersen, S. (2011). Integrating computer- and teacher-based scaffoldsin science inquiry. In: Computers & Education, 57(4), S. 2352–2363. https://doi.org/10.1016/j.compedu.2011.05.011.

Wynands, A./Ursula Wynands, U. (1978). Elektronische Taschenrechner in der Schule – Ein Arbeits- und Aufgabenbuch für Lehrer und Schüler. Braunschweig: Vieweg Verlag. https://doi.org/10.1007/978-3-322-84333-3.

Zeller, D. (2022). Heimische Ökosysteme erkunden. Mit MapHub kooperative, ökologische Kartierung umsetzen. In: digital unterrichten BIOLOGIE, 1, S. 10–11.

Zender, R./Buchner, J./Schäfer, C./Wiesche, D./Kelly, K./Tüshaus, L. (2022). Virtual Reality für Schüler:innen. In: MedienPädagogik: Zeitschrift Für Theorie und Praxis der Medienbildung, 47, S. 26–52. https://doi.org/10.21240/mpaed/47/2022.04.02.x.

Zierer, K. (2021). Zwischen Dichtung und Wahrheit: Möglichkeiten und Grenzen von digitalen Medien im Bildungssystem. In: Pädagogische Rundschau, 75. Jahrgang, (4), S. 377–392. https://doi.org/10.3726/PR042021.0035.

Zierer, K./Vollmer, R. (2019). Learning by Design: Ein Leitfaden zur Gestaltung von Lernumgebungen im Zeitalter digitaler Medien. Heidelberg: Springer.

Zimmermann, F. (2021). Wettbewerb & Quiz mit Kahoot! In: digital unterrichten BIOLOGIE, 3, S. 2.

Zori, G. L./Collins, S. L./Walker, A. F. (2022). Online Sexual Health Information Seeking of Adolescents: A Content Analysis. In: American Journal of Sexuality Education, 10.1080/15546128.2022.2111012.

Bildquellenverzeichnis

Cover: © HeroImages/stock.adobe.com; S. 28, 41, 122, 128: Luisa Henze; S. 99: Dr. A. S. Issever; S. 111: Dominik-Simon Jerger; S. 137, 197, 217: Bosse Althaus; S. 161: Sebastian Schorn, S. 182: Patrizia Weidenhiller/Stefan Witzke/Claudia Nerdel; S. 212: © marcin jucha/stock.adobe.com
(alle anderen Abbildungen wie angegeben bzw. von der Autorin und den Autoren)

Danksagung

Wir danken dem Friedrich Verlag für die Möglichkeit einer umfassenden Beschreibung zur Planung, Gestaltung und Reflexion von digital gestütztem Biologieunterricht. Für die redaktionelle Unterstützung danken wir Frau Heike Klippert sowie auf Verlagsseite Herrn Dirk Haupt. In der visuellen Gestaltung der Kapitel mitgewirkt haben im besonderen Maße Frau Luisa Henze, Herr Bosse Althaus und Herr Frank Schrader. Für ihr Engagement in der passgenauen Erstellung von Realaufnahmen sind wir ihnen sehr dankbar. Weiterhin möchten wir Thomas Vicinus und Anja Köstler für das Feedback zu den ersten Probekapiteln danken, das wesentliche Impulse für die letztliche Umsetzung gab. Nicht zuletzt gilt unser Dank auch allen Studierenden, die in unterschiedlichster Art und Weise mit Fragen, Impulsen, Co-Autorenschaften oder gemeinsamen Projekten unser Mindset in Bezug auf die digitale Transformation beeinflussen und weiterentwickeln.

Im Team haben wir versucht, Ihnen ein stimmiges Mosaik zum digital gestützten Biologieunterricht fundiert, anschaulich und praxisnah zu beschreiben. Inwieweit uns das gelungen ist, entscheiden Sie! Das Buch ist mit seinem Erscheinen bereits wieder veraltet – wie es für nahezu jede Technik auch gilt – ist eine überarbeitete, erweiterte Auflage daher perspektivisch nicht abzuwenden, sondern einzufordern. Um die Entwicklung des Buches zu Ihren Gunsten (mit-)zugestalten, lassen Sie uns an Ihren Problemen, diagnostizierten Lücken, Verständnisschwierigkeiten und auch Highlights mit/aus dem Buch teilhaben.

Lob und Kritik zum Buch (oder Wünsche nach bestimmten Updates) richten Sie gern an: redaktion@friedrich-verlag.de

Unter **www.friedrich-verlag.de** finden Sie Materialien zum Buch als Download.
Bitte geben Sie den achtstelligen Download-Code in das Suchfeld ein.

DOWNLOAD-CODE: d31640du

Hinweis:

Das Download-Material enthält eine Liste mit exemplarischen Anwendungen (Apps, Software), die Sie bei der Vorbereitung und Umsetzung Ihres Unterrichts unterstützen.

Durch den Kauf dieses Buches (ISBN 978-3-7727-1640-9) haben Sie das Recht erworben, das ergänzende Download-Material in Ihren derzeitigen und zukünftigen Lerngruppen und Klassen einzusetzen und zu vervielfältigen. So können Sie etwa einzelne Seiten ausdrucken und verteilen oder mit Beamer oder Whiteboard verwenden.

Was Sie **nicht** dürfen:

- Das Download-Material oder Teile davon an Kolleginnen und Kollegen weitergeben.
- Das Download-Material oder Teile davon in Netzwerke einstellen, wie etwa Schulserver oder Cloud-Systeme, sodass Kolleginnen und Kollegen darauf Zugriff erhalten.
- Die Lizenzinformation und Quellenhinweise auf dem Download-Material entfernen.
- Bei einer Bibliotheksausleihe des Buches das Download-Material herunterladen.

Bitte tragen Sie im Sinne dieser Lizenz dazu bei, dass wir weiterhin digitales Ergänzungsmaterial für Lehrerinnen und Lehrer bereitstellen können. Der Verlag behält sich dabei vor, auch gegen urheberrechtliche Verstöße vorzugehen.

Unsere Autorinnen und Autoren sowie der Verlag wünschen Ihnen viel Erfolg bei der Nutzung der Materialien!

Haben Sie Fragen zum Download? Dann wenden Sie sich bitte an den Leserservice der Friedrich Verlags GmbH. Schreiben Sie uns oder rufen Sie uns an!

Sie erreichen unseren Leserservice
Montag bis Donnerstag von 8 – 18 Uhr
Freitag von 8 – 14 Uhr
Tel.: 0511/40004-150
Fax: 0511/40004-170
E-Mail: *leserservice@friedrich-verlag.de*

Wir freuen uns über Ihre Rückmeldung und helfen Ihnen gerne weiter!